U0644501

国家科学技术学术著作出版基金资助出版

靶向
几丁质

杨 青 / 主编

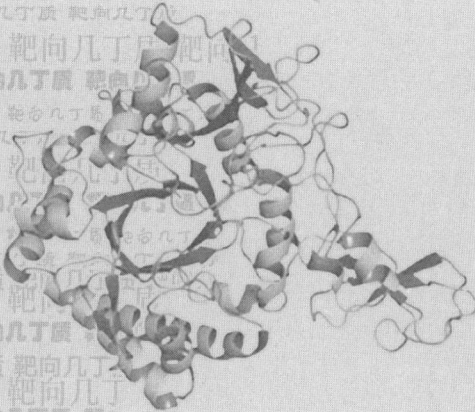

中国农业出版社
北　京

编者名单

主　编　杨　青
编　者　杨　青　刘　田　屈明博　刘　霖　陈　威
　　　　姜　熙　陈　磊　丁　艺　原烽堠　陈　琦
　　　　王思雨　包　涵　陈吉强　段燕伟　朱卫星
　　　　吴　楠　王　迪　陈金利　王　栋　刘元盛

前　言

PREFACE

　　农药是农业有害生物防治的重要手段。然而长期反复使用作用机制单一的农药是导致近年来农业有害生物抗药性呈爆发性发展的根本原因。目前已知的农药分子靶标极为有限，因此，开发绿色安全的新靶标是解决农药抗药性的根本途径，也是农药研究的制高点。几丁质（甲壳素）是农业有害生物（昆虫、真菌及线虫等）的主要结构成分，对于其生长发育至关重要，而且几丁质在高等动植物体内没有分布，因此参与几丁质代谢的关键酶一直被认为是潜在的农药新靶标。近年来，国内外学者在几丁质及其代谢关键酶领域取得了丰硕的研究成果，值得进行梳理和总结。编者希望本书能够为以农业有害生物几丁质代谢关键酶为靶标的新农药创制提供理论指导，进而为加速我国农药原始创新、保障国家粮食安全作出贡献。本书既可作为相关领域研究生及科研工作者的专业参考书，也可作为农药研发工作者及其他农业科技人员的科技资料。

　　本书的主要内容包括几丁质及其生物功能简介，含几丁质生物（细菌、真菌、线虫、原生动物和节肢动物）中几丁质代谢关键酶的生理功能，不含几丁质生物（哺乳动物）中几丁质代谢关键酶的生理功能，几丁质代谢关键酶的结构功能关系及抑制剂发现等。

　　本书由中国农业科学院深圳基因组学研究所/植物保护研究所杨青教授任主编，大连理工大学刘田教授和届明博教授进行了统稿。参与编写的人员还有刘霖、陈威、姜熙、陈磊、丁艺、原烽堠、陈琦、王思雨、包涵、陈吉强、段燕伟、朱卫星、吴楠、王迪、陈金利、王栋、刘元盛等。此外，在编写过程中华东师范大学钱旭红院士、贵州大学宋宝安院士以及中国农业出版社阎莎莎编辑都为本书提供了宝贵的建议。

由于编者水平有限，书中疏漏与不当之处恳请读者批评指正！

编　者

2024 年 1 月

目　　录
CONTENTS

第 3 章

真菌几丁质系统

第**4**章
线虫及原生动物几丁质系统

第**5**章
节肢动物几丁质系统

第6章

哺乳动物几丁质系统

第 **7** 章

具有几丁质降解活性的裂解性多糖单加氧酶

第1章
几丁质及其生物功能

1.1 几丁质的发现

几丁质是自然界中含量仅次于纤维素的多糖类物质，是由 N-乙酰葡萄糖胺以 β-1,4-糖苷键连接而成的线性高聚物。公元前 3 世纪，亚里士多德（公元前 384 至前 322 年）在其动物生物学著作《动物志》中，将在衣服中发现的，可能来自幕谷蛾（*Tineola bisselliella*）（Hummel，1823）幼虫的躯壳命名为 χιών（kithon），即希腊语"鞘"的意思（图 1.1）。1822 年，法国博物学家 Auguste Odier 用"Chitine"来指代他从甲虫 *Melolontha melolontha*（Odier，1823）的鞘翅表皮中提取的物质。Odier 将该甲虫鞘翅在水或加热的乙醇中进行孵育，这一过程并没有改变鞘翅的外形。接着，Odier 又将鞘翅在钾碱中进行加热从而提取出了一种透明物质——几丁质，占鞘翅初始重量的 25%。此外，他还提出几丁质含有碳元素，但与诸如毛发和角等其他动物组织相比，只含有很少的氮元素。

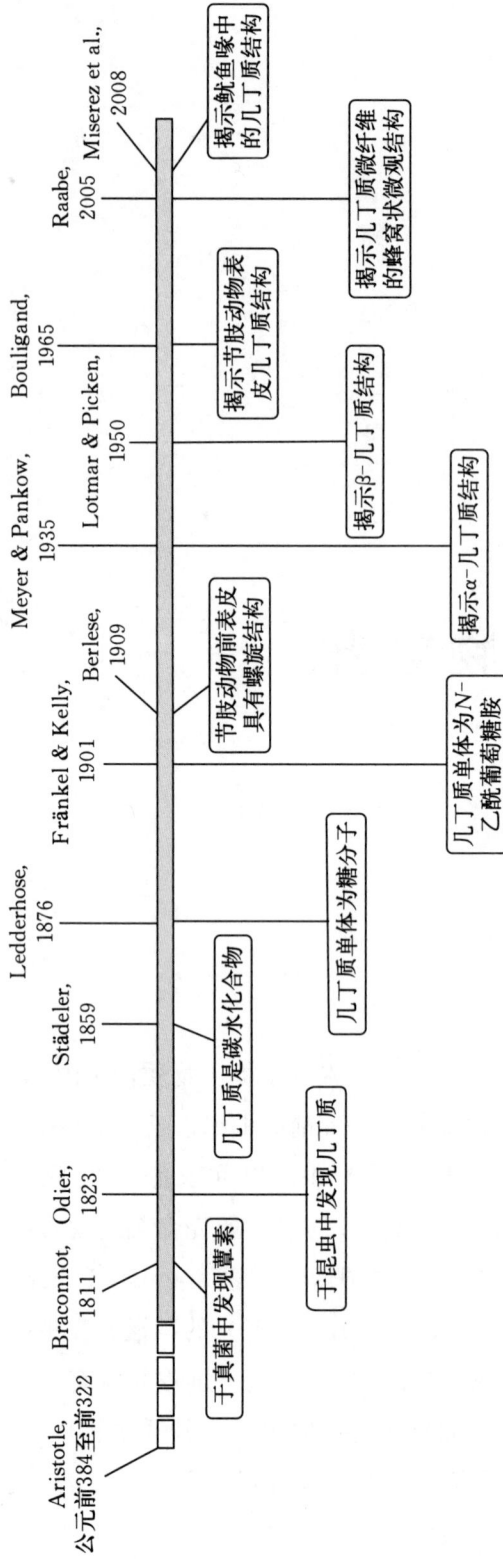

图1.1 几丁质研究史

在 Odier 发现几丁质的十多年前，另一位法国科学家 Henri Braconnot 从真菌细胞壁中提取出了可能是几丁质的物质——蕈素（Braconnot，1811）。在他的研究工作中，将包括落叶松蕈在内的真菌在碱液中煮沸即可获得蕈素（提取的详细步骤和实验均未在相应的文章中描述），随后再分别用钾碱、氨水和乙醚进行处理，结果显示蕈素主要由碳、氮、氢和乙酸盐组成。1859 年，Georg Städeler 提出螃蟹中提取的几丁质可能是一种碳水化合物（Städeler，1859）。19 世纪的后 25 年，斯特拉斯堡成为了几丁质研究的中心。在那里，德国科学家 Georg Ledderhose 于 1876 年发现几丁质单体是一种糖分子，可作为能源被酵母利用（Ledderhose，1876）。随后，Hoppe-Seyler 将几丁质定义为含有氮和乙酸的多聚寡糖。在 19 世纪末期，真菌中的多糖被命名为真菌纤维素，不过 Hoppe-Seyler 很快就发现真菌纤维素和节肢动物几丁质是同一物质（Hoppe-Seyler，1894），他还发现了脱乙酰化的几丁质，并将其命名为壳聚糖。1901 年，Fränkel 和 Kelly 发表了关于几丁质的两个重要发现。一是他们通过硫酸和丙酮萃取、硫酸钡中和、碱化和乙醇沉淀实验，首次证实了几丁质是由 N-乙酰葡萄糖胺组成的（Fränkel and Kelly，1901）；二是他们第一次提出几丁质是一种多糖。然而，在此后的十多年里，对于几丁质的组成，特别是其氮元素的含量仍存在争议（Morgulis，1916）。1926 年，Gonell 提出了几丁质的分子结构，该结构在 1935 年被 Meyer 和 Pankow 所证实，至此之后几丁质的分子结构才被广泛接受。Meyer 和 Pankow 使用 X 射线衍射分析了大螯虾刺棘龙虾（*Palinurus vulgaris*）的几丁质结构，发现了反向平行的几丁质纤维，即 α-几丁质（图 1.2a）。除了 α-几丁质外，另外两种几丁质结构（图 1.2a）也被陆续发现。1950 年 Lotmar 和 Picken 通过 X 射线衍射对来源于多毛纲环虫（*Aphrodite aculeate*）环刺中的几丁质结构进行了分析，发现了具有相同几丁质纤维取向的 β-几丁质（Lotmar and Picken，1950）；1962 年或 1963 年在鱿鱼属的枪乌贼中发现了几丁质纤维平行、反向平行交替出现的 γ-几丁质（Rudall，1963）。

1.2　几丁质的分布

不同时期，人们在不同的生物门类中发现了几丁质的存在，几丁质的分布一直是争论的焦点（Dauby and Jeuniaux，1986）。例如，研究者们早期无法确定海绵中的几丁质是否来源于其内栖生物，直到 2007 年，几丁质才被证实是海绵骨骼纤维的

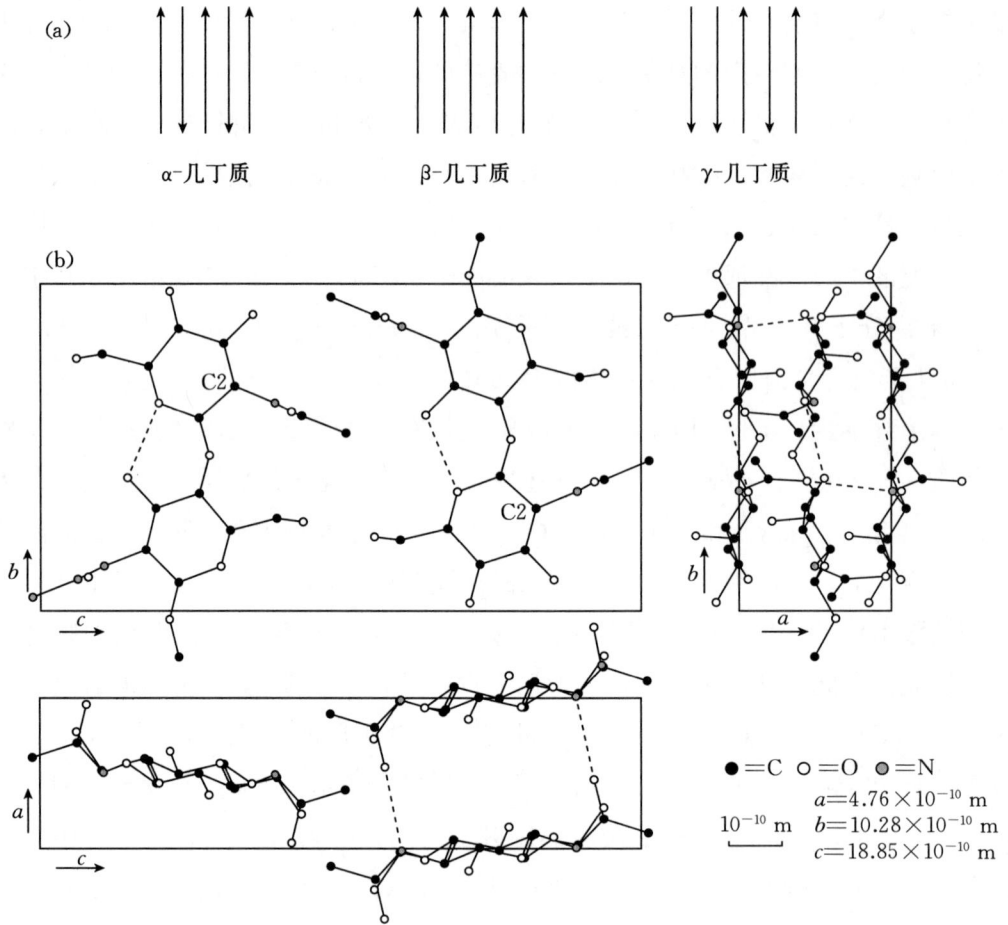

图 1.2　几丁质的分子结构

(a) α、β 及 γ 三种不同几丁质的构型　(b) α 几丁质的分子构型

组成部分（Ehrlich et al.，2007a，2007b；Brunner et al.，2009）。事实上，在 1859 年，Städeler 通过逐步提取，从海绵中分离出一种名为海绵丝的物质，该物质可能就是几丁质（Städeler，1859）。近年来，研究者使用钙荧光白和几丁质特异性抗体在真海绵目的海绵骨架中检测到了几丁质，并通过傅里叶变换红外光谱（FTIR）、拉曼光谱和 X 射线衍射等技术手段证实了海绵中的几丁质为 α-构型。此外，他们还报道了编码几丁质合成酶的转录本和基因组 DNA，与节肢动物和真菌来源的几丁质合成酶序列具有同源性（Zakrzewski et al.，2014；Goncalves et al.，2016）。而在 1972 年，经过十年的争论，几丁质被确认为软体动物外壳的组成成分（Peters，1972）。

　　鱿鱼喙也是一类由几丁质构成的复合基质，该组织的几丁质为 α-构型，并与特殊的蛋白质存在相互作用。在线虫中，几丁质存在于卵壳和咽喉部位（Wharton，1980；Zhang et al.，2005），但在体壁中并不存在（Watson，1965）。虽然线虫几丁质的晶型尚不清楚，但在线虫（*Trichuris suis*）（Wharton and Jenkins，1978）的卵壳中发现了类似于昆虫表皮的高度有序的几丁质结构，这表明线虫卵壳中的几丁质可能为 α-构型。

　　在很长一段时间内，人们认为脊索动物中并不存在几丁质，然而，基于不同的光谱学、X 射线衍射和组织化学技术（主要是利用小麦胚芽凝集素进行凝集素染色），目前推定一些脊索动物中会产生几丁质（Wagner et al.，1994）。相应的，几丁质在不同海鞘被囊动物的围食膜基质（Peters et al.，1966；Anno et al.，1974；Gowri et al.，1982）、刀鱼和文昌鱼的腮条（Sannasi and Hermann，1970）、拟鲋无眉鳚（*Paralipophrys trigloides*）的外表皮中（Wagner et al.，1993）被检测到。随后，人们在非洲爪蟾（Semino and Robbins，1995）、斑马鱼以及小鼠（Semino et al.，1996）体内发现了与根瘤菌几丁质寡糖合成酶基因 *nodC* 同源的几丁质合成酶 *CHS* 样基因 *DG42*。最初，人们对衍生的酶是否能够合成透明质酸或几丁质寡糖存在较大争议，其中，几丁质寡糖也可以作为透明质酸合成的引物（Meyer and Kreil，1996；Varki et al.，1996）。随后，有证据表明这些酶最初产生几丁质寡糖，并且作为透明质酸生物合成的引物，这一过程在脊椎动物早期胚胎发育过程中是必需的（Semino and Allende，2000）。然而，Tang 等（2015）在多骨鱼（*Osteichthyes*）、软骨鱼（*Chondrichthyes*）、海七鳃鳗（*Petromyzon marinus*）、文昌鱼（*Branchiostoma floridea*）、非洲爪蟾（*Xenopus tropicalis*）和蝾螈（*Ambystoma mexicanum*）的基因组中发现了真正的 *CHS* 基因。通常，在这些脊索动物中具有两类 *CHS* 基因，然而对这些基因缺乏精确的注释和系统发育分析。由这些基因编码的一些几丁质合成酶可能参与产生含有几丁质的结构。多骨鱼类，如斑马鱼（*Danio rerio*）、斑点叉尾鲴（*Ictalurus punctatus*）、日本鳗（*Anguilla japonica*）、斑点雀鳝（*Lepisosteus oculatus*）、南方阔尾鱼（*Xiphophorus maculatus*）、棘鱼（*Gasterosteus aculeatus*），以及软骨鱼类，如大象鱼（*Callorhinchus milii*）的基因组中均含有真正的 *CHS* 基因。在斑马鱼中，*CHS-1* 优先在胚胎和幼鱼发育期间表达，利用原位杂交技术，在幼鱼肠上皮细胞和间质细胞中观察到 *CHS-1* 表达。此外，用荧光标记的细菌几丁质结合结构域对几丁质进行检测，结果表明，鱼卵受精后 3 d 开始产生几丁质，随后产生的几丁质大多分泌到胞外，分布在整个肠腔中（Tang et al.，2015）。当通过 RNA 干扰（RNAi）

技术沉默 *CHS - 1* 表达时，发现几丁质信号在组织中显著降低。此外，实时定量 PCR 和组织化学染色结果表明几丁质也在斑马鱼的鳞片以及幼年大西洋鲑（安大略鲑）的鳞片中产生。在这项研究中，Tang 等发现几丁质在上皮黏液分泌细胞和棒状细胞中积累。该研究组还在两种两栖动物（非洲爪蟾和蝾螈）中鉴定出 *CHS* 基因。在非洲爪蟾中，几丁质主要在类似于鳞片表皮的上皮细胞中，间质表皮细胞和间充质细胞（呈纤维样细胞）中被检测到。在蝾螈中，几丁质分布与非洲爪蟾鳞片中相似。研究人员从大西洋鲑鱼的新鲜鳞片中制备化学提取物，通过显微傅里叶变换红外光谱法分析，进一步表明了脊椎动物可以产生几丁质，该实验证实了鳞片提取物中存在几丁质，但尚不清楚检测到的是 α-几丁质、β-几丁质还是 γ-几丁质（Tang et al.，2015）。然而，尽管在脊索动物中检测到了几丁质并且鉴定出了可能编码几丁质合成酶的基因，但这些基因是否编码几丁质合成酶尚无确凿的证据。Robert Stern 的综述批判性地讨论了脊椎动物中的几丁质之谜（Stern et al.，2017），并且假设几丁质是透明质酸的进化前体，这种假设得到了广泛关注。

由于几丁质合成酶是高度保守的酶，因此生物体基因组中 *CHS* 基因的存在可以作为生物体具有几丁质合成能力的判断标准。与使用不同的组织化学染色技术相比，该方法可以更可靠地预测生物体合成几丁质的能力。大多数的组织化学染色技术具有特异性问题，因为经常用于检测几丁质的染料，例如小麦胚芽凝集素或荧光增白剂，也具有与其他多糖或糖蛋白的亲和力。环状芽孢杆菌（*Bacillus circulans*）荧光团偶联的几丁质酶 A 的几丁质结合结构域，可以更特异性地结合几丁质聚合物，但并没有广泛地用于检测几丁质。在过去的几十年里，基于越来越多的基因组序列数据，已经鉴定出越来越多的 *CHS* 基因，这表明来自不同类群的多种生物能够产生几丁质（Zakrzewski et al.，2014）。实际上，几丁质合成酶在后生动物类群中分布广泛，并且表现出广泛的多样性。多种生物中已检测到 *CHS* 基因的同源基因，例如不等鞭毛藻类、红藻、绿藻、真菌、甲藻、纤毛虫、变形虫、原始后生动物（如海绵和珊瑚）、蜕皮动物（包括节肢动物和线虫）以及冠轮动物（包括环节动物和软体动物）。甚至在一些脊索动物，如文昌鱼、被囊动物、硬骨鱼类、软骨鱼类以及两栖类的基因组中均检测到 *CHS* 基因。*CHS* 基因目前被划分为三大类：真菌类 *CHS*、硅藻类 *CHS* 和后生动物类 *CHS*（Zakrzewski et al.，2014）。真菌 *CHS* 基因进一步分为七类（Roncero et al.，2002；Horiuchi et al.，2009；Merzendorfer et al.，2011）；后生动物 *CHS* 基因分为两大类，Ⅰ类后生动物 *CHS* 来自领鞭虫类、海绵、刺胞动物、环节动物、软体动物和文昌鱼；Ⅱ类后生动物 *CHS* 基因则分别来自冠轮动物、蜕皮动物和后口动物。值得注意的是，*CHS* 基因的多样化在真菌和冠轮动物中最为明显，其中一些物种具有大于 20 个和接近 10 个旁系同源基因。这两组的几丁质合成酶经常与不同类型的肌球蛋白运动结构域融合，这表明几丁质合成酶与细胞骨架的相互作用是控制几丁质分泌的重要因素（Zakrzewski et al.，2014）。

1.3　几丁质的分子结构与性质

几丁质是由 *N*-乙酰葡萄糖胺组成的线性多糖，相邻两个 *N*-乙酰葡萄糖胺残基通过 β-糖苷键连接（图 1.2），因此，几丁质 $(C_8H_{13}O_5N)_n$ 可被认为是 *N*-乙酰葡萄糖胺二糖单元的聚合物。尽管几丁质上的乙酰氨基是带电的，但几丁质不溶于水和非极性溶剂。

为了解析几丁质纤维的分子结构，研究人员进行了大量的尝试。到目前为止，在原口动物和真菌中观察到了三类几丁质结构，即 α-几丁质、β-几丁质和 γ-几丁质（图 1.2）（Wester，1909；Jeuniaux，1982）。1957 年，Diego Carlstrom 通过 X 射线衍射对来自龙虾（*Homarus americanus*）表皮中的几丁质结构进行了非常全面的分析（Carlstrom，1957），发现几丁质晶胞由两个反平行取向的二糖组成，空间坐标轴为 $a=4.76\times10^{-10}$ m，$b=10.28\times10^{-10}$ m，$c=18.85\times10^{-10}$ m。这种正交构象通过 a 轴和 b 轴方向上的氢键来稳定，而在 c 轴方向上的结合力则很弱，该结构已经过反复确认，只存在很小的误差。Minke 和 Blackwell 通过 X 射线衍射分析确定了 α-几丁质晶胞的尺寸大小：$a=4.74\times10^{-10}$ m，$b=18.86\times10^{-10}$ m（对应于 Carlstrom 的 c 轴），$c=10.32\times10^{-10}$ m（对应于 Carlstrom 的 b 轴）（Minke and Blackwell，1978）。2009 年，Sikorski 等根据 X 射线衍射解析了 α-几丁质晶胞的构象，即 $a=4.72\times10^{-10}$ m，$b=18.89\times10^{-10}$ m（对应于 Carlstrom 的 c 轴），$c=10.30\times10^{-10}$ m（对应于 Carlstrom 的 b 轴）（Sikorski et al.，2009）。在最近的工作中，研究人员使用傅里叶变换红外光谱（FITR）和固态交叉极化/魔角旋转（CP-MAS）^{13}C NMR 分光光度计，对来自螃蟹壳、鱿鱼软骨和锹甲虫的 α-几丁质、β-几丁质和 γ-几丁质进行了详细的表征测定（Jang et al.，2004）。实验证实 α-几丁质和 γ-几丁质存在两种类型的氢键，分别存在于几丁质纤维片层内部（酰胺Ⅰ和酰胺Ⅱ的羰基之间）以及片层之间（在 CH_2OH 侧链和羰基之间），这些氢键从两个不同的方向上稳定了几丁质结构；相反，β-几丁质仅具有片层内氢键。差示扫描量热法（DSC）测定结果显示，所有三种构型的几丁质（吸热峰）在 50～150 ℃之间出现了结合水的蒸发。晶体结构的最大分解温度（放热峰值）取决于氢键的多少，因此，α-几丁质的分解温度最高（330 ℃），β-几丁质最低（230 ℃），γ-几丁质居中（310 ℃）。在大量的 X 射线衍射实验中，研究者也发现了三类几丁质的晶体结构在 25～250 ℃范围内是稳定的。

几丁质在化石中的存在情况也体现了其结构稳定性。通过孢粉学研究，在 2 亿多年前的三叠纪沉积物中发现了鳞翅目昆虫的翅膀结构（van Eldijk et al.，2018；Zhang et al.，2018），这一发现表明，鳞翅目昆虫在进化上比以往的认知更为古老，这也驳斥了侏罗纪时期鳞翅目昆虫和开花植物共同进化的假设（Katz，2018；Nepi et al.，2018）。在加拿大的伯吉斯页岩中，研究人员发现了距今 5.05 亿年的中寒武纪时期的海绵化石，该化石是目前已知的含有几丁质结构的最古老化石（Ehrlich et al.，2013）。利用钙荧光白（CFW）与 β-(1,4)-糖苷键和 β-(1,3)-糖苷键连接的多糖结合时发出荧光的特点（Herth and Schnepf，1980），Ehrlich 及其同事在化石中发现了几丁质纤维。

几丁质纤维或微纤维的具体长度尚不清楚。在对龙虾表皮进行脱矿质、脱色素和脱蛋白质处理后，研究人员分离出长度约为 1 000 nm（最大 3 000 nm），平均宽度为 4.0 nm 的几丁质纳米纤维（Mushi et al.，2014）。几丁质纤维由几丁质合成酶合成，几丁质合成酶是具有多个跨膜结构域的膜锚定糖基转移酶（参见第 2 章）。几丁质的合成过程发生在位于细胞质一侧的活性位点上，以释放二磷酸脲核苷 UDP 的 N-乙酰葡萄糖胺作为糖基受体，与通过 Leloir 途径产生的活化几丁质单体 UDP-GlcNAc 相连（Merzendorfer and Zimoch，2003；Araujo et al.，2005；Schimmelpfeng et al.，2006；Tonning et al.，2006；Moussian，2008，2013）。在该经典模型中，最初的两个 N-乙酰葡萄糖胺糖基呈 180°旋转，从而暴露出第二个糖基上的 C4 作为下一反应的受体（Dorfmueller et al.，2014），在后续的反应中糖基之间均呈 180°旋转，这使得 C2 上的 N-乙酰基团交替出现（图 1.2）。

研究表明，几丁质合成酶基因的无义和错义突变将会导致果蝇（*Drosophila melanogaster*）表皮中的几丁质含量减少（Moussian et al.，2005）。此外，对多种昆虫的几丁质合成酶进行基因沉默同样会导致表皮几丁质含量的下降（Arakane et al.，2005，2008；Zhang et al.，2010）。表皮中几丁质的缺失和减少往往导致昆虫的死亡，如杀虫剂尼克霉素 Z 可抑制几丁质合成酶的活性以降低几丁质的含量，进而影响含几丁质的组织和相应器官的结构（Schonitzer and Weiss，2007；Gangishetti et al.，2009），该结果表明几丁质对于生物体具有重要作用。

真菌和节肢动物中往往不存在纯几丁质，在真菌细胞壁和节肢动物表皮分化过程中，几丁质通过几丁质脱乙酰基酶的作用，部分几丁质脱去乙酰基团生成壳聚糖（Neville，1975），这一问题将在本书的第 3 章进一步讨论。

1.4　几丁质的高级结构与性质

几丁质存在于真菌和大多数无脊椎动物中，包括节肢动物、软体动物、线虫和海绵等（Zhang et al.，2005；Ehrlich et al.，2007a，2007b）。海绵与节肢动物的外骨骼主要由 α-几丁质组成，而软体动物的喙主要为 β-几丁质，γ-几丁质则在虫茧中被发现。

几丁质是昆虫表皮的主要支架成分，占表皮重量的 20%～50%（Chapman，2013）。通常，昆虫几丁质的含量与体型相关（Lease and Wolf，2010），这表明昆虫表皮的厚度和体型大小之间存在最优的比例。几丁质的化学性质决定其物理性质，几丁质分子的不对称性使得其在 a、b 或 c 三个轴向上的刚度或弹性是不一样的，在 b 轴方向上，即沿着糖苷键的方向刚度最大，而在通过氢键稳定的另外两个轴向上可能更具弹性。在一系列模拟实验中，研究人员以直径为 2 nm、长度为 5～35 nm、由四对反平行链组成的 α-几丁质单元为对象，测定了其弹性模量为 92.26 GPa（Yu and Lau，2015）。在模拟体系中加入富含 β-折叠构象的蛋白质分子和水分子后，弹性模量降低至 36.39 GPa，这可能是因为几丁质链之间氢键减少。在该模型中，延展性随着纤维长度的增加而增加，当长度达到20 nm时，延展性便趋于稳定。在另一项工作中，研究人员通过 X 射线衍射测得平行于纤维轴方向上的弹性模量为 41 GPa（Nishino et al.，1999），这些测定的结果明显低于推测值。事实上，几丁质纳米纤维的硬度推测为 150 GPa（Vincent and Wegst，2004），介于纯铜 124 GPa 和钢 200 GPa 之间（Callister and Rethwisch，2013）。

表皮的硬度在很大程度上也取决于表皮中的其他主要成分（Vincent and Wegst，2004），富含弹性节肢蛋白的表皮的杨氏模量约为 1 MPa（弹性节肢蛋白是弹性表皮中的几丁质结合蛋白），软表皮的杨氏模量为 1 kPa 至 50 MPa，而硬表皮的杨氏模量为 1～20 GPa。由于几丁质与蛋白质和有机分子（硬化）的相互作用存在差异，含几丁质结构的机械性能也不同。机械性能差别不仅体现在不同类型的表皮中，在同一表皮中也存在差异，例如在美洲螯龙虾的前表皮层中，外表皮的杨氏模量约为 9 GPa，而内表皮约为4 GPa（Raabe et al.，2005a，2005b）。

　　自然界中的几丁质微纤维直径约为 3 nm，长度在几纳米至几微米之间，由大约 17 根反平行排列的几丁质纤维组成（Neville，1975）。几丁质微纤维平行排列，再通过链内和链间的氢键相互作用，形成二维平面，即片层结构。片层结构进一步堆积形成前表皮层。通过超微结构观察，Bouligand 发现一些甲壳类动物表皮的片层结构呈螺旋状堆积（Bouligand，1965）。随后，Neville 和 Luke 证实了昆虫表皮几丁质片层也存在类似结构（Neville and Luke，1969）。迄今为止，几丁质微纤维组装的 Bouligand 模型（"扭曲的胶合板"）已被广泛接受。事实上，早在 1909 年，意大利昆虫学家 Antonio Berlese 便在前表皮中观察到了 Bouligand 结构（Berlese，1909），在 Antonio Berlese 撰写的 *Gli Insetti* 一书中，他绘制了螺旋状堆积的表皮片层结构。除了螺旋状堆积外，在某些特定的表皮（如甲虫的翅鞘）中，几丁质片层也存在沿特定方向的堆积结构。然而，无论是何种堆积形式，几丁质微纤维在垂直方向上的相互作用强度尚不清楚。

　　Berlese 和 Bouligand 的研究发现，有爪类动物的前表皮层中具有几丁质片层螺旋状结构，但缓步动物中没有（Harrison and Rice，1993），说明几丁质片层组装的分子机制是在缓步动物与节肢动物分化之后、于节肢动物进化的早期开始形成的。

1.5　几丁质的生物学功能

　　几丁质一旦沉积在上皮细胞的外表面上，就可以发挥多种功能。几丁质可以作为纤维支架以支持细胞外基质，例如真菌细胞壁或节肢动物表皮和浆膜表皮（Merzendorfer et al.，2011）。几丁质也存在于线虫的咽部和卵壳中（Zhang et al.，2005），并且是软体动物的舌齿（Peters and Latka，1986）以及环节动物刚毛中坚硬复杂结构的重要组成部分（Picken and Lotmar，1950；Tilic and Bartolomaeus，2016）。几丁质也是无脊椎动物内骨骼的一个组成部分，如头足类动物的壳（Stegemann et al.，1963；Rudall and Kenchington，1973），以及昆虫中肠围食膜基质的黏膜（Zimoch and Merzendorfer，2002；Hegedus et al.，2009）。此外，几丁质还可以作为钙质海绵（Ehrlich et al.，2007）、珊瑚类（Goldberg，1978；Bo et al.，2012）、贻贝和腹足类（Weiss and Schonitzer，2006）、硅藻类等生物体产生的复合生物材料的结构支架，这些生物体均可以产生从富含几丁质的膜上延伸出来的几丁质原纤维（Durkin et al.，2009）。在异毛虫类（如 *Eufolliculina uhligi*）的外壳中也存在几丁质（Mulisch and Hausmann，1983）。在单细胞原生生物（如 *Blepharisma undulans* 和 *Pseudomicrothorax dubius*）和内阿米巴属（*Entamobae*）的包囊中也发现了几丁质的存在（Mulisch and Hausmann，1989；Campos‐Gongora et al.，2004）。

作为表皮的重要组成部分，几丁质很大程度上决定了节肢动物表皮的物理性质和机械性能（图 1.3）。在节肢动物表皮中，几丁质与蛋白质相互作用进而组装成高度有序的结构，对表皮发挥功能至关重要。基因组序列分析表明，节肢动物含有数百种

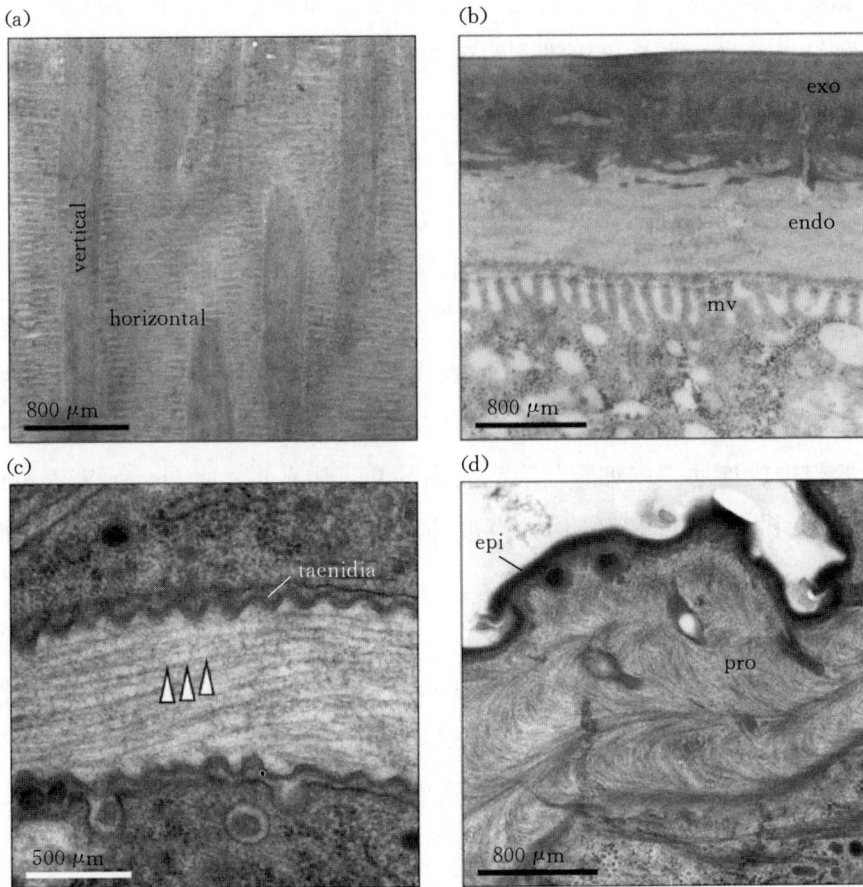

图 1.3　几丁质的高级结构

（a）甲虫（*Tribolium castaneum*）鞘翅表皮由垂直（vertical）和水平（horizontal）方向的几丁质-蛋白质基质组成　（b）赤拟谷盗幼虫的前表皮由高度交联的外表皮层（exocuticle，exo）、靠近表皮分泌区的微绒毛（mv）和交联程度较低的内表皮层（endocuticle，endo）组成　（c）果蝇胚胎气管的发育需要有几丁质基质的参与（三角形箭头所指）（taenidia 指果蝇气管内壁的螺旋状几丁质增厚结构）　（d）幼明虾（*Parhyale hawaiensis*）前表皮层的斜切面电镜显示几丁质片层螺旋排列（epi 表示上表皮，pro 表示前表皮）

几丁质结合蛋白（Cornman et al.，2008；Cornman and Willis，2008，2009；Futahashi et al.，2008；Cornman，2009，2010；Rosenfeld et al.，2016）。这些蛋白快速进化，以至于不同物种之间的蛋白数目差异很大。Hamodrakas 及其同事的研究发现，具有反平行半 β-折叠桶状结构的蛋白可能会特异性识别和结合几丁质（Hamodrakas et al.，2002）。

在一些特化的表皮（如果蝇等双翅目幼虫用以研磨食物的头部骨骼）中，在超微结构水平上我们无法观察到几丁质微纤维的存在。但是，通过电子显微镜则可以清晰观察到果蝇幼虫柔软体壁表皮中的几丁质微纤维。如果几丁质纤维的长度导致了两种表皮的观测结果差异，那么可以推测短链的几丁质微纤维可能与硬表皮相关，而长链的几丁质微纤维则与柔软表皮相关。这些观察结果还可能表明，当在垂直于微纤维轴的方向上施加作用力时，几丁质纤维的长度与节肢动物表皮的硬度或柔软度呈负相关。

Raabe 对美洲螯龙虾几丁质表皮的结构与机械性能进行了广泛研究（Raabe et al.，2005a，2005b，2006，2007），发现在龙虾全身的表皮中，α-几丁质纤维的 b 轴（对应于 Carlstrom 的 c 轴）总是垂直于表皮的表面（约有 10° 的倾斜）。与软表皮相比，坚硬的矿化组织中的几丁质还具有不常见的垂直于法线的纤维取向，这些几丁质纤维可能参与构成连通表皮细胞与表皮表面的几丁质孔道。此外，研究人员还在龙虾的表皮中发现了扭曲的蜂窝结构，当被施加外力作用时可以稳定表皮并抵御破裂（Raabe et al.，2005a，2005b）。

在洪堡德鱿鱼（*Dosidicus gigas*）的喙中，与 β-几丁质结合的蛋白又通过组氨酸与有机分子交联，从而使鱿鱼喙硬化（Miserez et al.，2010）。硬化过程使得水分含量呈现出与蛋白交联程度相反的梯度分布，交联程度最高的喙尖含水量最低，模量高达 5 GPa，而交联程度最弱的尾翼的边缘部位含水量很高，模量只有 0.05 GPa（Miserez et al.，2008）。

在不同的发育时期，几丁质对生物体器官形态的塑造具有重要作用。例如，果蝇气管的长度和直径很大程度上依赖于管腔内的几丁质基质（图 1.3）（Tonning et al.，2005；Luschnig et al.，2006；Moussian et al.，2006），腔内几丁质基质最早于 1966 年被 M. Locke 发现，但当时他没有将其认定为几丁质基质。在表皮形成的过程中，大量蛋白和酶分子也发挥了作用，它们也参与气管几丁质基质的形成和组装，但具体机制仍有待进一步研究。

参考文献

Arakane Y，Muthukrishnan S，Kramer K J，et al. ，2005. The *Tribolium* chitin synthase genes *TcCHS1* and *TcCHS2* are specialized for synthesis of epidermal cuticle and midgut peritrophic matrix. Insect Molecular Biology，14 (5)：453–463.

Arakane Y，Specht C A，Kramer K J，et al. ，2008. Chitin synthases are required for survival，fecundity and egg hatch in the red flour beetle，*Tribolium castaneum*. Insect Biochemistry and Molecular Biology，38 (10)：959–962.

Araujo S J，Aslam H，Tear G，et al. ，2005. Mummy/cystic encodes an enzyme required for chitin and glycan synthesis，involved in trachea，embryonic cuticle and CNS development–analysis of its role in *Drosophila* tracheal morphogenesis. Developmental Biology，288 (1)：179–193.

Anno K，Otsuka K，Seno N，et al. ，1974. A chitin sulfate–like polysaccharide from the test of the tunicate *Halocynthia roretzi*. Biochimica et Biophysica Acta，362：215–219.

Berlese A，1909. Gli insetti–loro organizzazione，sviluppo，abitudini e rapporti colluomo. Milano：Società Editrice Libreria.

Bouligand Y，1965. On a twisted fibrillar arrangement common to several biologic structures. C R Acad Sci Hebd Seances Acad Sci D，261 (22)：4864–4867.

Braconnot H，1811. Sur la nature des champignons. Annales de chimie ou recueil de mémoires concernant la chimie et les arts qui en dépendent et spécialement la pharmacie，79：265–304.

Brunner E，Ehrlich H，Schupp P，et al. ，2009. Chitin–based scaffolds are an integral part of the skeleton of the marine demosponge *Ianthella basta*. Journal of Structural Biology，168 (3)：539–547.

Callister W D，Rethwisch D G，2013. Materials science and engineering：an introduction. New York：Wiley.

Carlstrom D，1957. The crystal structure of alpha–chitin (poly–N–acetyl–D–glucosamine). The Journal of Biophysical and Biochemical Cytology，3 (5)：669–683.

Chapman R F，2013. The Insects. Cambridge：Cambridge University Press.

Cornman R S，2009. Molecular evolution of *Drosophila* cuticular protein genes. PLoS ONE，4 (12)：e8345.

Cornman R S，2010. The distribution of GYR– and YLP–like motifs in *Drosophila* suggests a general role in cuticle assembly and other protein‐protein interactions. PLoS One, 5 (9).

Cornman R S, Togawa T, Dunn W A, et al. , 2008. Annotation and analysis of a large cuticular protein family with the R&-R Consensus in *Anopheles gambiae*. BMC Genomics, 9: 22.

Cornman R S, Willis J H, 2008. Extensive gene amplification and concerted evolution within the CPR family of cuticular proteins in mosquitoes. Insect Biochemistry and Molecular Biology, 38 (6): 661‐676.

Cornman R S, Willis J H, 2009. Annotation and analysis of low‐complexity protein families of *Anopheles gambiae* that are associated with cuticle. Insect Molecular Biology, 18 (5): 607‐622.

Crini G, Badot P‐M, Guibal E, 2007. Chitine et chitosane‐Du biopolymère à l'application, Presse universitaire de Franche‐Comté.

Dauby P, Jeuniaux C, 1986. Origine exogène de la chitine décelée chez les Spongiaires. Cahiers De Biologie Marine, 28: 121‐129.

Dorfmueller H C, Ferenbach A T, Borodkin V S, et al. , 2014. A structural and biochemical model of processive chitin synthesis. Journal of Biological Chemistry, 289 (33): 23020‐23028.

Ehrlich H, Krautter M, Hanke T, et al. , 2007a. First evidence of the presence of chitin in skeletons of marine sponges. Part Ⅱ. Glass sponges (Hexactinellida: Porifera) . Journal of Experimental Zoology Part B‐Molecular and Developmental Evolution, 308 (4): 473‐483.

Ehrlich H, Maldonado M, Spindler K D, et al. , 2007b. First evidence of chitin as a component of the skeletal fibers of marine sponges. Part I. Verongidae (demospongia: Porifera) . Journal of Experimental Zoology Part B‐Molecular and Developmental Evolution, 308 (4): 347‐356.

Ehrlich H, Rigby J K, Botting J P, et al. , 2013. Discovery of 505‐million‐year old chitin in the basal demosponge *Vauxia gracilenta*. Scientific Reports, 3: 3497.

Fränkel S, Kelly A, 1901. Beiträge zur Constitution des Chitins. Monatshefte für Chemie, 23 (2): 123‐132.

Futahashi R, Okamoto S, Kawasaki H, et al. , 2008. Genome‐wide identification of cuticular protein genes in the silkworm, *Bombyx mori*. Insect Biochemistry and Molecular Biology, 38 (12): 1138‐1146.

Gangishetti U, Breitenbach S, Zander M, et al. , 2009. Effects of benzoylphenylurea on chitin synthesis and orientation in the cuticle of the *Drosophila larva*. European Journal of Cell Biology, 88 (3): 167 - 180.

Goncalves I R, Brouillet S, Soulie M C, et al., 2016. Genome - wide analyses of chitin synthases identify horizontal gene transfers towards bacteria and allow a robust and unifying classification into fungi. BMC Evolutionary Biology, 16 (1): 252.

Gonell H W, 1926. Rontgenographische Studien an Chitin. Hoppe - Seyler's Zeitschrift fuer Physiologische Chemie Berlin, 152: 18 - 30.

Hamodrakas S J, Willis J H, Iconomidou V A, 2002. A structural model of the chitin - binding domain of cuticle proteins. Insect Biochemistry and Molecular Biology, 32 (11): 1577 - 1583.

Harrison F W, Rice M E, 1993. Onychophora, chilopoda, and lesser protostomata. New York: John Wiley.

Herth W, Schnepf E, 1980. The fluorochrome, calcofluor white, binds oriented to structural polysaccharide fibrils. Protoplasma, 105 (1 - 2): 129 - 133.

Jang M K, Kong B G, Jeong Y I, et al., 2004. Physicochemical characterization of alpha - chitin, beta - chitin, and gamma - chitin separated from natural resources. Journal of Polymer Science Part A - Polymer Chemistry, 42 (14): 3423 - 3432.

Jeuniaux C, 1982. La chitine dans le regne animal. Bulletin de la Societe Zoologique de France, 107 (3): 363 - 386.

Katz O, 2018. Extending the scope of Darwin's 'abominable mystery': integrative approaches to understanding angiosperm origins and species richness. Annals of Botany, 121 (1): 1 - 8.

Lease H M, Wolf B O, 2010. Exoskeletal chitin scales isometrically with body size in terrestrial insects. Journal of Morphology, 271 (6): 759 - 768.

Ledderhose G, 1876. Über salzsaures Glucosamin. Berichte der deutschen chemischen Gesellschaft: 1200 - 1201.

Locke M, 1966. The structure and formation of the cuticulin layer in the epicuticle of an insect, *Calpodes ethlius* (Lepidoptera, Hesperiidae). Journal of Morphology, 118 (4): 461 - 494.

Lotmar W, Picken L E R, 1950. A new crystallographic modification of chitin and its distribution. Experientia, 6 (2): 58 - 59.

Luschnig S, Batz T, Armbruster K, et al., 2006. Serpentine and vermiform encode matrix proteins with chitin binding and deacetylation domains that limit tracheal tube length in *Drosophila*. Current Biology, 16 (2): 186 - 194.

Merzendorfer H, Zimoch L, 2003. Chitin metabolism in insects: structure, function and regulation of chitin synthases and chitinases. Journal of Experimental Biology, 206 (Pt 24): 4393-4412.

Meyer K H, Pankow G, 1935. Sur la constitution et la structure de la chitine. Helvetica Chimica Acta, 18 (1): 589-598.

Minke R, Blackwell J, 1978. The structure of alpha-chitin. Journal of Molecular Biology, 120 (2): 167-181.

Miserez A, Rubin D, Waite J H, 2010. Cross-linking chemistry of squid beak. Journal of Biological Chemistry, 285 (49): 38115-38124.

Miserez A, Schneberk T, Sun C, et al., 2008. The transition from stiff to compliant materials in squid beaks. Science, 319 (5871): 1816-1819.

Morgulis S, 1916. The Chemical Constitution of Chitin. Science, 44 (1146): 866-867.

Moussian B, 2008. The role of GlcNAc in formation and function of extracellular matrices. Comparative Biochemistry and Physiology. B: Biochemistry and Molecular Biology, 149 (2): 215-226.

Moussian B, 2013. The Arthropod Cuticle//Minelli A, Boxshall G, Fusco G. Arthropod biology and evolution. Berlin, Heidelberg: Springer: 171-196.

Moussian B, Schwarz H, Bartoszewski S, et al., 2005. Involvement of chitin in exoskeleton morphogenesis in *Drosophila melanogaster*. Journal of Morphology, 264 (1): 117-130.

Moussian B, Tang E, Tonning A, et al., 2006. Drosophila Knickkopf and Retroactive are needed for epithelial tube growth and cuticle differentiation through their specific requirement for chitin filament organization. Development, 133 (1): 163-171.

Mushi N E, Butchosa N, Salajkova M, et al., 2014. Nanostructured membranes based on native chitin nanofibers prepared by mild process. Carbohydrate Polymers, 112: 255-263.

Nepi M, Grasso D A, Mancuso S, 2018. Nectar in Plant-Insect Mutualistic Relationships: From Food Reward to Partner Manipulation. Frontiers in Plant Science, 9: 1063.

Neville A C, 1975. Biology of the arthropod cuticle. Berlin Heidelberg New York: Springer Verlag.

Neville A C, Luke B M, 1969. A Two-system model for chitin-protein complexes in insect cuticles. Tissue Cell, 1 (4): 689-707.

Nishino T, Matsui R, Nakamae K, 1999. Elastic modulus of the crystalline regions of chitin and chitosan. Journal of Polymer Science Part B-Polymer Physics, 37 (11): 1191-1196.

Odier A, 1823. Mémoires sur la composition chimique des parties cornées des insectes. Mémoires de la Société d'Histoire Naturelle de Paris, 1: 29 - 42.

Peters W, 1972. Occurrence of chitin in Mollusca. Comparative Biochemistry and Physiology B - Biochemistry & Molecular Biology, 41 (3): 541 - 550.

Raabe D, Al - Sawalmih A, Yi S B, et al. , 2007. Preferred crystallographic texture of alpha - chitin as a microscopic and macroscopic design principle of the exoskeleton of the lobster *Homarus americanus*. Acta Biomaterialia, 3 (6): 882 - 895.

Raabe D, Romano P, Sachs C, et al. , 2005a. Discovery of a honeycomb structure in the twisted plywood patterns of fibrous biological nanocomposite tissue. Journal of Crystal Growth, 283 (1 - 2): 1 - 7.

Raabe D, Sachs C, Romano P, 2005b. The crustacean exoskeleton as an example of a structurally and mechanically graded biological nanocomposite material. Acta Materialia, 53 (15): 4281 - 4292.

Rosenfeld J A, Reeves D, Brugler M R, et al. , 2016. Genome assembly and geospatial phylogenomics of the bed bug *Cimex lectularius*. Nature Communications, 7: 10164.

Schonitzer V, Weiss I M, 2007. The structure of mollusc larval shells formed in the presence of the chitin synthase inhibitor Nikkomycin Z. BMC Structural Biology, 7: 71.

Semino C E, Allende M L, 2000. Chitin oligosaccharides as candidate patterning agents in zebrafish embryogenesis. International Journal of Developmental Biology, 44 (2): 183 - 193.

Sikorski P, Hori R, Wada M, 2009. Revisit of alpha - chitin crystal structure using high resolution X - ray diffraction data. Biomacromolecuels, 10 (5): 1100 - 1105.

Städeler G, 1859. Untersuchungen über das Fibroin, Spongin und Chitin, nebst Bemerkungen über den thierischen Schleim. Justus Liebig Annalen der Chemie, 111 (1): 12 - 28.

Tang W J, Fernandez J, Sohn J J, et al. , 2015. Chitin is endogenously produced in vertebrates. Current Biology, 25 (7): 897 - 900.

Tonning A, Helms S, Schwarz H, et al. , 2006. Hormonal regulation of mummy is needed for apical extracellular matrix formation and epithelial morphogenesis in *Drosophila*. Development, 133 (2): 331 - 341.

Tonning A, Hemphala J, Tang E, et al. , 2005. A transient luminal chitinous matrix is required to model epithelial tube diameter in the *Drosophila trachea*. Developmental Cell, 9 (3): 423 - 430.

Van Eldijk T J B, Wappler T, Strother P K, et al. , 2018. A Triassic - Jurassic window into the evolution of *Lepidoptera*. Science Advances, 4 (1): e1701568.

Vincent J F, Wegst U G, 2004. Design and mechanical properties of insect cuticle. Arthropod Structure & Development, 33 (3): 187-199.

Watson B D, 1965. The fine structure of the body-wall in a free-living nematode, Euchromadora vulgaris. Quarterly Journal of Microscopical Science, 106 (1): 75-81.

Wharton D, 1980. Nematode egg-shells. Parasitology, 81 (2): 447-463.

Wharton D A, Jenkins T, 1978. Structure and chemistry of the egg-shell of a nematode (*Trichuris suis*). Tissue Cell, 10 (3): 427-440.

Wagner G P, 1994. Evolution and multi-functionality of the chitin system. Molecular Ecology and Evolution: Approaches and Applications, 69: 559-577.

Yu Z, Lau D, 2015. Molecular dynamics study on stiffness and ductility in chitin-protein composite. Journal of Materials Science, 50: 7149-7157.

Zakrzewski A C, Weigert A, Helm C, et al., 2014. Early divergence, broad distribution, and high diversity of animal chitin synthases. Genome Biology and Evolution, 6 (2): 316-325.

Zhang J, Liu X, Zhang J, et al., 2010. Silencing of two alternative splicing-derived mRNA variants of chitin synthase 1gene by RNAi is lethal to the oriental migratory locust, *Locusta migratoria manilensis* (Meyen). Insect Biochemistry and Molecular Biology, 40 (11): 824-833.

Zhang Q, Mey W, Ansorge J, et al., 2018. Fossil scales illuminate the early evolution of lepidopterans and structural colors. Science Advances, 4 (4): e1700988.

Zhang Y, Foster J M, Nelson L S, et al., 2005. The chitin synthase genes chs-1 and chs-2 are essential for *C. elegans* development and responsible for chitin deposition in the eggshell and pharynx, respectively. Developmental Biology, 285 (2): 330-333.

第2章
细菌几丁质系统

2.1 细菌几丁质降解

几丁质根据其晶体形态，被分为 α-几丁质、β-几丁质和 γ-几丁质，它们在微丝的排列方式上各不相同。为了在细胞壁中形成复杂的结构，晶态几丁质通常与一些蛋白质或与其他多糖如葡聚糖和甘露聚糖结合（Merzendorfe et al.，2003）。与几丁质的丰度和普遍性一致，几丁质降解酶（或几丁质相关蛋白）在细菌、真菌、古生菌（Andronopoulou，2004）、藻类（Kitaok et al.，2017）、植物（Grover et al.，2012）和动物中也普遍存在。自然生态系统中每年几丁质的合成量估计为 $10^{10} \sim 10^{12}$ t，大部分几丁质作为真菌和细菌的碳源和氮源被循环利用（Tharanathan et al.，2003）。

细菌对几丁质的响应包括当细菌向几丁质源移动或生长时表现出的趋化性和向药性、对几丁质的黏附、细胞外几丁质降解酶的分泌和几丁质寡糖的摄取（Meibom et al.，2005）。几丁质的降解是利用几丁质的关键步骤，通常由三个酶促反应组成，即分解晶体状几丁质、将几丁质链水解成二糖，以及将二糖分解成单体。在细胞外环境中，前两个步骤通常由三种类型的酶催化，即裂解性多糖单加氧酶（LPMO），非进程性内切几丁质酶和进程性几丁质酶。LPMO 在 CAZy 数据库中归类为辅助活动（AA）家族 10 和 11（Lombard et al.，2014），通过氧化反应裂解结晶几丁质表面上的糖苷键，并引入氧化末端以促进几丁质酶进一步降解。几丁质酶通常分为糖苷水解酶家族 18 和 19（GH18 和 GH19），GH19 几丁质酶主要存在于植物、线虫和链霉菌科的一些成员中（Lacombe‐Harvey et al.，2018）。两个 GH 家族的氨基酸序列几乎没有相似之处，它们的催化机制完全不同，目前推测 GH18 和 GH19 几丁质酶是分别进化的（Fukamizo et al.，2000）。这些几丁质酶通常被几丁质水解产物 N-乙酰葡萄糖胺（GlcNAc 单体）或者几丁质寡糖（GlcNAc）$_n$（其中 $n=2\sim6$）调控和诱导（Uchiyama，2003）。GlcNAc 还被报道在一些链霉菌属（Streptomyces）（Miyashita et al.，2000）和类芽孢杆菌属（Paenibacillus）（Itoh et al.，2013）中作为几丁质酶表达的抑制剂。当几丁质多糖在细胞外被水解成单体和寡聚物后，细菌通过有效的摄取系统将产物导入其周质或细胞质中。在一些细菌菌株中，磷酸烯醇丙酮酸依赖性磷酸转移酶系统（PTS）和 ATP 结合盒（ABC）转运蛋白分别负责 GlcNAc 单体和寡聚体的吸收（Berg et al.，2007；Colson et al.，2008）。在细胞质或细胞质间隙中，通常被归类为 GH3 或 GH20 的 β‐N‐乙酰己糖胺酶将几丁质寡糖进一步水解成 GlcNAc 单体（Ito et al.，2013；Macdonald et al.，2015）。

几丁质降解菌，如黏质沙雷菌（Serratia marcescens）（Vaaje‐Kolstad et al.，2013）、环状芽孢杆菌 WL‐12（Bacillus circulans）（Watanabe et al.，2003）、天蓝色链霉菌（Streptomyces coelicolor）A3（2）（Saito et al.，2013）、霍乱弧菌（Vibrio cholerae）（Li et al.，2004）和类芽孢杆菌属（Paenibacillus）（Itoh et al.，2013；Kusaoke et al.，2017）等能够产生许多几丁质酶以有效降解几丁质。这些几丁质酶的核苷酸序列几乎完全保守，这种遗传保守可以通过单个细胞中的多次基因重复来解释。然而，有些细菌拥有独特序列的几丁质酶基因簇，一般认为这些基因簇是通过基因水平转移从其他生物体获得的（Hunt，2008）。

2.1.1 黏质沙雷菌几丁质生物降解系统

黏质沙雷菌是降解几丁质最有效的细菌之一（Vaaje‐Kolstad et al.，2013），并作为几丁质降解菌的模型被广泛研究。黏质沙雷菌属肠杆菌科中的杆状革兰氏阴性细菌，其几丁质降解酶可以通过培养基中的几丁质诱导产生（Vaaje‐Kolstad et al.，2013）。黏质沙雷菌菌株 QMB1466 能产生 5 种不同的几丁质降解酶，这些酶被命名为 ChiA、ChiB、ChiC1、ChiC2 和 CBP21。ChiA 和 ChiB 属于两种进程性几丁质酶，通过在几丁质链上沿相反的方向滑动产生几丁二糖，ChiA 从还原端滑动，而 ChiB 从非还原端滑动（Horn et al.，2006）；ChiC1 和 ChiC2 是内切型非进程性几丁质酶，可以随机水解几丁质聚合物；CBP21 是一种通过氧化裂解的方式使几丁质链断裂的 LPMO（Vaaje‐Kolstad et al.，2013）（图 2.1）。ChiC2 来自 ChiC1 的翻译后切割产物，且 ChiC2 对结晶几丁质的水解活性低于 ChiC1（Suzuki et al.，1999），但是 ChiC1 翻译后切割产物的生物学功能仍不清楚。这些几丁质降解酶对几丁质降解具有协同作用（Suzuki et al.，2002）。在细胞质或细胞周质间隙中，N‐乙酰己糖胺酶（壳二糖酶）将几丁质寡糖水解成 GlcNAc 单体。根据 CAZy 数据库，在黏质沙雷菌中，所有几丁质酶（ChiA、ChiB、ChiC1 和 ChiC2）均属于 GH18，壳二糖酶属于 GH20，CBP21 属于 AA10。

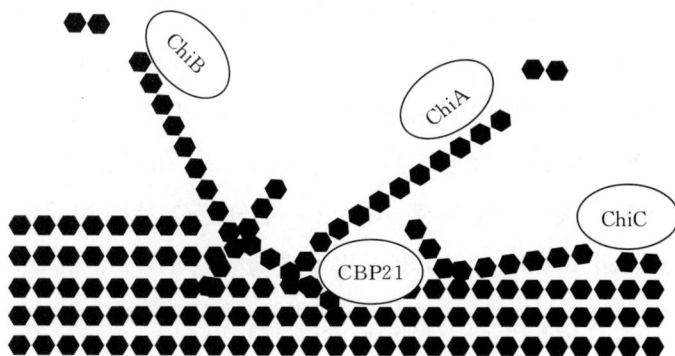

图 2.1　黏质沙雷菌的几丁质降解酶

注：黏质沙雷菌几丁质酶（ChiA、ChiB 和 ChiC）的催化域属于 GH18。ChiA 和 ChiB 属于进程性几丁质酶，其分别与几丁质链的还原端和非还原端紧密结合并释放（GlcNAc）$_2$，ChiC 为非进程性内切几丁质酶。CBP21 是一种 AA10 家族的 LPMO，通过氧化裂解破坏几丁质链。

2.1.2　环状芽孢杆菌几丁质生物降解系统

环状芽孢杆菌 WL‐12 是一种革兰氏阳性杆状细胞，已被鉴定为一种几丁质降解菌，可降解酵母和真菌细胞壁中的几丁质，并且已知可以向培养基中分泌多种多糖降解酶（Watanabe et al.，2003）。当在有几丁质存在的情况下生长时，该细菌培养物的上清液中能检测到超过 10 种几丁质酶。这些几丁质酶来源于三种基因，*chiA*、*chiC* 和 *chiD*。它们的表达产物 ChiA、ChiC 和 ChiD 是多模块化几丁质酶，它们的翻译后切割产物使得在细菌培养上清液中产生多种几丁质酶。ChiA1 是其中一种翻译后切割的产物，它对胶体几丁质的酶活性最高，与不溶性几丁质结合而水解主要产生几丁二糖 $(GlcNAc)_2$。ChiA1 含有 N 端 GH18 催化域、两个纤连蛋白Ⅲ型（FnⅢ）结构域和属于 CBM12 的 C 端碳水化合物结合模块。ChiA1 的催化结构域具有较深的底物结合裂缝，在裂缝表面，芳香族氨基酸残基是线性排列的，这对结晶几丁质的水解很重要（Watanabe et al.，2003）。

2.1.3　链霉菌属几丁质生物降解系统

链霉菌属细菌属于高 GC 含量的一类革兰氏阳性细菌（放线菌），具有由多种几丁质酶组成的几丁质降解系统（Kawase et al.，2006；Saito et al.，2013）。在天蓝色链霉菌 A3（2）基因组中，迄今已发现 13 种几丁质酶，其中 11 种被归类为几丁质酶 GH18 家族：亚家族 A（Chi18aC、Chi18aD、Chi18aE 和 Chi18aJ）、亚家族 B（Chi18bA、Chi18bB 和 Chi18bI）和亚家族 C（Chi18cH、Chi18cK、Chi18cL 和 Chi18cM），另外 2 种为 GH19 家族几丁质酶（Chi19F 和 Chi19G）（Kawase et al.，2006）。除了几丁质酶，天蓝色链霉菌 A3（2）还分泌壳聚糖相关酶，例如 GH46 几丁二糖酶（Ghinet et al.，2010）、GH20 几丁二糖酶（Saito et al.，2013）和 CE4 几丁质脱乙酰基酶（Świątek et al.，2012）。天蓝色链霉菌 A3（2）中几丁质寡糖的代谢已被解析清楚（Świątek et al.，2012）（图 2.2）。降解得到的单体产物 GlcNAc 通过 PTS 进入细胞膜后被磷酸化为 *N*-乙酰-D-葡萄糖胺-6-磷酸（GlcNAc-6P）。在 PTS 反应中，磷酰基团从磷酸烯醇丙酮酸转移至磷酸转移酶Ⅰ（EI），然后该基团从 EI 转移至组氨酸蛋白（HPr）。HPr 的磷酰基团进一步转移至酶ⅡA（EIIA）、酶ⅡB（EIIB）和酶ⅡC（EIIC）的酶复合物上。通过酶ⅡC（EIIC）转运的 GlcNAc 被 EIIA 磷酸化为 GlcNAc-6P。一些 ABC 转运蛋白，如 NgcEFG-MsiK 和 DasABC-MsiK 也可以转运 $(GlcNAc)_2$ 二聚体。转运的 $(GlcNAc)_2$ 二聚体在细胞质中被 β-*N*-乙酰基-D-己糖胺酶（DasD）分解成 GlcNAc 单体。*N*-乙酰-D-葡萄糖胺激酶（NagK）将 GlcNAc 磷酸化为 GlcNAc-6P，然后通过 *N*-乙酰-D-葡萄糖胺-6-磷酸脱乙酰酶（NagA）将其脱乙酰化为葡萄糖胺-6-磷酸（GlcN-6P）。随后，葡萄糖胺-6-磷酸脱氨酶（NagB）将 GlcN-6P 脱氨基生成果糖-6-磷酸（Frc-6P），并进入糖酵解途径。

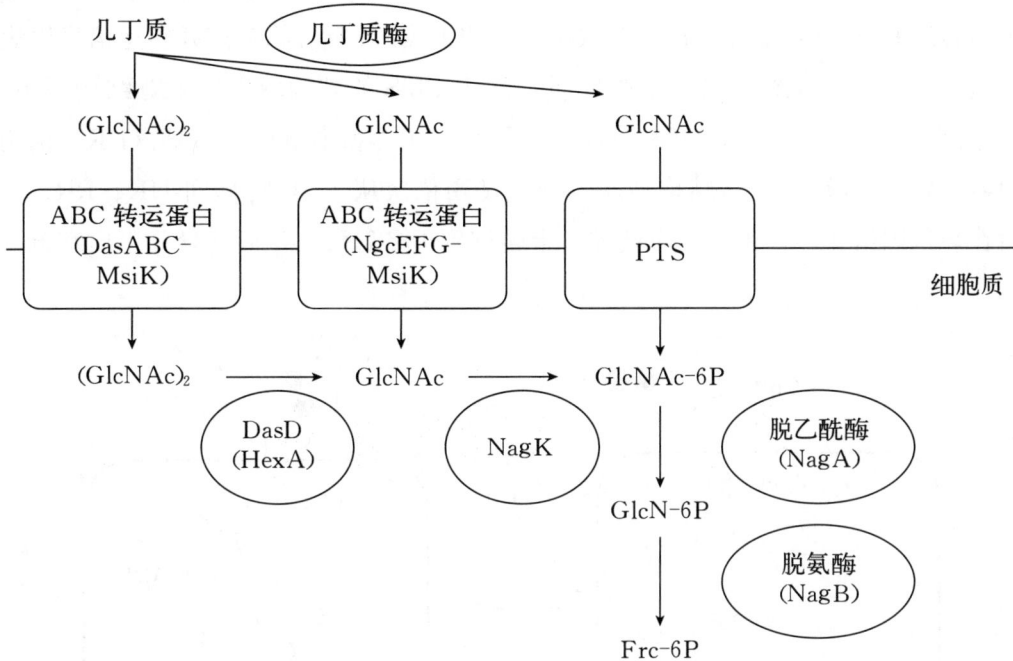

图 2.2　链霉菌属细菌对几丁质的吸收

注：几丁质在细胞外空间中被 GH18 和 GH19 几丁质酶水解成 GlcNAc 和（GlcNAc）$_2$。降解产物 GlcNAc 通过 PTS 跨细胞膜转运，并通过 PTS 磷酸化为 GlcNAc-6P。ABC 转运蛋白 NgcEFG-MsiK 可以转入 GlcNAc 和（GlcNAc）$_2$，另一个 ABC 转运蛋白 DasABC-MsiK 可以转入（GlcNAc）$_2$。壳二糖酶（DasD）可以将转入的（GlcNAc）$_2$ 水解成 GlcNAc，随后通过 GlcNAc 激酶（NagK）磷酸化为 GlcNAc-6P。GlcNAc-6P 脱乙酰酶（NagA）将 GlcNAc-6P 转化为 GlcN-6P，然后通过 GlcN-6P 脱氨酶（NagB）将其脱氨基化为 Frc-6P。Frc-6P 则进入糖酵解途径。

2.1.4　海洋生物弧菌几丁质生物降解系统

尽管几丁质是一种普遍存在的生物聚合物，但目前尚不清楚其在海洋沉积物中的积累情况，主要来自弧菌科的海洋几丁质降解菌有助于几丁质的快速循环（Hirono et al.，1998）。弧菌的几丁质水解和信号转导系统已被广泛研究，该系统过程包括发现几丁质（趋化性），通过细菌细胞表面黏附几丁质，将几丁质降解为寡聚糖，通过外膜上的糖特异性孔蛋白（壳蛋白）和内膜上的糖特异性 ABC 转运蛋白将降解得到的寡糖运输到细胞质中，将降解产物转化为胞质溶胶中的 Frc-6P 以用于糖酵解途径

(Meibom et al., 2004；Hunt et al., 2008)。弧菌类几丁质酶的诱导受组氨酸激酶和双组分系统的复杂调控。在静息状态下，几丁质寡糖结合蛋白（CBP）与膜蛋白 ChiS 的周质结构域结合。当分泌的几丁质酶在胞外将几丁质降解为寡糖时，其通过壳蛋白转运并被 CBP 结合。在结合状态下，CBP/ChiS 复合物解离并转运信号以表达几丁质降解酶基因（图 2.3）。细胞周质空间中 ChiS 的结构域由三个亚结构域组成：ATP 依赖性组氨酸激酶/磷酸酶（HK）结构域、天冬氨酸响应调节器（RR）结构域和组氨酸磷酸转移（HP）结构域。磷酸化基团依次从 ATP 转移到 HK、RR、HP，最后在与基因组相互作用的反应调控子上转移到天冬氨酸，从而诱导几丁质水解酶的表达。

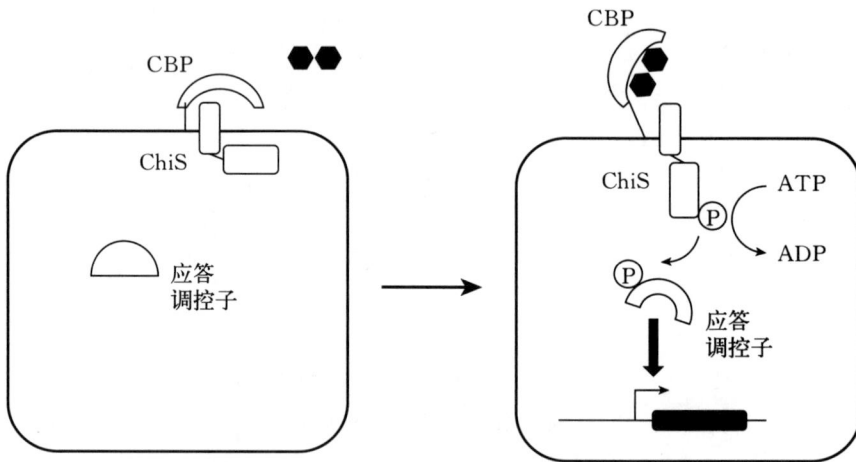

图 2.3 弧菌属细菌的几丁质降解酶诱导机制

注：诱导由组氨酸激酶和双组分系统（ChiS）调节。在静止状态下，几丁质结合蛋白（CBP）与膜蛋白 ChiS 的周质结构域结合。当寡糖与 CBP 结合时，CBP／ChiS 复合物解离并转运信号以表达几丁质降解酶。

2.1.5 类芽孢杆菌 IK－5 和 FPU－7 几丁质生物降解系统

类似于链霉菌属细菌，类芽孢杆菌 IK－5 除了两种 GH18 几丁质酶（ChiA 和 ChiB）和 AA10LPMO（ChiC）外，还产生壳聚糖酶（ChiE）和 GH19 几丁质酶（ChiD）（Kusaoke et al.，2017）（图 2.4）。两个几丁质酶（ChiA 和 ChiB）均含有一个 GH18 催化结构域和两个 CBM5 几丁质结合模块；AA10LPMO（ChiC）除催化域外也具有 CBM5 模块；几丁质酶 ChiD 具有 GH19 催化域；壳聚糖酶（ChiE）在 N 端含有 GH8 催化结构域，在 C 端含有两个盘状结构域（CBM32）。ChiE 的 CBM32 结构域可以特异性地与壳聚糖紧密结合。这 5 种酶（ChiA、ChiB、ChiC、ChiD 和 ChiE）形成一种叫做"几丁质体"的巨大蛋白质复合物。当培养基仅含有几丁质时，该复合物由 4 种酶组成（ChiA、ChiB、ChiC 和 ChiD）；当培养基含有几丁质和壳聚糖时，该复合物包含所有 5 种酶。类芽孢杆菌 IK-5 还在其表面产生由 GH20 催化结构域和 S-层同源结构域（SLH）组成的多模块壳聚糖酶。

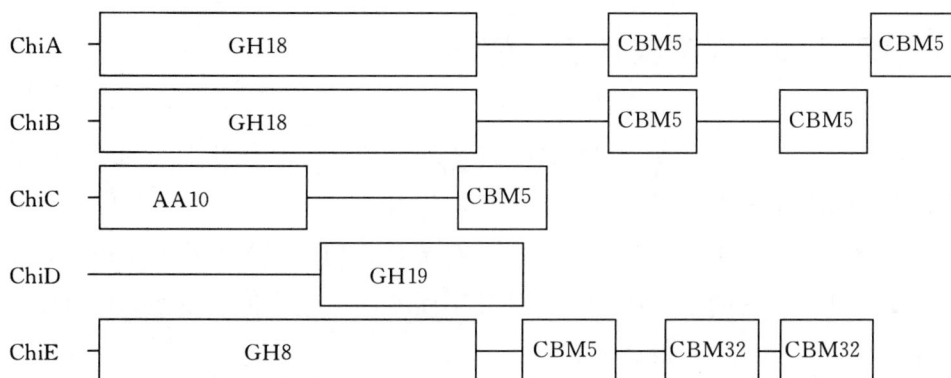

图 2.4　类芽孢杆菌 IK-5 几丁质和壳聚糖降解酶示意

注：类芽孢杆菌 IK-5 产生的酶（ChiA、ChiB、ChiC、ChiD 和 ChiE）在 N 端具有分泌信号肽。ChiA 和 ChiB 在 N 端具有 GH18 几丁质酶催化结构域，在 C 端具有两个 CBM5 结构域。ChiC 有作为 LPMO 的 AA10 催化结构域和 C 端的 CBM5 结构域。ChiD 的催化结构域属于 GH19。壳聚糖酶 ChiE 在 N 端有 GH8 结构域，C 端含有 2 个 CBM32 结构域。这些几丁质和壳聚糖相关的酶（ChiA、ChiB、ChiC、ChiD 和 ChiE）是一种巨大的蛋白质复合物（几丁质体）。培养基中含有几丁质和壳聚糖时，ChiE 被组装进 4 种酶组成的复合物（ChiA、ChiB、ChiC 和 ChiD）。

　　近年来，利用含有固体几丁质薄片的培养基从土壤中分离出一种具有高几丁质水解活性的细菌——类芽孢杆菌 FPU-7（*Paenibacillus* str. FPU-7）（Itoh et al.，2013）。在 GlcNAc 对碳分解代谢的抑制作用下，该细菌可向培养基中分泌几种几丁质酶。在其基因组中发现至少 6 种几丁质酶（ChiA、ChiB、ChiC、ChiD、ChiE 和 ChiF）基因，每个基因都含有 GH18 催化结构域和一个或多个辅助结构域，例如 CBM5、CBM12 和 FnⅢ。对于合成底物 pNP-(GlcNAc)$_2$，ChiE 显示出高水解活性；ChiA、ChiD 和 ChiF 显示出低水解活性；ChiB 和 ChiC 显示出中度水解活性。除 ChiD 外，所有几丁质酶对不溶性胶体几丁质都具有高水解活性。类芽孢杆菌 FPU-7 对几丁质薄片的有效降解不仅需要培养基中的几丁质酶分泌物，还需要活细胞，这表明有与细胞结合的几丁质酶参与其中。在其基因组中，除了被广泛研究的 6 种几丁质酶之外，在 (GlcNAc)$_2$ 存在的情况下，几丁质酶 ChiW 在其细胞表面上表达，产生最终反应产物（GlcNAc）$_2$。水解产物（GlcNAc）$_2$ 被一些转运蛋白转运到胞质溶胶中并诱导几丁质相关基因的表达，例如 ChiW。

2.2　细菌 GH18 家族几丁质酶概述

2.2.1　细菌 GH18 家族几丁质酶

如上所述，几丁质降解菌会分泌多种几丁质酶。其中某些几丁质酶可以在适当的温度和 pH 范围内保持活性（Rathore et al.，2015），因此，我们可以将这些几丁质酶应用于工业生产过程中。一些几丁质酶具有抗真菌和抗细菌的特性；由于几丁质是真菌细胞壁和昆虫表皮的主要成分，一些几丁质酶还被用作许多植物病原真菌和昆虫的生物防治剂（Rathore et al.，2015）。

细菌几丁质酶通常属于 GH18 和 GH19 家族，如上所述，细菌主要通过 GH18 家族几丁质酶降解几丁质。基于氨基酸序列的相似性，GH18 家族几丁质酶可以分为 A、B、C 三个亚族（Li et al.，2010）。A 亚族几丁质酶的（α/β）$_8$-桶状结构（TIM 桶）中有一个几丁质插入结构域（CID），B、C 亚族几丁质酶中则缺乏该结构域。细菌 GH18 家族的几丁质酶通常具有多个模块，例如，在黏质沙雷菌中，SmChiA 除催化域外还含有一个 N 端 FnⅢ结构域；SmChiB 在 C 端含有一个 CBM5 结构域；SmChiC 在 C 端含有 FnⅢ结构域和 CBM12 结构域（Vaaje - Kolstad et al.，2013）。与之相似，环状芽孢杆菌WL - 12 的 ChiA1（BcChiA1）在 C 端同样含有一个 FnⅢ结构域和一个 CBM12 结构域（Watanabe et al.，2003）。依据酶促反应的形式，GH18 家族几丁质酶可分为两类：进程性几丁质酶和内切非进程性几丁质酶，这两类几丁质降解酶协同作用于几丁质高聚物。首先，非进程性的几丁质酶和LPMO会破坏表面结合的晶态几丁质的糖苷键，从固体几丁质表面分离出新的链末端，随后，新生成的链末端就会成为进程性几丁质酶的附着位点。

蛋白质数据库中已经上传了许多细菌 GH18 家族几丁质酶的晶体结构。典型的 GH18 家族几丁质酶的催化域会折叠成一个 TIM 桶，并形成一个底物结合裂缝。GH18 家族几丁质酶通过底物辅助机制水解几丁质，这一机制会保留新合成的还原端异头碳的立体化学性质（van Aalten et al.，2001）（图 2.5）。GH18 家族几丁质酶的催化残基位于中心桶第四个 β-折叠的保守基序 DxDxE 上。催化过程开始时，－1 位的 GlcNAc 会转化为船式结构（或扭船式结构）。底物的结合使 DxDxE 基序上第二个天冬氨酸残基（D）从朝向第一个 D 转向到朝向催化残基谷氨酸（E）。之后，第二个天冬氨酸残基会与谷氨酸残基和－1 位 GlcNAc 的 N-乙酰基团形成氢键。催化氨基酸谷氨酸将糖苷键质子化，而 N-乙酰基的氧原子亲核攻击异头碳。糖苷键断裂后，GlcNAc 形成噁唑啉离子中间态，随后中间态离子被水解，反应完成。GH18 家族几丁质酶其他保守的氨基酸残基，如酪氨酸和天冬氨酸（或天冬酰胺），能够与－1 位点的 GlcNAc 相互作用，因此也是催化的重要残基。

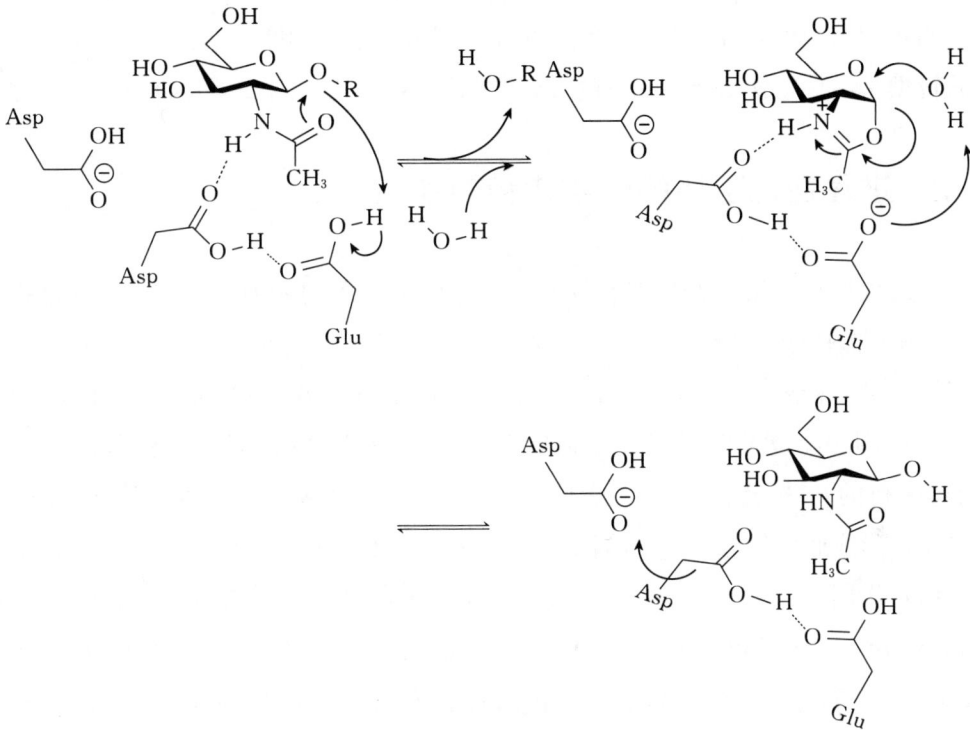

图 2.5　GH18 家族几丁质酶的底物辅助催化机制

注：－1 位的 GlcNAc 残基扭曲成船形构象时，催化反应开始。催化谷氨酸质子化糖苷键，之后－1 位底物 GlcNAc 的 N-乙酰基上的氧原子对异头碳进行亲核攻击。糖苷键断裂后，噁唑啉离子中间体形成，随后被水解。

水解几丁质所产生的几丁寡糖（CHOS）在食品、医药和农业等领域都具有潜在的生物学应用前景。依据链长和乙酰化模式的不同，CHOS 会展现出抗菌、抗肿瘤和增强免疫等不同特性（Mallakuntla et al.，2017）。由于化学合成 CHOS 时涉及非特异性的随机水解，因此产物的链长很难控制。除了水解活性外，一些 GH18 家族的几丁质酶还表现出转糖基（TG）活性。它们可以在没有水分子作为受体的情况下，以噁唑啉离子作为供体，对其他糖类分子进行缩合（Umemoto et al.，2015）。几丁质酶的转糖基活性可以将较短的寡聚糖通过酶促反应生成长链CHOS，因此受到了人们的极大关注。人们通过基因突变提升GH18家族几丁质酶的转糖基活性。在特异性位点处的突变会降低酶的水解活性，并优化噁唑啉离子中间态的稳定性和位点亲和性。突变DxDxE基序中的天冬氨酸则会影响噁唑啉离子中间态的稳定性，并降低酶的水解活性。最终，这些突变蛋白展现出了更高的转糖基活性，例如，SmChiA中−3位点的Trp167Ala突变、−1位点的Tyr163Ala和Tyr390Phe突变、变形斑沙雷菌（*Serratia proteamaculans*）ChiD中−1位的Tyr28Ala和Tyr222Ala突变，均增强了这些酶的转糖基活性，在+1和+2位点表面引入芳香族侧链并增加疏水性同样提高了酶的转糖基活性，例如SpChiD的Tyr226Trp突变（Madhuprakash et al.，2018）。

2.2.2 进程性几丁质酶的结构和功能

酶的进程性是指酶沿着高聚底物持续催化而不脱离的能力。GH18家族进程性几丁质酶TIM桶中的隧道或裂缝会与晶体几丁质上的单一高聚物链结合，并沿着这条链水解糖苷键，释放二糖（GlcNAc）$_2$，直到从链上解离下来（Vaaje-Kolstad et al.，2013）。如前所述，进程性几丁质酶通常含有CID亚结构域。CID亚结构域由5个或6个反向平行的β-折叠和一个α-螺旋组成，它会将自身插入中心桶第7和第8个β-折叠之间，形成底物结合裂缝的侧壁。有人提出CID通过4个保守氨基酸残基与底物产生相互作用（Li et al.，2010）。除去TIM桶和CID结构域外，进程性几丁质酶（例如SmChiA、SmChiB和BcChiA1）还可能含有一到两个额外的结构域（彩图2.1a、b、d），移除这些结构域会降低蛋白对晶体几丁质的生物活性。底物结合裂缝处的芳香族残基会作为柔性的疏水鞘，从而提高蛋白的进程性。在进程性水解的过程中，几丁质链可以在疏水鞘中滑动。SmChiB中+1位点的W97A突变会降低蛋白对晶体几丁质的进程性和水解活性，但使SmChiB降解单链几丁质的速度增加了29倍（Hamre et al.，2014）。几丁质酶的进程性似乎与催化效率相平衡。另一方面，Watanabe等报道称，BcChiA1的Trp433和Tyr279突变使蛋白对晶体几丁质、胶体几丁质和（GlcNAc）$_5$的水解活性下降（Watanabe et al.，2001，2003）。Trp433通过疏水堆积作用与−1位的GlcNAc产生相互作用，并在催化反应过程中将残基保留在这一位置。Tyr279有助于形成噁唑啉离子中间体。除了底物结合裂谷处的氨基酸残基外，BcChiA1还有两个额外的色氨酸残基Trp122和Trp134，这些色氨酸残基位于底物非还原端的延伸处。这两个位点的突变会降低该几丁质酶对高结晶态 β-几丁质微纤维的水解活性（Watanabe et al.，2003）。不同进程性几丁质酶的滑动方向不同，例如，SmChiA 会从几丁质的还原端水解产生二糖，而 SmChiB 则从非还原端产生二糖（Horn et al.，2006）。

2.2.3　非进程性几丁质酶的结构与功能

GH18 家族非进程性内切几丁质酶倾向于在晶体几丁质的无定形区域随机水解糖苷键（Payne et al.，2012）。进程性几丁质酶具有一个封闭隧道或深裂缝，其中存在高度保守的芳香族氨基酸（尤其是色氨酸），这一结构会在酶进程性水解底物的过程中与配体产生相互作用。相对的，非进程性内切几丁质酶则具有一个开放（或较浅）的裂缝，它们缺少 CID 结构域，且裂缝表面只有极少的芳香族氨基酸。进程性几丁质酶和非进程性内切几丁质酶通常都具有多个模块，例如，SmChiC 具有两个额外的结构域 CBM12（用于几丁质结合）和 FnⅢ结构域（彩图 2.1c）。在非进程性内切几丁质酶中，CBM 会与底物松散结合，并辅助催化结构域发挥活性。

2.2.4　细菌 GH18 家族几丁质酶碳水化合物结合模块的结构与功能

如上所述，除了催化域以外，细菌 GH18 家族几丁质酶通常含有一个或多个 CBM 或 FnⅢ结构域。这些额外的结构域位于酶的 N 端或 C 端（彩图 2.1）。CBM 结构域的结构和功能已经得到了很好的研究，它们负责结合晶态多糖，例如纤维素和几丁质（Georgelis et al.，2012）。虽然目前人们尚未完全明确它们在催化过程中的作用，但已知在催化过程中，CBM 结构域会与晶态底物结合，引导催化域处在底物正确的位置上。CBM 在几丁质降解的过程中可能会起到四种作用：①靶向作用，CBM 会将酶定位到底物的适当区域上（还原末端、非还原末端或多糖链内部）；②邻近效应，CBM 增加底物附近的酶浓度，并使催化域有效地作用于底物；③破坏作用，一些 CBM 与多糖结合并破坏其紧密堆积的多糖表面，致其结构松散并暴露出底物，使其易被催化域攻击；④黏附作用，一些 CBM 可以将酶黏附到细菌细胞壁表面，进而催化域会破坏底物上邻近的糖链。细胞壁是一个复杂的结构，因此，CBM 的作用靶标不一定总是所在酶催化域催化的多糖。一些 CBM 对细胞壁中的多糖具有广泛的特异性。

CBM5 和 CBM12 结构域常见于 GH18 家族几丁质酶中，由 40～60 个氨基酸组成

（彩图 2.1）。这两个 CBM 结构域的氨基酸序列相似，都在结构域表面含有保守的色氨酸残基，与底物产生相互作用。这两个 CBM 结构域都能够增加酶对底物，尤其是晶体几丁质底物的亲和力和水解效率（Hashimoto et al.，2000；Uni et al.，2012）。

FnⅢ结构域均由 80～100 个氨基酸残基组成，并具有一定的氨基酸序列相似性。每一个 FnⅢ结构域都有一个经典的类免疫球蛋白（β-三明治）折叠（彩图 2.1a）。SmChiA 的 FnⅢ结构域（也被称为几丁质酶 A 的 N 端结构域）含有暴露的芳香族残基以负责与底物结合，从而提高酶的催化效率（Uchiyama et al.，2001）。相反，BcChiA1 的 FnⅢ结构域则不含有暴露出的芳香族残基，且不直接参与几丁质的结合（Jee et al.，2002）。研究表明，后一种类型的 FnⅢ结构域通常作为连接域，用于充分稳定蛋白其他结构域或蛋白的整体结构，使蛋白可以顺利降解底物。

2.2.5 类芽孢杆菌多模块几丁质酶 ChiW

如上所述，革兰氏阴性菌类芽孢杆菌 FPU-7 可以通过几种分泌型的几丁质酶有效水解几丁质。此外，FPU-7 还会产生一种独特的，具有两个催化域的几丁质酶 ChiW。ChiW 在细胞表面表达，并对包括晶体几丁质在内的多种几丁质有较高的活性（Itoh et al.，2013）。ChiW 与 FPU-7 分泌的其他几丁质酶组合时，水解几丁质的活性会增强（Itoh et al.，2013）。ChiW 由 1 418 个氨基酸组成，分子量约为 150 ku，具有分泌信号肽。ChiW 包含三个表面层同源结构域（SLH）、一个右旋 β-螺旋结构域（CBM54）、一个富含甘氨酸和丝氨酸（Gly-Ser）的连接区、两个类免疫球蛋白折叠结构域（Ig-1 和 Ig-2）和两个 GH18 催化结构域，具有独特的多模块结构。这一结构域组成使其可以有效地在细胞表面发挥功能（彩图 2.2 和彩图 2.3）。

ChiW 晶体结构中缺少 SLH 结构域。典型的 SLH 结构域由三个重复的高度保守氨基酸序列（约 18 ku）组成，并且与革兰氏阳性菌肽聚糖的聚糖骨架非共价结合。因此，具有 SLH 结构域的蛋白质会包围细胞壁，形成细胞包膜或表面层（Schneewind et al.，2012）。

CBM54 通过一个富含甘氨酸和丝氨酸的连接区与 ChiW 的催化区域（两个类免疫球蛋白结构域和两个 GH18 结构域）柔性连接（Itoh et al.，2016）。CBM54 的结构是由 12 个卷曲结构折叠而成的一个右手 β-螺旋（彩图 2.3a）。CBM54 中的 34 条 β-链会形成 3 个平行的 β-折叠，分别命名为 SB1（由 12 条 β-链组成）、SB2（由 12 条 β-链组成）和 SB3（由 10 条 β-链组成），这三个 β-折叠会形成 3 个扭曲的面。尽管人们经常在如碳水化合物裂解酶等蛋白中发现这种结构，但没有检测到 ChiW 中的 CBM54 有碳水化合物降解活性。该结构域具有多种底物特异性，因此可以与包括几丁质、壳聚糖、β-1,3-葡聚糖、木聚糖和纤维素在内的多种细胞壁多糖结合。人们推测 CBM54 通过与几丁质表面接触，辅助蛋白有效地降解细胞壁几丁质。然而，CBM54 的分子表面没有明显的被芳香族氨基酸包围的裂缝。

ChiW 中的两个 GH18 家族催化域具有相似的结构，它们的氨基酸序列高度相似（56％一致）（彩图 2.3d 和 e）（Itoh et al.，2014）。这两个结构域的催化裂缝结构也相似，除核心 TIM 桶外，二者还有两个额外的子结构域——CID 和插入结构域 2；这两个子结构域从 TIM 桶中突出，并在深活性裂缝周围形成一个长约 42×10^{-10} m、深约 26×10^{-10} m 的壁。这两个催化域中的关键氨基酸与 GH18 进程性几丁质酶催化域活性中心的氨基酸具有高度的保守性。ChiW 中两个催化结构域中的氨基酸 Trp568/Trp1055、Trp905/Trp1396、Trp652/Trp1138 和 Trp772/Trp1258 同 SmChiA 中与糖结合的重要氨基酸——如-3 位的 Trp167、-1 位的 Trp539、+1 位的 Trp275 和+2 位的 Phe396 分别相对应。SmChiA 中的催化残基 Tyr390、Asp311、Asp313 和 Glu315 则分别对应于 ChiW 中的 Tyr766/Tyr1252、Asp687/Asp1173、Asp689/Asp1175 和 Glu691/Glu1177。从这些保守的残基可以推测，ChiW 有着与 SmChiA 以及其他典型的进程性几丁质酶类似的催化机制。在进程性几丁质酶中，CBM 或 FnⅢ结构域通常与催化结构域紧密排列，有助于几丁质单链进程性的逐步降解（彩图 2.1）。例如，SmChiA 具有一个形成负位点的 FnⅢ结构域，有助于酶从还原末端降解几丁质，生成 (GlcNAc)₂ 产物（彩图 2.1a），而 SmChiB 在另一侧有 CBM5 结构域，形成一个正位点，从非还原末端降解聚合物，并产生 (GlcNAc)₂ 产物（彩图 2.1b）。然而，ChiW 催化域旁边既没有 FnⅢ结构域也没有 CBM 结构域，取而代之的是两个类免疫球蛋白折叠结构域（Ig-1 和 Ig-2）。在 Ig-1 中，两个彼此紧密堆叠的四链反平行 β-折叠组成了一个八链的 β-三明治结构（彩图 2.3b）；Ig-2 则是一个由三链和四链的反向平行 β-折叠组成的七链 β-三明治结构（彩图 2.3c）。两个类免疫球蛋白折叠结构域的表面都有芳香族氨基酸存在，例如 Ig-1 表面的 Tyr486、Tyr537 和 Phe556；Ig-2 表面的 Tyr939、Tyr948、Tyr1000 和 Phe1044。Ig-1 和 Ig-2 结构域可能具有类似 CBM 的功能。然而，它们离催化裂缝过远，不能发挥进程性酶中 CBM 的作用；它们更有可能发挥两个催化域间连接或支架的作用（彩图 2.2）。ChiW 底物结合位点的长度要短于 SmChiA。人们猜测，一般 CBM 结构域的缺失和较短的活性裂缝使 ChiW 能够在细胞表面上以低进程性实现链间的转移。

尽管 ChiW 是单体，但它可以通过一种自我切割机制，从 CBM54 结构域的 Asn282 和 Ser283 之间分裂开（彩图 2.2），这种自我切割机制的触发原因尚不明确。这一分裂位点位于 SB2 面上，第 11 个 β-折叠前方，处在 CBM54 的 N 端第四个卷曲上。两段多肽通过第三、第四卷曲间的 13 个氢键紧密结合，并保持着 β-螺旋折叠。分裂位点处存在四个高度保守的氨基酸残基——Ser283、His285、Asp262 和 Arg304。除了这些残基之外，位点附近还存在着连续的甘氨酸残基，人们推测这些残基可能为分裂位点提供了一种柔性的构象。Ser283 的羟基作为亲核试剂引发了蛋白水解。ChiW 分裂位点附近存在着氨基酸残基 Asn-Ser，同时人们也在不同的自切割蛋白中发现了这一序列（Hall et al.，1997）。

人们在病毒、古细菌、细菌和昆虫中也发现了这种具有两个 GH18 家族催化结构域的几丁质酶（Tanaka et al.，2001；Howard et al.，2004；Arakane et al.，Muthukrishnan 2010）。源自超嗜热古菌（*Thermococcus kodakaraensis*）KOD1 的几丁质酶 Tk-ChiA（Tanaka et al.，2001）和源自 Microbulbifer degradans 2~40 的几丁质酶 B（Howard et al.，2004）均在 N 端具有外切几丁质酶催化域，在 C 端具有内切几丁质酶催化域。在某些几丁质酶中，这两个催化结构域具有协同作用，因为它们表现出的组合活性明显高于单独两个催化域活性的总和。ChiW 的两个催化裂缝由类免疫球蛋白结构域适当控制，并相互交错，近似形成一个直角。对于酶有效降解细胞表面几丁质的过程来说，这种独特的空间结构可能十分重要。

参考文献

Andronopoulou E，Vorgias C E，2004. Multiple components and induction mechanism of the chitinolytic system of the hyperthermophilic archaeon Thermococcus chitonophagus. Applied Microbiology and Biotechnology，65：694-702.

Arakane Y，Muthukrishnan S，2010. Insect chitinase and chitinase-like proteins. Cell Molecular Life Science，67：201-216.

Berg T，Schild S，Reidl J，2007. Regulation of the chitobiose-phosphotransferase system in *Vibrio cholerae*. Archives of Microbiology，187：433-439.

Colson S，van Wezel G P，Craig M，et al.，2008. The chitobiose-binding protein，DasA，acts as a link between chitin utilization and morphogenesis in *Streptomyces coelicolor*. Microbiology，154：373-382.

Fukamizo T, 2000. Chitinolytic enzymes: catalysis, substrate binding, and their application. Current Protein & Peptide Science, 1: 105 – 124.

Georgelis N, Yennawar N H, Cosgrove D J, 2012. Structural basis for entropy – driven cellulose binding by a type – A cellulose – binding module (CBM) and bacterial expansin. Proceedings of the National Academy of Sciences of the United States of America, 109: 14830 – 14835.

Ghinet M G, Roy S, Poulin – Laprade D, et al., 2010. Chitosanase from *Streptomyces coelicolor* A3 (2): biochemical properties and role in protection against antibacterial effect of chitosan. Biochemistry and Cell Biology, 88: 907 – 916.

Grover A, 2012. Plant chitinases: genetic diversity and physiological roles. Critical Reviews in Plant Sciences, 31: 57 – 73.

Hall T M, Porter J A, Young K E, et al., 1997. Crystal structure of a Hedgehog autoprocessing domain: homology between Hedgehog and self – splicing proteins. Cell, 91: 85 – 97.

Hamre A G, Lorentzen S B, Väljamäe P, et al., 2014. Enzyme processivity changes with the extent of recalcitrant polysaccharide degradation. FEBS Letter, 588: 4620 – 4624.

Hashimoto M, Ikegami T, Seino S, et al., 2000. Expression and characterization of the chitin – binding domain of chitinase A1 from *Bacillus circulans* WL – 12. Journal of Bacteriology, 182: 3045 – 3054.

Hirono I, Yamashita M, Aoki T, 1998. Note: Molecular cloning of chitinase genes from *Vibrio anguillarum* and *V. parahaemolyticus*. Journal Applied Microbiology, 84: 1175 – 1178.

Horn S J, Sørbotten A, Synstad B, et al., 2006. Endo/exo mechanism and processivity of family 18 chitinases produced by *Serratia marcescens*. FEBS Journal, 273: 491 – 503.

Howard M B, Ekborg N A, Taylor L E, et al., 2004. Chitinase B of *Microbulbifer degradans* 2 – 40 contains two catalytic domains with different chitinolytic activities. Journal of Bacteriology, 186: 1297 – 1303.

Hunt D E, Gevers D, Vahora N M, et al., 2008. Conservation of the chitin utilization pathway in the *Vibrionaceae*. Applied and Environmental Microbiology, 74: 44 – 51.

Ito T, Katayama T, Hattie M, et al., 2013. Crystal structures of a glycoside hydrolase family 20 lacto – Nbiosidase from *Bifidobacterium bifidum*. Journal of Biological Chemistry, 288: 11795 – 11806.

Itoh T, Hibi T, Fujii Y, et al., 2013. Cooperative degradation of chitin by extracellular and cell surface - expressed chitinases from *Paenibacillus* sp. strain FPU - 7. Applied and Environmental Microbiology, 79: 7482 - 7490.

Itoh T, Hibi T, Suzuki F, et al., 2016. Crystal Structure of Chitinase ChiW from *Paenibacillus* sp. str. FPU - 7 Reveals a Novel Type of Bacterial Cell - Surface - Expressed Multi - Modular Enzyme Machinery. PloS One, 11: e0167310.

Itoh T, Sugimoto I, Hibi T, et al., 2014. Overexpression, purification, and characterizati on of *Paenibacillus* cell surface - expressed chitinase ChiW with two catalytic domains. Biosci Biotechnol Biochem, 78: 624 - 634.

Jee J G, Ikegami T, Hashimoto M, et al., 2002. Solution structure of the fibronectin type III domain from *Bacillus circulans* WL - 12 chitinase A1. Journal of Biological Chemistry, 277: 1388 - 1397.

Kawase T, Yokokawa S, Saito A, et al., 2006. Comparison of enzymatic and antifungal properties between family 18 and 19 chitinases from *S. coelicolor* A3 (2). Bioscience Biotechnology and Biochemistry, 70: 988 - 998.

Kitaoku Y, Fukamizo T, Numata T, et al., 2017. Chitin oligosaccharide binding to the lysin motif of a novel type of chitinase from the multicellular green alga, *Volvox carteri*. Plant Molecular Biology, 93: 97 - 108.

Kusaoke H, Shinya S, Fukamizo T, et al., 2017. Biochemical and biotechnological trends in chitin, chitosan, and related enzymes produced by *Paenibacillus* IK - 5 Strain. International Journal of Biological Macromolecules, 104: 1633 - 1640.

Lacombe - Harvey M È, Brzezinski R, Beaulieu C, 2018. Chitinolytic functions in actinobacteria: ecology, enzymes, and evolution. Applied Microbiology Biotechnology, 102: 7219 - 7230.

Li H, Greene L H, 2010. Sequence and structural analysis of the chitinase insertion domain reveals two conserved motifs involved in chitin - binding. PLoS ONE, 5: e8654.

Lombard V, Golaconda R H, Drula E, et al., 2014. The Carbohydrate - active enzymes database (CAZy) in 2013. Nucleic Acids Research, 42: 490 - 495.

Macdonald S S, Blaukopf M, Withers S G, 2015. N - Acetylglucosaminidases from CAZy family GH3 are really glycoside phosphorylases, thereby explaining their use of histidine as an acid/base catalyst in place of glutamic acid. Journal of Biological Chemistry, 290: 4887 - 4895.

Madhuprakash J, Dalhus B, Rani T S, et al., 2018. Key residues affecting transglycosylation activity in family 18 chitinases: insights into donor and acceptor subsites. Biochemistry, 57: 4325 - 4337.

Mallakuntla M K, Vaikuntapu P R, Bhuvanachandra B, et al., 2017. Transglycosylation by a chitinase from *Enterobacter cloacae* subsp. *cloacae* generates longer chitin oligosaccharides. Scientific Reports, 7: v5113.

Meena S, Gothwal R K, Krishna M M, et al., 2014. Production and purification of a hyperthermostable chitinase from *Brevibacillus formosus* BISR - 1 isolated from the Great Indian Desert soils. Extremophiles, 18: 451 - 462.

Meibom K L, Blokesch M, Dolganov N A, et al., 2005. Chitin induces natural competence in *Vibrio cholerae*. Science, 310: 1824 - 1827.

Meibom K L, Li X B, Nielsen A T, et al., 2004. The *Vibrio cholerae* chitin utilization program. Proceedings of the National Academy of Sciences of the United States of America, 101: 2524 - 2529.

Merzendorfer H, Zimoch L, 2003. Chitin metabolism in insects: structure, function and regulation of chitin synthases and chitinases. Journal of Experimental Biology, 206: 4393 - 4412.

Miyashita K, Fujii T, Saito A, 2000. Induction and repression of a *Streptomyces lividans* chitinase gene promoter in response to various carbon sources. Bioscience Biotechnology and Biochemistry, 64: 39 - 43.

Payne C M, Baban J, Horn S J, et al., 2012. Hallmarks of processivity in glycoside hydrolases from crystallographic and computational studies of the *Serratia marcescens* chitinases. Journal of Biological Chemistry, 287: 36322 - 36330.

Rathore A S, Gupta R D, 2015. Chitinases from bacteria to human: properties, applications, and future perspectives. Enzyme Research, 2015: 791907.

Saito A, Ebise H, Orihara Y, et al., 2013. Enzymatic and genetic characterization of the DasD protein possessing N - acetyl - β - D - glucosaminidase activity in *Streptomyces coelicolor* A3 (2). FEMS Microbiology Letter, 340: 33 - 40.

Schneewind O, Missiakas D M, 2012. Protein secretion and surface display in Gram - positive bacteria. Philosophical Transactions of the Royal Society of London. Series B, Biological Sciences, 367: 1123 - 1139.

Suzuki K, Sugawara N, Suzuki M, et al., 2002. Chitinases A, B, and C1 of *Serratia marcescens* 2170 produced by recombinant *Escherichia coli*: enzymatic properties and synergism on chitin degradation. Bioscience Biotechnology and Biochemistry, 66: 1075 - 1083.

Suzuki K, Taiyoji M, Sugawara N, et al., 1999. The third chitinase gene (chiC) of *Serratia marcescens* 2170 and the relationship of its product to other bacterial chitinases. Biochemical Journal, 343: 587 - 596.

Świątek M A, Urem M, Tenconi E, et al., 2012. Engineering of N - acetylglucosamine metabolism for improved antibiotic production in *Streptomyces coelicolor* A3 (2) and an unsuspected role of NagA in glucosamine metabolism. Bioengineered, 3: 280 - 285.

Tanaka T, Fukui T, Imanaka T, 2001. Different cleavage specificities of the dual catalytic domains in chitinase from the hyperthermophilic archaeon *Thermococcus kodakaraensis* KOD1. Journal of Biological Chemistry, 276: 35629 - 35635.

Tharanathan R N, Kittur F S, 2003. Chitin - the undisputed biomolecule of great potential. Critical Reviews in Food Science and Nutrition, 43: 61 - 87.

Uchiyama T, Kaneko R, Yamaguchi J, et al., 2003. Uptake of N, N' - diacetylchitobiose [(GlcNAc)$_2$] via the phosphotransferase system is essential for chitinase production by *Serratia marcescens* 2170. Journal of Bacteriology, 185: 1776 - 1782.

Uchiyama T, Katouno F, Nikaidou N, et al., 2001. Roles of the exposed aromatic residues in crystalline chitin hydrolysis by chitinase A from *Serratia marcescens* 2170. Journal of Biological Chemistry, 276: 41343 - 41349.

Umemoto N, Ohnuma T, Osawa T, et al., 2015. Modulation of the transglycosylation activity of plant family GH18 chitinase by removing or introducing a tryptophan side chain. FEBS Letter, 589: 2327 - 2333.

Uni F, Lee S, Yatsunami R, et al., 2012. Mutational analysis of a CBM family 5 chitin binding domain of an alkaline chitinase from *Bacillus* sp. J813. Bioscience Biotechnology and Biochemistry, 76: 530 - 535.

Vaaje - Kolstad G, Horn S J, Sørlie M, et al., 2013. The chitinolytic machinery of *Serratia marcescens*—a model system for enzymatic degradation of recalcitrant polysaccharides. FEBS Journal, 280: 3028 - 3049.

van Aalten D M, Komander D, Synstad B, et al., 2001. Structural insights into the catalytic mechanism of a family 18 exo-chitinase. Proceedings of the National Academy of Sciences of the United States of America, 98: 8979 - 8984.

Watanabe T, Ariga Y, Sato U, et al., 2003. Aromatic residues within the substrate - binding cleft of *Bacillus circulans* chitinase A1 are essential for hydrolysis of crystalline chitin. Biochemical Journal, 376: 237 - 244.

Watanabe T, Ishibashi A, Ariga Y, et al., 2001. Trp122 and Trp134 on the surface of the catalytic domain are essential for crystalline chitin hydrolysis by *Bacillus circulans* chitinase A1. FEBS Letter, 494: 74 - 78.

第3章
真菌几丁质系统

3.1 几丁质在真菌中的分布和功能

几丁质广泛分布于各类真菌中，如担子菌、子囊菌等，是真菌细胞壁、菌丝体、菌柄和孢子以及其他结构基质的组成部分。几丁质具有重要的生理功能，它有助于抵抗细胞的膨压，并在菌丝生长、出芽和细胞分裂过程中稳定细胞壁。几丁质纳米纤维主要以 α-构型存在，由于在几丁质纳米纤维内形成了许多分子内和分子间氢键，因此其具有很高的拉伸强度。大多数几丁质合成发生在真菌生长时期或者发生在细胞壁必须修复、重建或重构的区域。在酿酒酵母中，几丁质主要产生于生长时的芽尖部位和胞质分裂时的芽颈部位（Bowman and Free，2006）。此外，几丁质是孢子壁形成的中间体，在交配过程中合成，并沉积在茎尖近顶部区域。在丝状真菌如粗糙脉孢菌（*Neurospora crassa*）或烟曲霉（*Aspergillus fumigatus*）中，几丁质主要沉积在菌丝尖端，均匀地沿着菌丝体在隔膜沉积（Cid et al. ，1995）。虽然几丁质具有重要功能，但它仅占细胞壁总干重的较小比例，在酵母中占 1%～2%（w/w），在粗糙脉孢菌中占 4%（w/w），在白色念珠菌（*Candida albicans*）中占 2%～6%（w/w），在烟曲霉中占 7%～15%（w/w）（Free，2013）。综上，几丁质及其衍生物壳聚糖是主要的原纤维成分，作为真菌细胞壁各组分组装的支架，为细胞存活提供必要的骨架支持，同时也参与真菌与周围环境的相互作用。

3.1.1 真菌的细胞壁和孢子壁结构

虽然真菌细胞壁看起来似乎是静态结构，但它实际上是一种高度动态的细胞外基质，其基本结构在所有真菌中都是相似的，但也存在特定类群间的差异。细胞壁的结构和组成影响真菌的功能和与环境的相互作用，例如通过介导黏附或通过信号级联的激活。真菌细胞壁由纤维状和凝胶状碳水化合物的聚合物组合形成核心支架，并在其中添加其他组分。支架的刚性有助于保持真菌的形态，同时为细胞生长提供足够的灵活性，也能够使真菌抵御恶劣的环境条件，如高渗透压或机械应力。大约 90%（w/w）的真菌细胞壁由葡聚糖（α-1,3-葡聚糖、β-1,3-葡聚糖和 β-1,6-葡聚糖，取决于真菌种类）、甘露聚糖和几丁质等多糖组成，而糖蛋白仅占所有细胞壁成分的一小部分。不同的真菌类群在其细胞壁和孢子壁中具有额外的特征性多糖，例如 β-1,4-葡聚糖、半乳甘露聚糖、半乳糖胺聚糖以及葡糖醛酸甘露聚糖和半乳糖甘露聚糖等胶囊多糖（Gow，2017）。在研究较为广泛的酵母中，在甘露糖蛋白的外纤维层下面，细胞壁具有交联的 β-1,3-葡聚糖、β-1,6-葡聚糖和几丁质组成的内部基质（彩图 3.1）。

在大多数真菌中，存在这样一种核心内层，多糖通过非共价或共价的方式与纤维支架上的物种特异性细胞壁蛋白和其他蛋白质结合。非共价结合的蛋白质通过氢键、疏水相互作用或离子相互作用黏附到细胞壁上。目前，人们已经鉴定出三种类型的共价结合蛋白，分别是通过糖苷键与 β-1,6-葡聚糖连接的糖基磷脂酰肌醇（GPI）蛋白，通过碱不稳定（alkali-labile）连接与 β-1,3-葡聚糖结合的 Pir 蛋白，以及通过二硫键与其他蛋白共价结合的蛋白（Orlean，2012）。

细胞壁的组成会不断变化以适应真菌生长的不同环境条件。细胞壁组装和重塑的分子机制表征不仅可以更好地理解真菌细胞生物学，而且对鉴定特异性真菌-宿主相互作用和设计新的抗真菌策略至关重要。对于病原真菌来说，细胞壁重塑也是其在定殖和感染过程中逃避宿主防御系统的重要机制。通常，在生长和形态发育过程中，细胞壁的重塑包括新多糖的合成与现有细胞壁的延伸、分支和交联，该过程由转糖基化作用介导，过程中糖苷键被破坏并重新建立，从而在多糖之间建立新的交联，尤其是几丁质和 β-葡聚糖之间的交联，这一生理过程的潜在机制近年来开始逐渐被破解。刚果红超敏家族（CRH 家族）的转糖基酶是真菌特有的且具有高度保守性（Arroyo et al.，2016），酵母 Crh1 和 Crh2 在营养生长期间具有冗余的功能，除了具有催化交联形成的功能外，它们还表现出一些水解酶活性，以帮助现有多糖的相互交联。另一种酵母转糖基酶 Crr1 参与孢子壁生物合成。目前，在白色念珠菌、烟曲霉和粗糙脉孢菌的基因组中已经发现了 Crh 直系同源蛋白，它们可能也参与了建立几丁质和其他细胞壁多糖之间的交联。转糖基酶活性的诱导似乎是真菌应对细胞壁压力的一种机制。Ene 等（2015）在对白色念珠菌的研究中检测了负责细胞壁重塑的酶，发现 Crh 酶的失活会导致细胞壁弹性增加，而Crh 酶过表达则可以保护真菌免于渗透压破坏，因此 Crh 酶有助于控制渗透胁迫抗性。抵抗细胞壁压力的另一种机制是诱导几丁质合成，这是真菌的主要代偿反应之一。

　　由 β-(1,4)-葡萄糖胺部分聚合的壳聚糖由几丁质脱乙酰基产生，在不利环境条件下形成的孢子中大量存在。在酵母孢子形成期间，壳聚糖的合成需要几丁质合成酶 Chs3 来产生几丁质，另外需要孢子分泌两种特异性脱乙酰基酶 Cda1 和 Cda2，从几丁质上脱去乙酰基团以产生壳聚糖（Christodoulidou et al.，1999）。壳聚糖直接在细胞壁最外层下面沉积，形成第三层（共四层），最外层由交联的双甲酰基二酪氨酸组成，双甲酰基二酪氨酸的交联依赖细胞色素 P450 家族蛋白 Dit2，二酪氨酸层与壳聚糖层都是孢子外壁的独特组分，而由 β-葡聚糖和甘露聚糖组成的结构存在于细胞壁内部两层（彩图 3.2）（Briza et al.，1988）。孢子壁的外部两层对孢子的整体稳定性至关重要，与营养细胞相比，酵母孢子对于消化环境、热应激、极端 pH 和高盐浓度不太敏感，例如，孢子可以在黑腹果蝇的肠道中存活（Coluccio et al.，2008）。缺乏二酪氨酸层的裂殖酵母（*Schizosaccharomyces pombe*）的孢子对压力仍具有高度耐受性，基于这一发现可以得出结论：壳聚糖是赋予孢子抗性的关键成分。

　　壳聚糖不仅能够保护孢子免受环境压力，孢子壁的外部两层也有助于相邻孢子之间的黏附，从而形成稳定的孢子四分体。接合菌产生的壳聚糖对金黄色葡萄球菌（*Staphylococcus aureus*）、大肠杆菌（*Escherichia coli*）、白色念珠菌和尖孢镰刀菌

（*Fusarium oxysporum*）等病原微生物具有抗菌活性（Gharieb et al. ，2015），壳聚糖的形成还被认为可以防止几丁质酶水解细胞壁聚合物。

3.1.2　几丁质作为免疫系统靶标及其在致病性和共生中的作用

真菌细胞壁不仅对真菌的生长和保护有重要作用，而且细胞壁组分还参与免疫系统的宿主受体间相互作用，因此真菌细胞壁在宿主的免疫防御反应中起主要作用，是研究宿主-病原体相互作用以开发针对侵入性真菌感染的新治疗策略的理想靶标。宿主先天免疫系统主要通过真菌特异性细胞壁成分来感知真菌病原体，由于在健康人体细胞中不存在细胞壁多糖，因此真菌细胞壁多糖一直备受关注。先天免疫系统作为抵御入侵者的第一道防线，可以通过几种模式识别受体（PPR）识别微生物分子模体或病原体分子模体（MAMP 或 PAMP），从而触发先天免疫反应（Takeuchi et al. ，2010）。

免疫受体参与细胞壁多糖的识别是众所周知的。几丁质对先天性和适应性免疫反应具有尺度依赖效应，包括通过多种细胞表面受体（甘露糖受体、TLR - 2 和巨噬细胞 Dectin - 1）募集和激活免疫细胞，并诱导细胞因子和趋化因子的产生（Elieh Ali Komi et al. ，2018）。

几丁质还可作为植物中真菌病原体的识别模式，并触发植物防御系统。真菌也能够通过阻止宿主细胞的识别来逃避被宿主的免疫防御作用所清除。为此，真菌已经进化出了多种逃避宿主免疫防御的不同机制，包括产生具有几丁质结合能力的胞外赖氨酸基序（LysM）结构域，用于螯合游离的几丁寡糖（de Jonge and Thomma，2009），或将几丁质转化为其脱乙酰化形式的壳聚糖（El Gueddari et al. ，2002），此外，真菌可以改变 PAMP 的表达以逃避 PRR 的识别，并且可以通过减少 PAMP 免疫应激结构，从而阻止宿主细胞免疫应答。其他的规避机制，包括生物膜或孢子的形成也能够提升微生物在动物和人体中的存留时间（Brunke et al.，2016）。其他病原体如昆虫病原真菌，可以利用蛋白水解酶和几丁质酶作为毒力因子突破宿主的物理屏障，例如昆虫外骨骼作为一种物理化学屏障，可以有效抵抗病原体或其他有害环境因素，球孢白僵菌（*Beauveria bassiana*）可以通过分泌几丁质酶和 β- N -乙酰氨基葡萄糖苷酶来穿透昆虫的外骨骼。

3.2　真菌几丁质合成与几丁质合成酶

3.2.1　真菌几丁质合成酶的结构和调控系统

几丁质由一种名为几丁质合成酶（Chs）的酶产生，该酶属于膜整合糖基转移酶 2 家族（GTF2），通过催化活化的糖供体尿苷二磷酸-N-乙酰葡萄糖胺（UDP - GlcNAc）转移到延伸链的非还原端而产生几丁质。几丁质合成酶的催化中心（CON1）具有保守的序列基序，涉及尿苷、供体糖、受体糖以及产物的结合（Merzendorfer，2011），其中包括几丁质合成酶特征序列 QRRRW，以及分别参与产物结合和催化的 DxD 和 EDR 基序。20 世纪 90 年代进行的突变研究表明，这些基序对酵母中的几丁质合成酶活性至关重要（Nagahashi et al.，1995；Yabe er al.，1998）。人们认为 EDR 基序中的天冬氨酸是酸碱催化过程中的广义碱。有趣的是，该基序位于"手指螺旋"（finger helix）的 N-末端，且已经在细菌纤维素合酶 BcsA 的晶体结构中阐述了这一结构特征。纤维素合酶的"手指螺旋"在催化循环过程中上下移动，并由另一种位于产物运输通道底部的"界面螺旋"（interfacial helix）控制（Morgan et al.，2013），基于该结果提出了如下假设：催化过程通过产物运输通道与初生聚合物的排出相耦合。使用纤维素合酶作为结构模板，研究人员建立了苜蓿中华根瘤菌几丁寡糖合成酶 NodC 以及酵母几丁质合成酶 Chs2 和 Chs3 的结构模型，并推测它们采用了类似的催化机制（Gohlke et al.，2017；Dorfmueller et al.，2014）。在面向细胞膜的胞质位点保守催化中心附近，几丁质合成酶具有几个跨膜螺旋，可能形成了将单个几丁质链转运至细胞外侧的通道，并在那里将它们组装成几丁质纳米纤维。然而，几丁质纳米纤维如何形成以及如何与其他细胞壁组分相互作用仍不明确（Gonçalves et al.，2016）。

几丁质合成的调控已经在酵母中得到了广泛研究，酵母具有三种不同的几丁质合成酶，这些酶在转录水平、细胞内运输和翻译后修饰方面受到不同的调节（Merzendorfer，2011），这是因为它们在细胞生长和胞质分裂期间具有不同的功能。几丁质合成酶 1 参与一般的细胞壁修复，几丁质合成酶 2 对于初始隔膜形成是必需的，几丁质合成酶 3 在出芽时合成几丁质环，并且在侧细胞壁中合成几丁质（Merzendorfer，2011）。虽然几丁质合成酶 3 基因是组成型表达的，但几丁质合成酶

3 及其调节亚基 Chs4 在细胞内的运输受到严格控制，并且根据细胞在细胞周期中所处的阶段，两种蛋白质的细胞内定位显著不同（Gohlke et al.，2018）。几丁质合成酶 3 从内质网的离去依赖于内质网伴侣 Chs7 和棕榈酰转移酶 Pfa4 的活性（Lam et al.，2006；Trilla et al.，1999），从反式高尔基体网络到质膜的转运需要外泌体复合物（Sanchatjate and Schekman，2006）。人们认为在细胞周期中，几丁质合成酶 3 在几丁小体（一种胞内囊泡容器）和质膜之间穿梭（Bartnicki-Garcia，2006），几丁质合成酶 3 通过 AP-1 依赖性内体再循环促进几丁小体的再填充，同时也有逆转运复合物的参与（Arcones et al.，2016）。此外，正确定位的调节亚基 Chs4 通过与隔膜蛋白结合蛋白 Bni4 相互作用将几丁质合成酶 3 连接到芽颈（Sacristan et al.，2012），该过程依赖于隔膜蛋白依赖性激酶 Gin4（Gohlke et al.，2018）。几丁质合成酶 1 在胞内的运输，也在几丁小体和质膜之间穿梭，该过程依赖于组成型分泌和内吞途径（Ziman et al.，1996）。

相反，几丁质合成酶 2 基因在出芽期间不稳定地表达（Choi et al.，1994），其转录控制由 Mcm1-Ndd1-Fkh2 转录因子复合物调节（Chen et al.，2009）。在细胞分裂后期，几丁质合成酶 2 通过分泌途径从内质网转运到芽颈，CDK1 依赖性磷酸化作用会抑制几丁质合成酶 2 从 ER 离开（The et al.，2009），该抑制作用在有丝分裂结束时减弱，进而导致几丁质合成酶 2 去磷酸化，随后通过 COPⅡ囊泡被转运至芽颈（Chin et al.，2012）。经内吞作用后，几丁质合成酶 2 被导向液泡，从而被主要的 Pep4 蛋白酶降解。另外，也可能存在翻译后调节机制，包括几丁质合成酶 3 酶原形式的激活（Choi et al.，1994）以及几丁质合成酶 2 的多聚化（Sacristan et al.，2012；Gohlke et al.，2017）。

3.2.2　真菌几丁质合成酶基因的进化和分类

真菌基因组一般含有一个以上的几丁质合成酶基因，几丁质合成酶基因数在不同物种中不尽相同，酿酒酵母中有 3 个几丁质合成酶基因，皮炎外瓶霉中有 5 个几丁质合成酶基因，烟曲霉和新型隐球菌中均含有 8 个几丁质合成酶基因，在几种黏液菌中有 20 个以上的几丁质合成酶基因（Ruiz-Herrera and Ortiz-Castellanos 2010；Gow et al.，2017）。系统发育分析表明 GT2 酶起源于共同的原始分子，基于它们的起源、多样性和进化的各种假说，已经相继报道出不同的几丁质合成酶系统发育分类系统。由于真菌几丁质合成酶基因分类的复杂性日益增加，系统发育分析结论在不同时间难以保持一致。因此，我们按时间顺序对真菌几丁质合成酶基因的系统发育分析进行了概述。

第一种分类方法基于对包含不同来源几丁质合成酶基因序列的分析结果，将真菌几丁质合成酶基因分为两个组，共包含 5～6 个类别（Roncero，2002；Ruiz - Herrera et al.，2002；Munro and Gow，2001）。第 1 组包含Ⅰ、Ⅱ 和Ⅲ类几丁质合成酶基因，它们编码的蛋白质具有共同结构域排列特征，亲水性 N-末端区域和疏水性 C-末端区域分别位于催化结构域两侧，Bowen 等（1992）对该结构特征做了详细描述。第 2 组包括Ⅳ、Ⅴ和Ⅵ类几丁质合成酶基因，这些基因编码具有催化结构域和细胞色素 b_5 样结构域（cyt - b_5；PF00173）的蛋白，细胞色素 b_5 样结构域位于催化结构域之前，人们认为其参与脂质配体的结合。Ⅴ类和Ⅵ类几丁质合成酶基因编码的蛋白的 N-末端具有肌球蛋白头状结构域（MMD，PF00063），这一结构域有助于建立与肌动蛋白细胞骨架的相互作用，从而将几丁质合成酶定位于菌丝，并促进细胞的极化和胞吐作用（Tsuizaki et al.，2009；Schuster et al.，2012）。

随后几年基因组数据量逐渐增加，几丁质合成酶基因分类系统也在不断改进。Choquer 等（2004）使用专门针对保守序列的 PCR 引物，分析了植物病原体灰霉菌（*Botrytis cinerea*，一种丝状子囊菌）的几丁质合成酶基因，鉴定出 8 种不同的几丁质合成酶基因，人们认为这 8 种基因包含了该真菌的整个几丁质合成酶基因家族。基因组 Southern 印迹显示它们都是单拷贝基因。测序后，他们将几丁质合成酶基因分为两大组和 7 个类别（Ⅰ～Ⅶ，Ⅲ类还包含两个亚组Ⅲa 和Ⅲb）。第 1 组和第 2 组分别由Ⅰ～Ⅲ类和Ⅳ～Ⅶ类几丁质合成酶基因组成。

Mandel 等（2006）将来自波萨达斯球孢子菌的几丁质合成酶基因也分为两组和 7 个类别（Ⅰ～Ⅶ）。波萨达斯球孢子菌基因组中包含 7 类几丁质合成酶基因中的每一种单一成员，因此，这种菌被认为是研究这些基因在真菌生长和分化中各自功能的有效模型。利用 RT - PCR 技术，他们首先获得了这些几丁质合成酶基因的假定功能。*CpCHS2*、*CpCHS3* 和 *CpCHS6* 优先在腐生阶段（saprobic phase）表达，而 *CpCHS1* 和 *CpCHS4* 在寄生阶段（parasitic phase）更高表达，*CpCHS5* 和 *CpCHS7* 在两个阶段的表达则没有差异。

为了寻找在细胞壁生物合成中发挥功能的相关基因，Ruiz - Herrera 和 Ortiz - Castellanos（2010）在不同类别的真菌中分析了负责合成不同细胞壁多糖的酶（包括几丁质合成酶）和共价结合细胞壁的蛋白的同源性。他们分析了 50 种以上真菌物种中超过 300 个几丁质合成酶基因，并将它们分成 2 个组，包括 5 个类别。将原生动物和动物几丁质合成酶基因与真菌的几丁质合成酶基因进行比较，发现它们都具有几丁质合成酶保守基序，与真菌几丁质合成酶 CS2 结构域相似。此外，这些基因都不含有 MMD 结构域。这表明原生动物和动物几丁质合成酶基因与真菌Ⅳ类几丁质合成酶同源性更密切，因此可能是真菌几丁质合成酶基因的共同祖先。

Pacheco-Arjona 和 Ramirez-Prado（2014）提出了真菌几丁质合成酶基因的第一个大规模系统发育分类系统，并在曲霉属的基因组中鉴定出了假定的细胞壁代谢基因簇。为此，他们分析了 5 个门（子囊菌门、担子菌门、微孢子门、毛霉亚门、壶菌门）54 个真菌基因组中的几丁质合成酶序列，将 347 个几丁质合成酶蛋白分类为 7 个系统发育进化分枝和 2 个组。有趣的是，Ⅲ、Ⅴ、Ⅵ和Ⅶ类几丁质合成酶蛋白丝状真菌所特有的，而Ⅰ、Ⅱ和Ⅳ类几丁质合成酶蛋白在酵母和丝状真菌中均有发现。

Li 等（2016）使用另一种方法探究了真菌中几丁质合成酶基因家族的进化，涵盖了 18 种不同的真菌谱系。通过对 100 多种真菌物种的超过 900 个几丁质合成酶基因进行研究，根据系统发育位置和结构域构架将真菌几丁质合成酶基因分为 8 个类别（Ⅰ～Ⅷ类，其中包括新的亚类Ⅳa、Ⅳb、Via-c），将这 8 个类别又归为 3 个组（1～3 组）。对结构域构架的分析结果表明，这些几丁质合成酶基因含保守的Ⅰ型结构域（CS1，PF01644）、Ⅱ型结构域（CS2，PF03142）和几丁质合成酶 N-末端结构域（CS1N，PF08407）。在 1 组几丁质合成酶基因中，仅发现了 CS1、CS2 和 CS1N 结构域，3 组几丁质合成酶基因仅含有 CS2 结构域；相反，在 2 组几丁质合成酶基因中，出了Ⅳa 亚类和Ⅳb 亚类的一些成员，大多数 2 组几丁质合成酶基因还含有 Cyt b_5 结构域；在Ⅴ类和Ⅶ类几丁质合成酶基因中鉴定出了 MMD 结构域和介导寡聚化的 DEK C-末端（DEK_C，PF08766）结构域。科学家们发现，在真菌几丁质合成酶基因家族中，至少有 10 个祖先直系同源进化分枝，它们在真菌谱系的不同进化轨迹中经历了多次独立的复制和丢失。需要特别指出的是，Ⅲ类几丁质合成酶基因已在不同谱系的植物或动物致病真菌中大量扩展。此外，研究还表明，新鉴定出的Ⅵb 亚类和Ⅵc 亚类基因主要存在于子囊菌纲和座囊菌纲的病原真菌中。

Liu 等（2017）分析了包括 9 个门在内的 231 种真菌物种，结合系统发育和结构域结构分析，同时考虑了真菌对生态位的适应性，最终阐明了真菌几丁质合成酶的进化。他们确定了 20 个结构域，分为两组（A 和 B），并与 PF03142（＝CON1）结构域一起存在于 7 种类别的特异性结构中（A1～A3 和 B1～B4）。大多数真菌几丁质合成酶基因含有 PF00063、PF00173、PF08766、PF01644 和 PF08407 结构域，其他 14

个结构域在少数真菌几丁质合成酶基因中存在。A 组包含 PF01644，后面连接着 CON1 区域（PF01644 - CON1），这些结构域可分为 3 种类型：A1 型（PF01644 - CON1）、A2 型（PF08407 - PF01644 - CON1）和 A3 型（PF08407 - PF01644 - CON1 后面连接 PF03142）；与 A 组相比，B 组不含 PF01644，但 PF03142 可分为 4 种类型：B1 型（仅含 PF03142）、B2 型（PF03142 和 PF00173）、B3 型（PF00063、PF03142 和 PF08766），以及 B4 型（PF00063、PF00173、PF03142 和 PF08766）。子囊菌中的 7 个几丁质合成酶基因类别由结构域的特定组合和排列来定义。属于第Ⅰ组的 CHSⅠ、CHSⅡ和 CHSⅢ表现出 A3 型结构域特征；第Ⅱ组的 CHSⅤ、CHSⅦ和 CHSⅣ具有 B4 或 B2 型结构特征；第Ⅲ组中具有 B1 型结构的几丁质合成酶仅有 CHSⅥ。该研究为所有真菌几丁质合成酶基因具有共同祖先提供了证据，并且基因重复、结构域重组、差异和堆积导致真菌几丁质合成酶基因的多样化，最终将几丁质合成酶基因分类为 3 个组和至少 7 个类别具有不同结构与构架的基因。这与之前 Pacheco - Arjona 和 Ramirez - Prado（2014）提出的系统发育分析系统相反，后者将几丁质合成酶基因分为两组，一组包含双核菌亚界，另一组包含早期的分支真菌。Liu 等（2017）发现几丁质合成酶基因家族的减缩是形态特异性的，表现为在单细胞真菌中具有显著的基因缺失，而几丁质合成酶基因家族的扩增是谱系特异性的，在早期分化的真菌中最为明显。此外，Ⅴ类和Ⅶ类几丁质合成酶基因具有相同的结构域构架，这是通过募集 PF00063 和 PF08766 结构域并通过结构域重复排列实现的。Ⅴ类和Ⅶ类几丁质合成酶基因的出现似乎对丝状真菌的形态发育很重要，它通过支持菌丝尖端生长，同时对致病真菌的致病性发展和子囊菌的热应激耐受性也至关重要。此外，利用子囊菌 CON1 区域的 832 个几丁质合成酶基因序列构建了 7 个类别的系统发育树，代表了真菌中几丁质合成酶基因的进化历史。

　　综上所述，根据分析基因的数量和在不同系统发育研究中使用的系统发育方法，可以创建不同的几丁质合成酶分类系统，不同分类系统可能偶尔将某些几丁质合成酶基因分类为不同的类别。例如，Ⅵ类几丁质合成酶可被分为Ⅰ组（Odenbach et al.，2009）或Ⅱ组（Nino - Vega et al.，2004）。同样，来自担子菌的一些几丁质合成酶基因在一项研究中被归类为Ⅰ类（Ruiz - Herrera and Ortiz - Castellanos，2010），但在另一项研究中被归类为Ⅱ类（Munro and Gow，2001）。因此，创建真菌几丁质合成酶基因的"主"分类系统将有助于避免单个几丁质合成酶基因的命名混淆。烟曲霉、白色念珠菌、酿酒酵母和裂殖酵母的代表性几丁质合成酶基因类别详见表 3.1。

表 3.1 不同真菌中编码几丁质合成酶的基因

物种	名称	分类	NCBI 登录号	定位	别名	参考文献
烟曲霉 AF293	CHS A	I	XP_749322.1	Chr. 2，NC_007195.1 (465854…468816，complement)	AFUA_2G01870, Afu2g01870	Nierman et al.，2005
	CHS B	II	XP_746604.1	Chr. 4，NC_007197.1 (1170719…1174520，complement)	AFUA_4G04180, Afu4g04180	Nierman et al.，2005
	CHS C	III	XP_748263.1	Chr. 5，NC_007198.1 (211013…213795)	AFUA_5G00760, Afu5g00760	Nierman et al.，2005
	CHS D	VI	XP_752630.1	Chr. 1，NC_007194.1 (3327430…3329666)	AFUA_1G12600, Afu1g12600	Nierman et al.，2005
	CHS E	V	XP_755677.1	Chr. 2，NC_007195.1 (3474296…3480038)	AFUA_2G13440, Afu2g13440	Aufauvre-Brown et al.，1997
	CHS F	III	XP_747364.1	Chr. 8，NC_007201.1 (1330219…1333902)	AFUA_8G05630, Afu8g05630	Nierman et al.，2005
	CHS G	III	XP_754184.1	Chr. 3，NC_007196.1 (3831868…3834921)	AFUA_3G14420, Afu3g14420	Nierman et al.，2005
	CHS, putative	VII	XP_755676.1	Chr. 2，NC_007195.1 (3465628…3471074，complement)		Nierman et al.，2005
白色念珠菌 SC5314	CHS 1	II	XP_717009.1	Chr. 7，NC_032095.1 (593118…596198)	CAALFM_C702770WA	Muzzey et al.，2013; van het Hoog et al.，2007; Jones et al.，2004
	CHS 2	I	XP_716433.1	Chr. R，NC_032096.1 (1926708…1929737，complement)	CAALFM_CR09020CA	Muzzey et al.，2013; van het Hoog et al.，2007; Jones et al.，2004
	CHS 3	IV	XP_722148.2	Chr. 1，NC_032089.1 (2856152…2859793，complement)	CAALFM_CR09020CA	Sudoh et al.，1993
	CHS 8	I	XP_717760.1	Chr. 3，NC_032091.1 (123503…126820)		Jones et al.，2004
酿酒酵母 S288C	CHS 1	I	NP_014207.1	Chr. 14，NC_001146.8 (276502…279897)	YNL192W，USA4	Philippsen et al.，1997; Goffeau et al.，1996
	CHS 2	II	NP_009594.1	Chr. 2，NC_001134.8 (311898…314789)	YBR038W	Goffeau et al.，1996; Feldmann et al.，1994
	CHS 3	IV	NP_009579.1	Chr. 2，NC_001134.8 (284428…287925，complement)	YBR023C，CAL1, CSD2，DIT101，KTI2	Goffeau et al.，1996; Feldmann et al.，1994
裂殖酵母	CHS 1	I	NP_592838.1	Chr. 1，NC_003424.3 (195940…199051，complement)	SPAC13G6.12c, SPAC24B11.01c	Wood et al.，2002

3.2.3　几丁质合成酶及其与抑制剂复合物的结构

几丁质合成对于真菌生长和繁殖至关重要，因此几丁质合成酶是杀真菌剂的理想靶标，几丁质合成酶和几丁质合成酶抑制剂复合物结构的研究将为杀真菌剂的开发奠定基础。

大豆疫霉（*Phytophthora sojae*）是一种具有丝状真菌特性的卵菌，是引起大豆根腐病的病原体，每年造成巨大的经济损失。近期，研究者解析了大豆疫霉几丁质合成酶 PsChs1 的结构（PDB 编号 7WJM）（Chen et al.，2022）。PsChs1 以二聚体形式存在，整体呈六边雪花状。每个单体含有一个 N 端结构域（NTD）、一个催化域（GT）和一个 C 端的跨膜域（TM）。其中跨膜域包含 6 个跨膜螺旋，通过 3 个界面螺旋（IF）连接催化域。PsChs1 的催化域是典型的 GT - A 折叠方式，7 个 α 螺旋包围着 8 个 β 折叠。N 端结构域包括 3 个亚结构域，主要参与二聚化相互作用。研究还解析了 PsChs1 分别与底物 UDP - GlcNAc（PDB 编号 7WJN）、新生几丁质寡糖链（PDB 编号 7X05）和产物 UDP（PDB 编号 7X06）结合的复合物结构，揭示了几丁质合成酶的反应腔，包含了底物结合位点、催化中心和产物通道入口 3 个重要的结构元件，从细胞质到细胞膜依次排列。此外，研究在几丁质转运通道内发现了一个摆动的"环"，充当了"门锁"的功能，可以防止底物离开，同时引导几丁质产物进入转运通道。这种结果反映了几丁质生物合成是一种定向的、多步骤偶联的过程：首先，几丁质合成酶将供体底物上的糖基转移到受体几丁质糖链上；接着，新生成的几丁质糖链通过细胞膜上的"跨膜转运"通道释放到细胞外；最后，释放的几丁质链自发组装成几丁质纳米纤维。此外，研究还获得了几丁质合成酶与抑制剂尼克霉素 Z 的复合物结构，发现尼克霉素 Z 同时占据了底物结合位点和产物通道入口，从而抑制了几丁质合成酶的活性。

白色念珠菌是最常见的人类致病真菌之一，常侵犯皮肤、黏膜，也可引起内脏或全身感染。研究者解析了白色念珠菌几丁质合成酶 CaChs2 的结构（PDB 编号 7STL）及其与抑制剂尼克霉素 Z（PDB 编号 7STN）和多氧霉素 D（PDB 编号 7STO）的复合物结构（Ren et al.，2022）。CaChs2 的整体结构与 PsChs1 类似，也形成了同源二聚体，不过 CaChs2 的 N 端结构域较短，二聚体的相互作用主要集中在一个单体 IF3 与 TM5 之间的区域（domain - swapped region）与另一个单体的 N 端结构域。比较尼克霉素 Z 和多氧霉素 D 的复合物结构发现二者结合方式的主要不同之处在于尼克霉素 Z 的吡啶环深入了产物通道，而多氧霉素 D 停留在底物结合位点上，因此，尼克霉素 Z 对 CaChs2 的抑制作用比多氧霉素 D 更强。

3.3 真菌几丁质降解与几丁质酶

3.3.1 真菌几丁质酶

几丁质酶隶属于糖苷水解酶 18 家族（GH18）和 19 家族（GH19），可以切割几丁质中的 β-(1,4)-糖苷键。GH18 和 GH19 几丁质酶在氨基酸序列、结构域组成和蛋白三维结构上存在差异。GH18 家族几丁质酶广泛分布于病毒、细菌、植物、真菌和动物中（Li，2006），而 GH19 家族几丁质酶主要存在于植物中，但也存在于细菌、病毒和线虫中（Honda et al.，2008）。

真菌几丁质酶基因的数量差异显著，从粟酒裂殖酵母中的单个基因到绿色木霉中的 36 个基因。在里氏木霉（*Trichoderma reesei*）基因组中共发现了 18 个几丁质酶序列，根据其结构域组成可分为 A、B 和 C 亚类（Seidl et al.，2005）。在模式真菌构巢曲霉和粗糙脉孢菌中分别发现了 12 个和 19 个几丁质酶，在植物病原真菌稻瘟病菌中共发现 14 个几丁质酶（Gruber and Seidl‐Seiboth，2012）。在昆虫病原真菌金龟子绿僵菌（*Metarhizium anisopliae*）中发现了 24 个属于 GH18 的几丁质酶基因，基于结构域组成和系统发育分析，可将这些假定的几丁质酶归为先前描述的 A、B、C 以及一个新的 D 亚类（Junges et al.，2014）。此外，寄生真菌粉红螺旋聚孢霉（*Clonostachys rosea*）的基因组中共鉴定出 12 个 GH18 基因，根据系统发育分析可将其中 8 个基因归为 A 亚类，2 个归为 B 亚类，2 个归为 C 亚类（Tzelepis et al.，2015）。

将包括构巢曲霉、稻瘟病菌、粗糙脉孢菌和里氏木霉在内的 4 种代表性真菌基因组中鉴定的几丁质酶氨基酸序列，以及里氏木霉几丁质酶 18-15 和 18-18 在哈茨木霉中的同源蛋白序列通过 MEGA 7.0 软件构建系统发育树，发现上述几丁质酶可分为四类（图 3.1）。A 类含有 25 个几丁质酶，可分为 3 个亚类。A-Ⅰ亚类含有里氏木霉的 3 个几丁质酶（18-5、18-6 和 18-7）；A-Ⅱ亚类含有里氏木霉的 2 个几丁质酶（18-2 和 18-3）；A-Ⅲ亚类含有里氏木霉的其他 3 个几丁质酶。其他 3 种真菌的几丁质酶也在这 3 个亚类中有分布。B 类包含 16 个几丁质酶，也可分为 3 个亚类，其中 B-Ⅰ含有来自稻瘟病菌和粗糙脉孢菌的 4 个几丁质酶；B-Ⅱ含有里氏木霉的

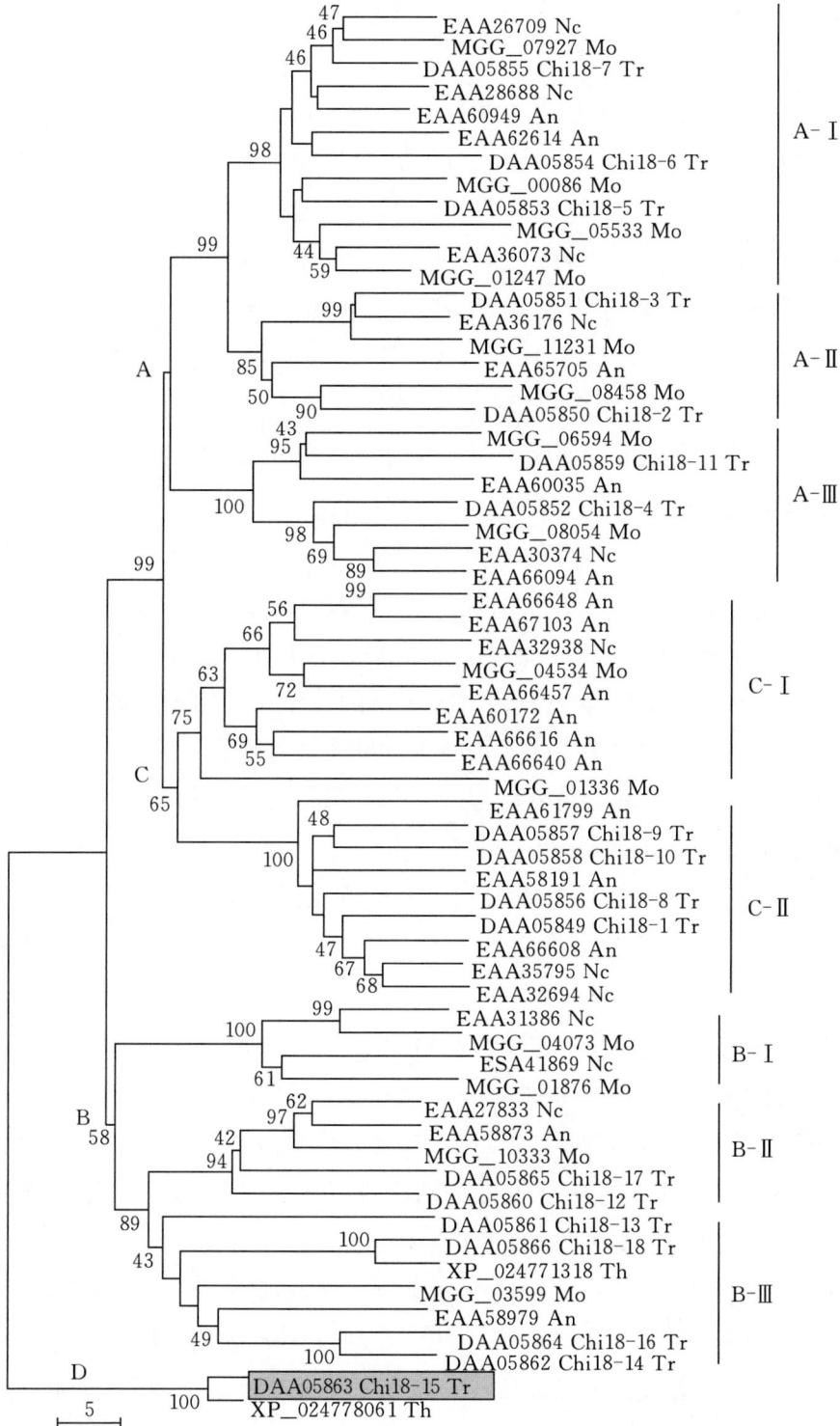

图 3.1　基于几丁质酶氨基酸序列构建的系统发育树

2 个几丁质酶（18-12 和 18-17），以及分别来自构巢曲霉、稻瘟病菌和粗糙脉孢菌的共 3 个几丁质酶；B-Ⅲ含有里氏木霉的 4 个几丁质酶（18-13、18-14、18-16 和 18-18）。C 类共包含 18 个几丁质酶，可分为 2 个亚类。C-1 包含来自构巢曲霉、稻瘟病菌和粗糙脉孢菌的几丁质酶；C-Ⅱ包含里氏木霉的 4 个几丁质酶（18-1、18-8、18-9 和 18-10）。此外，里氏木霉的几丁质酶 18-15 及其在哈茨木霉中的同源蛋白聚集形成新的一类，命名为 D 类几丁质酶。以上的进化分析与之前的报道大体一致，除了 Seidl 等（2005）将里氏木霉的几丁质酶 18-18 划分为 A 类几丁质酶。在之前的进化分析中，几丁质酶 18-15 未被划分到任何类别中，事实上，里氏木霉的几丁质酶 18-15 与不同木霉属以及昆虫病原真菌中的同源蛋白具有高度相似性，包括金龟子绿僵菌、罗伯茨绿僵菌、蝗绿僵菌和球孢白僵菌（Junges et al.，2014）。

几丁质酶具有多样化的生理功能，参与酵母菌和丝状真菌的形态发生、自溶，以及水解外源几丁质获取营养和真菌寄生等过程。在酿酒酵母细胞分裂过程中，几丁质酶 ScCts1p 对于几丁质的降解是必需的，其基因的缺失会导致细胞分离缺陷和形成多细胞聚集物（Kuranda and Robbins，1975）。另一种几丁质酶 ScCts2p 则参与子囊形成（Giaever et al.，2002）。丝状真菌含有丰富的几丁质酶基因家族，需要多个基因缺失的突变株才可观察到表型的改变，因此，很难揭示每个几丁质酶的生理功能。目前，通过基因表达、敲除和转录分析可研究丝状真菌几丁质酶的生理功能。通过对真菌球孢白僵菌的内切几丁质酶 *Bbchit1* 基因过表达，增强了球孢白僵菌对蚜虫的毒力，转化株的 50% 致死浓度（LC_{50}）和 50% 致死时间均显著降低（Fang et al.，2005）。此外，研究者从食线虫真菌刀孢轮枝菌（*Lecanicillium psalliotae*）中鉴定了一种几丁质酶基因 *Lpchi1*（里氏木霉 Chi18-5 的同源基因），并在毕赤酵母 GS115 中重组表达，重组几丁质酶可以降解根结线虫（*Meloidogyne incognita*）卵中的几丁质，进而显著影响卵的发育（Gan et al.，2007a，2007b）。研究者利用基因敲除研究粗糙脉孢菌中编码几丁质酶的 10 种基因的功能，发现其中 A 类几丁质酶基因敲除均没有出现异常表型，而 B 类几丁质酶基因缺失导致了突变株生长速度低于野生株（Tzelepis et al.，2012）。捕获线虫的真菌少孢节肢菌（*Arthrobotrys oligospora*）共具有 16 个几丁质酶基因，在不同的培养条件下，对其中 9 个几丁质酶基因测定了表达情况，发现在碳饥饿条件下，大部分几丁质酶基因表达被抑制，而在氮饥饿条件下，所有几丁质酶基因均被上调表达，一些几丁质酶基因在存在几丁质底物或植物病原真菌的情况下被上调表达，表明它们可能在少孢节肢菌的生物防控应用中发挥作用（Yang et al.，2013）。

3.3.2　真菌几丁质酶及其与抑制剂复合物的结构

病原真菌几丁质酶已被证明是毒力因子，在侵染宿主过程中发挥重要作用。几丁质酶和几丁质酶抑制剂复合物结构的研究可揭示酶与底物结合模式、抑制剂特异性和水解反应的催化机制等，有助于开发具有杀菌、杀虫或抗炎潜力的化学药物。

粗球孢子菌（*Coccidioides immitis*）是球孢子菌病的病原体，球孢子菌病是美国最普遍的地方病害之一，其主要抗原被鉴定为几丁质酶 CiX1（Johnson and Pappagianis，1992）。粗球孢子菌几丁质酶 CiX1 的晶体结构已被解析，分辨率为 $2.2×10^{-10}$ m（蛋白质结构数据库 PDB 编号 1D2K），其包含 427 个氨基酸，整体结构为 GH18 几丁质酶保守的（α/β）$_8$-桶状结构。虽然缺少 N 端几丁质锚定结构域，但该酶与黏质沙雷菌（*Serratia marcescens*）几丁质酶结构非常相似，具有 3 个顺式肽键，均包含保守的活性位点，活性位点由保守的氨基酸残基构成，包括 Trp47、Trp131、Trp315、Trp378、Tyr239、Tyr293、Arg52、Arg295，以及作为催化酸的 Glu171（英文为氨基酸三字母缩写，数字为粗球孢子菌 CiX1 氨基酸残基编号）（Hollis et al.，2000）。

烟曲霉具有多种几丁质酶，其中最主要的是几丁质酶 ChiB1（AfChiB1）。研究者已解析了 AfChiB1 以及 AfChiB1 与 argifin/argadin 复合物的结构（argifin 和 argadin 是抑制 GH18 几丁质酶的环状五肽）。AfChiB1 与粗球孢子菌的 CiX1 序列一致性为 66%，分子结构相似。尽管 AfChiB1（PDB 编号 1W9P）缺少 α1 螺旋，但其整体结构也为 GH18 保守的（α/β）$_8$-桶状结构，β4 末端的 Asp175 和 Glu177 参与形成 GH18 几丁质酶催化基序（DXE 基序）的一部分，其中 Glu177 作为催化酸（Rao et al.，2005）。受 argifin 结合而影响的残基在 AfChiB1 和 CiX1 中通常是保守的，甲脒脲一部分堆积在保守的色氨酸（AfChiB1 的 Trp384）处，并与 DXE 基序的谷氨酸和天冬氨酸（AfChiB1 的 Glu177 和 Asp175）相互作用。在活性位点的相对侧，甲脒脲另一部分也与保守的酪氨酸（AfChiB1 的 Tyr245）相互作用。与 argifin 相比，argadin 以相似的方向和位置与两种几丁质酶（AfChiB1 和 CiX1）结合，其中环化天冬氨酸 β-半醛与保守色氨酸（AfChiB1 的 Trp384）堆积，结合方式与 argifin 甲脒脲基团相同。argadin 的组氨酸侧链插入活性位点，与 DXE 基序相互作用。在活性位点的相对侧，argadin 与几丁质酶保守氨基酸残基（AfChiB1 的 Tyr245、Asp246 和 Arg301）形成 3 个氢键。在几丁质酶与 argadin 复合物结构中的等效位置观察到两个水分子，它们介导 argadin 和蛋白质骨架之间的氢键形成（AfChiB1 的 Trp137 和 Asp246）。

粉红螺旋聚孢霉是一种寄生真菌，侵染植物病原真菌，如灰葡萄孢菌。粉红螺旋聚孢霉也是线虫生物防治的潜在药剂，从粉红螺旋聚孢霉中分离出的几丁质酶（CrChi1）可以降解根结线虫的卵（Gan et al.，2007b）。随后，研究者解析了 CrChi1（PDB 编号 3G6L）和 CrChi1 与咖啡碱复合物（PDB 编号 3G6M）的结构。与其他 GH18 几丁质酶一样，CrChi1 的 β4 末端具有 DXE 基序，Glu174 作为催化关键氨基酸残基，位于（α/β）₈-桶状结构开放端的中央。两个咖啡碱分子结合在 CrChi1 的一1 和十1 底物结合位点。CrChi1 与其他 5 个已知结构的几丁质酶（包括细菌、真菌和人）的序列相似性在 24.2% 至 54.8% 之间，其中底物结合位点和催化中心周围的氨基酸残基高度保守，所有几丁质酶的核心结构相似，主要的区别在于 N 端和 C 端结构域（Yang et al.，2010）。

综上所述，来自不同物种的几丁质酶的结构比较保守，特别是底物结合位点和催化域的氨基酸残基，因此它们可能具有相同的催化机制。几丁质酶与抑制剂（如 argifin/argadin）的复合物结构表明，大多数抑制剂与几丁质酶活性位点的保守氨基酸相互作用，但活性位点附近氨基酸残基的细微变化对抑制剂的结合会产生重要的影响。从防治真菌、害虫等不同有害生物的角度出发，利用这些细微的差异，设计靶向特定几丁质酶的特异性抑制剂衍生物，可开发出选择性化合物的有效靶点。

3.3.3　真菌几丁质酶的工程改造

几丁质酶被认为是致病真菌的关键水解酶，在生物防治中发挥重要作用。研究人员试图通过对几丁质酶结构的工程改造来调节真菌毒力，如融合一个或多个几丁质结合结构域（ChBD），构建具有蛋白酶和几丁质酶活性的融合蛋白。植物几丁质酶的 ChBD 主要位于 N 端，细菌和真菌几丁质酶的 ChBD 位于 C 端或 N 端，但只有少数真菌几丁质酶含有 ChBD（Junges et al.，2014）。以前的研究表明，ChBD 对几丁质有很高的特异性，且其结合活性是可逆的。ChBD 整体结构呈隧道状，可促进几丁质酶与几丁质结合，因此几丁质酶能够高效降解几丁质（Kowsari et al.，2014）。几丁质酶的工程改造研究主要集中在真菌病原菌木霉和昆虫病原菌球孢白僵菌上。

哈茨木霉是一种最有效的生物防治剂，可以对抗多种具有重要经济意义的病原体，这些病原体主要经空气和土壤传播。几丁质酶是裂解真菌细胞壁的关键水解酶，因此它们在生物防治中发挥重要作用。木霉几丁质酶 Chit42 对植物病原真菌具有重要的生物抑制作用，而 Chit42 不含 ChBD 结构域。Limón 等（2001）通过将烟草（*Nicotiana tabacum*）几丁质酶 ChiA 的 ChBD 以及里氏木霉的纤维二糖水解酶的纤维素结合结构域与 Chit42 融合，构建了具有更强几丁质结合能力的杂交几丁质酶，与天然几丁质酶相比，杂交几丁质酶对可溶性底物的水解活性相似，但对高聚不溶性底物（如磨碎的几丁质或富含几丁质的真菌细胞壁）具有更高的水解活性。随后，Kowsari 等（2013）将深绿木霉几丁质酶 18-10 的 ChBD 与 Chit42 融合，与 Chit42 相比，改良的几丁质酶对不溶性几丁质的比活力提高了 1.7 倍。此外，Chit42-ChBD 转化株对 7 种植物致病真菌表现出更高的抗性。

昆虫病原真菌（如球孢白僵菌）通过穿透昆虫表皮的方式感染宿主昆虫。病原真菌通过分泌细胞外蛋白酶和几丁质酶，以降解昆虫的蛋白和几丁质，使得菌丝可以穿过昆虫表皮，进入昆虫血淋巴。Fang 等（2005）克隆了球孢白僵菌的两个几丁质酶基因 *Bbchit1* 和 *Bbchit2*，两者都不包含 ChBD。随后，研究者构建了几种球孢白僵菌杂交几丁质酶，如 Bbchit1 与来自植物、细菌或昆虫的 ChBD 融合。在所有杂交酶中，Bbchit1 与家蚕几丁质酶 ChBD 的杂交几丁质酶对几丁质具有最强的结合能力。将该杂交几丁质酶基因置于真菌组成型启动子的控制下，并转化入球孢白僵菌，转化株感染昆虫后，与野生菌株相比，昆虫致死时间缩短了 23%（Fan et al.，2007）。一种表皮降解蛋白酶基因（*CDEP1*）与 *Bbchit1* 融合后在球孢白僵菌中过表达，与野生株或单独过表达 Bbchit1 或 CDEP1 的转化株相比，CDEP1-Bbchit1 融合转化株穿透昆虫表皮的速度明显提高。此外，转化株对桃蚜（*Myzus persicae*）的半数致死浓度 LC_{50} 降低了 60.5%，是 Bbchit1 过表达转化株的两倍以上（Fang et al.，2009）。

综上所述，与天然几丁质酶相比，工程几丁质酶具有更高的几丁质水解能力。此外，当工程几丁质酶在真菌（如哈茨木霉和球孢白僵菌）中过表达时，与天然几丁质酶基因组成表达的菌株相比，转基因修饰的真菌毒力增加。因此，该方法可提高生防菌的毒力，从而开发高效的生物农药。

3.4　真菌几丁质修饰与几丁质脱乙酰基酶

3.4.1　真菌几丁质脱乙酰基酶的功能

几丁质脱乙酰基酶（chitin deacetylase）隶属于糖脂酶 4 家族，是一类金属酶，可以催化几丁质的乙酰基团离去，生成壳聚糖。几丁质脱乙酰基酶广泛分布于真菌、细菌和昆虫中，其中以真菌中最多。真菌几丁质脱乙酰基酶参与营养、形态发生和发育、细胞壁和孢子的形成、胚芽的黏附、自溶以及侵染宿主等。根据真菌几丁质脱乙酰基酶的组织定位可以分为两个亚群，分别是胞内几丁质脱乙酰基酶和胞外几丁质脱乙酰基酶，真菌几丁质脱乙酰基酶会在一个特定的时期分泌：细胞壁形成期、产孢期、营养生长期或侵染宿主时，这与它们的生理功能对应。例如，鲁氏毛霉（*Mucor rouxii*）在细胞壁形成过程中产生胞内几丁质脱乙酰基酶，并与几丁质合成酶协同工作（Davis and Bartnickigarcia，1984），在酿酒酵母中，两种几丁质脱乙酰基酶（Cda1 和 Cda2）也具有类似的生理功能。酿酒酵母孢子壁形成过程中，几丁质的合成和几丁质的脱乙酰基作用都是必需的，几丁质由 3 种几丁质合成酶 Chs1、Chs2 和 Chs3 合成，再通过 Cda1 或 Cda2 将几丁质转化为壳聚糖，使孢子壁的第二层结构紧靠外二酪氨酸层，壳聚糖基结构对孢子保持结构刚性和抵抗各种应力非常重要（Christodoulidou et al.，1999）。丝状真菌，如构巢曲霉，会在碳饥饿的情况下自我消化进行自溶，在这个过程中真菌会分泌大量的水解酶参与细胞壁的降解，同时也会分泌几丁质脱乙酰基酶以催化几丁质酶水解产生的几丁质寡糖（Alfonso et al.，1995）。

　　还有一类几丁质脱乙酰基酶在病原真菌侵染宿主的过程中特异性分泌表达，以逃避植物的防御机制，完成侵染。植物分泌几丁质酶将真菌细胞壁的几丁质分解为壳寡糖，释放的壳寡糖被植物几丁质特异性受体识别，从而引发抗性反应。壳寡糖诱导抗性机制涉及宿主防御基因的激活。越来越多的证据表明，真菌通过部分去乙酰化其暴露的细胞壁几丁质或由植物几丁质酶作用产生的壳寡糖来逃避植物的防御机制。在这两种情况下，产生的部分去乙酰化的低聚物不能被特定的植物受体很好地识别，从而减少或阻止了防御反应的引发。Gao 等（2019）发现棉花根部病原菌大丽轮枝菌（*Verticillium dahliae*）分泌一种特异性定位于真菌—宿主交界处表面的几丁质脱乙酰基酶 VdPDA1。VdPDA1 阻止壳寡糖诱导的免疫反应活性氧的产生、丝裂原活化蛋白激酶的磷酸化和抗性相关基因的表达。尖孢镰刀菌（*Fusarium oxysporum*）也会通过分泌几丁质脱乙酰基酶（FovPDA1）来增强其毒力，引起棉花枯萎病。Xu 等（2020）报道了小麦条锈菌（*Puccinia striiformis* f. sp. *tritici*）在侵染小麦叶片的早期分泌几丁质脱乙酰基酶 Pst_13661，沉默 Pst_13661 的转基因小麦植株对小麦条锈菌具有抗性，活性氧减少，免疫基因表达水平下调，推测 Pst_13661 可以与真菌菌丝结合，使几丁质脱乙酰化为细胞壁上的壳聚糖，以减少细胞壁的降解，并产生壳聚糖诱导子，用于锈菌的定殖。对其他病原真菌的研究也提出了类似的机制，如菜豆炭疽病菌（*Colletotrichum lindemuthianum*）的胞外几丁质脱乙酰基酶在真菌菌丝渗透到植物体内时特异性分泌，以修饰几丁质，使其能够不被植物防御系统识别。Baker等（2007）在新型隐球菌（*Cryptococcus neoformans*）中发现 3 种脱乙酰基酶 Cda1、Cda2 和 Cda3 可以将营养生长期间产生的几丁质转化为壳聚糖，并提出几丁质脱乙酰基酶及其制备的壳聚糖可能是优良的抗真菌靶标。

3.4.2　真菌几丁质脱乙酰基酶的催化机制

几丁质脱乙酰基酶催化几丁质的脱乙酰模式是多种多样的，催化模式由不同酶的底物特异性和对其线性底物的模式识别决定。修饰线型多糖链内单元的酶促作用模式可分为 3 种主要类型，即多重攻击机制、多链机制和单链机制（图 3.2）（Fries et al.，2007）。在多重攻击机制中，酶与多糖链结合之后是一系列连续的去乙酰化过程，之后酶与另一条链结合。在多链机制中，酶形成活性的酶—聚合物复合物，仅催化一个乙酰基团离去，然后解离形成新的活性复合物。单链机制是指在一个底物分子上发生多个催化事件，导致顺序去乙酰化的过程，还包括少数对壳寡糖底物中单个位置具有去乙酰化特异性的几丁质脱乙酰基酶，即来源于根瘤菌的几丁质脱乙酰基酶和弧菌的壳寡糖脱乙酰基酶。在真菌几丁质脱乙酰基酶中主要存在多重攻击机制和多链机制。

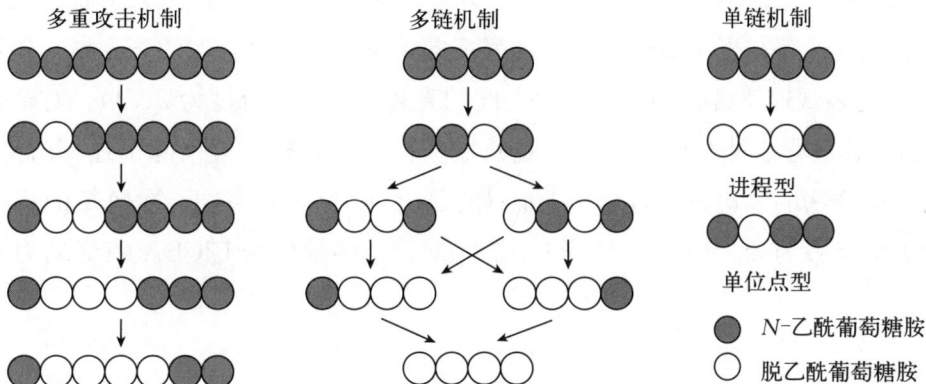

图 3.2　几丁质脱乙酰基酶的不同作用模式

鲁氏毛霉 MrCDA 是最早被鉴定为脱乙酰基酶的酶之一。鲁氏毛霉是一种二态真菌，其细胞壁主要由几丁质、壳聚糖和黏酸组成。MrCDA 特异性底物为 $\beta-1,4-N-$乙酰葡糖胺聚合物，如乙二醇几丁质、胶体几丁质、壳聚糖和几丁质，它也能催化乙酰木聚糖，但对肽聚糖或乙酰肝素聚合物无活性。它对壳寡糖有活性，其活性随着聚合度的增加而增加，三乙酰壳寡糖是它作用的最小底物。据报道，该酶通过多重攻击机制使底物脱乙酰基（Martinou et al.，1998），但产物的脱乙酰基模式取决于底物的聚合度：MrCDA 不能对聚合度小于 3 的几丁质低聚物实现脱乙酰基，聚合度为 3、6 和 7 的底物不会被完全脱乙酰基，而聚合度为 4 和 5 的底物则完全脱乙酰基。在所有情况下，脱乙酰基都是从非还原端残基开始的，然后向还原端的相邻单体进行。

炭疽病菌是一种植物病原真菌，影响多种作物，它分泌一种对几丁质聚合物（乙二醇几丁质）和几丁寡糖都有活性的几丁质脱乙酰基酶 ClCDA。ClCDA 只能催化几丁二糖的非还原端 N-乙酰葡糖胺单元，但它能够完全脱乙酰聚合度等于或大于 3 的壳寡糖，对于聚合度大于 3 的底物，它执行多链机制，遵循的规律是第一个被催化的残基是从还原端开始的第二个残基（Hekmat et al.，2003；Tokuyasu et al.，2000）。初始的单脱乙酰反应显示催化速度常数（k_{cat}）对聚合度没有依赖性，但米氏常数（K_M）随着聚合度的增加而降低。然而，在分析完全脱乙酰动力学时，k_{cat} 的增加和 K_M 的减少与底物聚合度的增加相关（Tokuyasu et al.，1996）。

构巢曲霉分泌一种几丁质脱乙酰基酶 AnCDA，使几丁质酶在细胞自溶过程中产生的几丁质低聚物脱乙酰基。该酶对可溶性几丁质、胶体几丁质、壳聚糖、乙酰木聚糖和乙酰化葡萄糖醛酸氧聚糖有活性，但对肽聚糖无活性。AnCDA 对壳寡糖具有活性，聚合度为 2~6（Liu et al.，2017）。长时间高浓度培养表明该酶对几丁单糖无活性，能催化几丁二糖单位点的脱乙酰基。对于较长的底物，可产生完全脱乙酰基的产物。脱乙酰化速率与壳寡糖底物的长度呈反向关系：奇数聚合度的壳寡糖（如聚合度为 3、5）的表观速率常数高于偶数聚合度的壳寡糖（如聚合度为 2、4）。对聚合度为 6 的底物催化过程表征发现，第一个脱乙酰基位点在随机位置（除了还原端），生成完全脱乙酰产物的反应过程非常慢。而对于聚合度为 5 的底物，在较短的反应时间内，动力学常数为 $k_{cat} = 1.4 \ s^{-1}$，$K_M = 72 \ \mu M$，这些数值与 ClCDA 酶促动力学参数相似。

3.4.3 真菌几丁质脱乙酰基酶及其与抑制剂复合物的结构

蛋白结构解析用于探究不同真菌 CDA 催化模式的结构决定因素，此外真菌 CDA 作为杀真菌剂开发的有效靶标，其结构研究也将为杀菌剂的开发提供基础。迄今为止，已经获得了 4 个真菌 CDA 的无配体及酶—抑制剂复合物等不同状态的 7 个结构，分别是来源于菜豆炭疽病菌的 ClCDA（PDB 登录号 2IW0）、来源于构巢曲霉的 AnCDA（PDB 登录号 2Y8U）、来源于大丽轮枝菌的 VdPDA1（PDB 登录号 8HFA）、来源于小麦条锈菌的Pst＿13661（PDB 登录号 8HF9）及其与 3 个苯甲羟肟酸类抑制剂的复合体结构（PDB 登录号 8HF1、8HF2 和 8HF4）。

菜豆炭疽病菌 ClCDA 结构是第一个被解析的（Blair et al.，2006）。ClCDA 的整体结构为一个单独的催化结构域，呈（α/β）$_7$ 桶状结构，这种结构在糖脂酶 4 家族蛋白结构中是保守的。（α/β）$_7$ 桶状结构包括 7 个 β 折叠相互平行排列成的桶，周围环绕 7 个 α 螺旋，其中一个 α 螺旋封住了桶的底侧。ClCDA 的底物结合口袋暴露在桶的顶部，活性口袋浅且开放。活性中心由 5 个基序和 1 个锌离子组成，其中基序 1（TYDD）包含两个天冬氨酸（Asp49 和 Asp50），Asp49 是作为催化碱的关键氨基酸，Asp50 参与锌离子的结合；基序 2（HTYAH）包含两个组氨酸（His104 和 His108），它们与基序 1 中的 Asp50 共同参与锌离子的结合，从而形成 His - His - Asp 金属离子三联体；基序 3（RAPYL）和基序 4（DTKDY）主要参与形成底物结合口袋的顶侧和底侧，并提供与底物结合相关的氨基酸；基序 5（LSH）的组氨酸是作为催化酸的关键氨基酸。ClCDA 催化位点的 His - His - Asp 金属离子三联体和催化酸/碱，这两个结构单元在整个糖脂酶 4 家族蛋白中极其保守。由于没有 ClCDA 与底物复合物的晶体结构，Blair 等（2006）通过分子对接的方法，模拟了几丁三糖 (GlcNAc)$_3$ 与 ClCDA 的结合情况。(GlcNAc)$_3$ 结合在 ClCDA 的－1，0 和＋1 结合位点，其中位于－1 位的 GlcNAc 的乙酰基与 ClCDA 没有相互作用。有趣的是，ClCDA 表面的一个暴露于溶剂的色氨酸（Trp79）定位于一个环（loop）上，它可能参与推测的－2 位点的糖基的相互作用。而占据＋1 位点的 GlcNAc 与 Lys171 以及 Tyr173 的羟基形成氢键相互作用，并且糖环被两个疏水氨基酸 Leu204 和 Leu146 所稳定（图 3.3）。Hekmat 等（2003）也曾通过稳态动力学结合质谱分析研究，提出 ClCDA 的＋1 位点对稳定底物的整体结合自由能变化提供了最大的贡献。

构巢曲霉 AnCDA 被认为参与几丁质水解酶对细胞壁几丁质的降解，催化几丁质水解酶的水解产物几丁质低聚物进一步脱去乙酰基团。也有研究认为 AnCDA 是一种调节酶，能够通过对几丁质的脱乙酰基作用以阻止几丁质水解酶对细胞壁几丁质的降解。Liu 等（2017）报道了 AnCDA 的晶体结构，并测定了 AnCDA 对不同底物的酶学活力。该蛋白的整体结构同样采用了糖脂酶 4 家族蛋白结构中保守的（α/β）$_7$ 桶，与 ClCDA 形状类似的浅且开放的活性口袋，活性中心由 5 个保守基序构成，催化关键氨基酸残基（催化酸 His 和催化碱 Asp）保守，但是活性中心的金属离子不是锌离

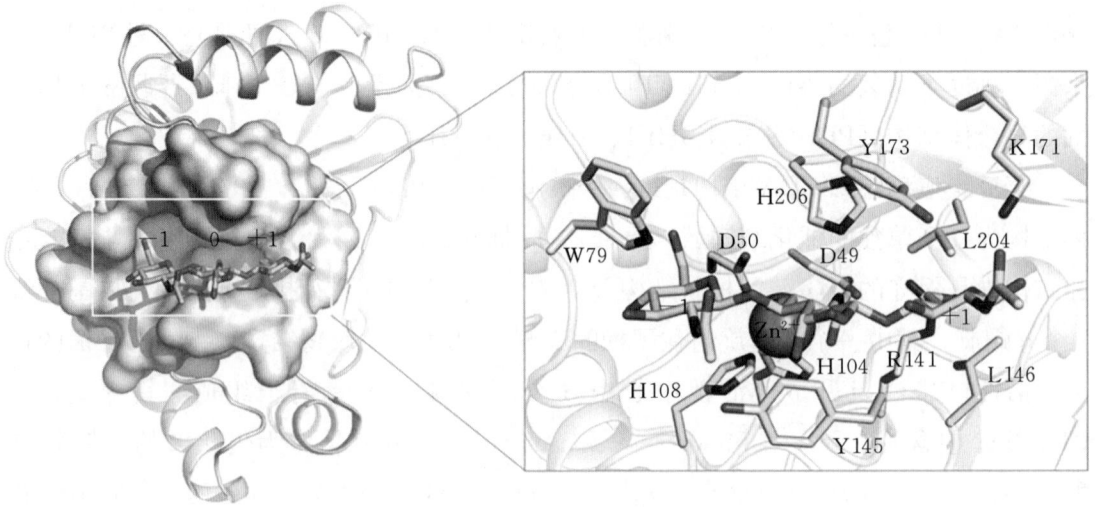

图 3.3　ClCDA 的活性口袋及底物结合位点

子而是钴离子，与钴离子形成三联体的 His‐His‐Asp 也是保守的。底物结合位点的结构与 ClCDA 类似（图 3.4），如 0 位催化原件以及＋1 位点的 Leu139 和 Leu194形成疏水袋。

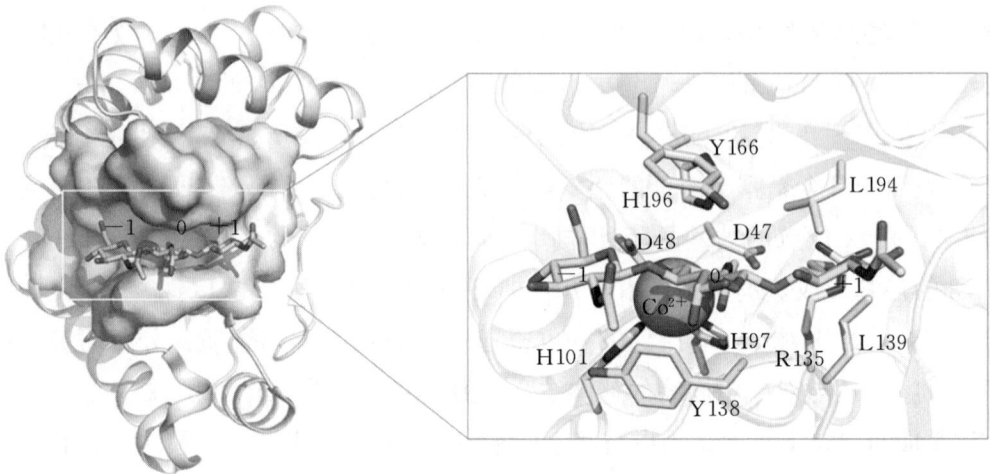

图 3.4　AnCDA 的活性口袋及底物结合位点

　　大丽轮枝菌 VdPDA1 和小麦条锈菌 Pst_13661 分别代表了土传致病真菌和气传致病真菌来源的 CDA，它们作为侵染植物关键的毒力因子，是杀菌剂开发中非常有前景的靶标。近期，研究者解析了 VdPDA1 和 Pst_13661 的结构（Liu et al.，2023）。VdPDA1 和 Pst_13661 是单一结构域酶，序列相似性为 55％。VdPDA1 和

Pst_13661的底物结合凹槽短而开放，与其他糖脂酶 4 家族 CDA 一样，具有 $(\alpha/\beta)_7$ 桶状结构，活性位点位于底物结合槽的中心，通过 X 射线荧光光谱和锌单波长异常色散（SAD）分析确定了活性中心具有一个锌离子。结构比对发现 VdPDA1 与 Pst_13661的活性位点重叠良好，在 32 个 Cα 原子上的均方根偏差为 0.43×10^{-10} m，表明这两种酶具有结构相同的底物结合袋（图 3.5a）。在 VdPDA1 的结构中，由 Asp56、His108 和 His112 组成了特征 Asp-His-His 三联体，它们和一个水分子共同参与一个金属离子的配位。VdPDA1 的 Asp55 和 His201 分别为催化碱和催化酸。基于活性位点的结构特征，研究还筛选获得了靶向 VdPDA1 和Pst_13661活性中心的抑制剂，并解析了Pst_13661与抑制剂苯甲羟肟酸及其衍生物的复合物结构，发现苯甲羟肟酸以双齿态螯合锌离子，并与活性中心附近的 3 个氨基酸（Asp58、Tyr152 和 His207）形成 3 种氢键相互作用（图 3.5b），结构信息表明，羟肟酸部分对抑制作用很重要，它能螯合具有重要催化作用的锌离子，并与催化残基相互作用，从而抑制了 CDA 的活性。体外实验也证实了苯甲羟肟酸的抗病活性与抑制数据一致，苯甲羟肟酸对小麦、大豆、棉花等作物上的真菌病害有较好的防治效果。

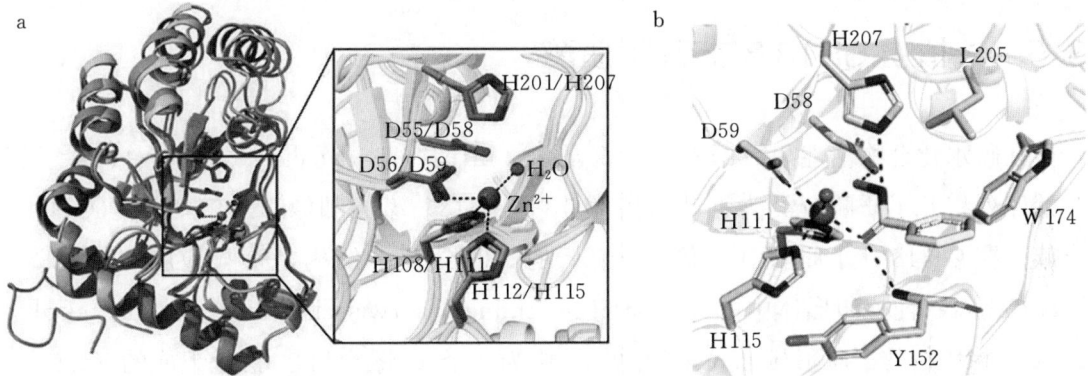

图 3.5　VdPDA1 和Pst_13661的整体结构和活性位点

（a）整体结构和活性中心结构比对　（b）Pst_13661与苯甲羟肟酸相互作用

3.5　参与植物—真菌相互作用的几丁质酶和壳聚糖酶

农业生产中作物在其整个生命周期中会与其他生物（包括昆虫和微生物）相互作用，由于这些相互作用直接影响作物的生理状态，因此农作物产量经常受到影响。由于昆虫几丁质和几丁质相关酶在其他章节中有详细描述，这里侧重讨论与植物—微生物相互作用相关的具有水解几丁质或壳聚糖活性的酶，即植物的几丁质酶和土壤细菌中拮抗真菌病原体的壳聚糖酶。

植物几丁质酶（E.C. 3.2.1.14）在植物—微生物相互作用中起重要作用。几丁质酶自身通过黏附于真菌细胞壁，并水解由 β-(1,4)-糖苷键连接的几丁质来抑制真菌生长。此外，当植物被病原真菌侵染时，来自真菌细胞壁的几丁质酶水解产物几丁寡糖被释放，并作为信号分子触发植物免疫系统。虽然植物中不含几丁质，但是几丁质及其衍生物仍被视为植物和真菌之间相互作用的关键中间物。几丁质在真菌细胞壁中会被一定程度地去乙酰化，生成壳聚糖，所以由土壤细菌产生的能够水解壳聚糖上 β-(1,4)-糖苷键的壳聚糖酶可能通过抑制真菌生长而参与到植物与病原真菌的相互作用中（Saito et al.，2009）。为了有效地控制植物—微生物相互作用，需要了解几丁质酶和壳聚糖酶与其底物相互作用的分子基础。目前已知的部分几丁质酶和壳聚糖酶通过亚结构域（几丁质或壳聚糖结合模块）来辅助酶的催化作用（Armenta et al.，2017）。近年来，通过晶体学和其他物理化学方法（如核磁共振和等温量热滴定）对这些酶及其亚结构域的结构和功能研究，使我们很好地理解了酶—底物相互作用的分子基础。

3.5.1 植物 GH18 家族几丁质酶

在碳水化合物活性酶数据库（CAZymes，http：//www.cazy.org/）中，基于氨基酸序列将几丁质酶分类为糖苷水解酶 18（GH18）家族和糖苷水解酶 19（GH19）家族。在 GH18 几丁质酶中，第一个解析的 X 射线晶体结构是来自橡胶树（*Hevea brasiliensis*）乳胶卵形体中的几丁质酶 hevamine（Terwisscha van Scheltinga et al.，1994）。橡胶树几丁质酶 hevamine 的总体结构为 8 个 α-螺旋和 β-折叠组成的 $(\alpha/\beta)_8$-桶状结构（图 3.6a），其结构中不存在其他亚结构域。这种植物 GH18 几丁质酶被命名为Ⅲ类几丁质酶。基于结构和生化数据得知，这一类几丁质酶通过异头物保留的双置换反应进行酶的催化反应，且该反应涉及噁唑啉离子中间体的形成，这种反应机制称为底物辅助机理。突变分析表明，几个芳香族氨基酸残基具有稳定催化中间体和底物结合的作用。Sasaki 等（2006）研究了来自水稻的Ⅲ类几丁质酶的作用模式，并报道了该类几丁质酶以内切和非进程的方式水解底物，并且仅在底物结合的−1 位点特异识别 GlcNAc 糖基。

另一种存在于植物中具有插入亚结构域的 GH18 几丁质酶被命名为Ⅴ类几丁质酶。如图 3.6b 所示，已报道的第一个Ⅴ类几丁质酶晶体结构是来自于烟草

（*Nicotiana tabacum*）的几丁质酶 NtChiV（Ohnuma et al.，2011a）。其插入亚结构域由 1 个 α-螺旋（α7）和 5 个 β-折叠（β10～β14）组成，并插入在核心（α/β）₈结构域的 β9 和 α8 之间。对于 GH18 几丁质酶催化反应至关重要的 DxDxE 基序位于（α/β）₈-桶状结构的中央中空部分内。插入亚结构域位于 DxDxE 基序的对面以形成更深的底物结合凹槽，该结合凹槽的两端向外开口，可能是为了结合较长的几丁质链。实际上，Ⅴ类几丁质酶也以内切和非进程方式催化水解过程。同样来自 Ohnuma 课题组的报道发现，一个来自拟南芥（*Arabidopsis thaliana*）的Ⅴ类几丁质酶 AtChiC 与 NtChiV 氨基酸序列同源性为 57%，而其三维结构与 NtChiV 几乎相同（图 3.6b，c），这两个几丁质酶的结构均与黏质沙雷菌几丁质酶 B 的催化结构域相似，说明Ⅴ类几丁质酶的催化机制与黏质沙雷菌几丁质酶 B 的催化机制类似。

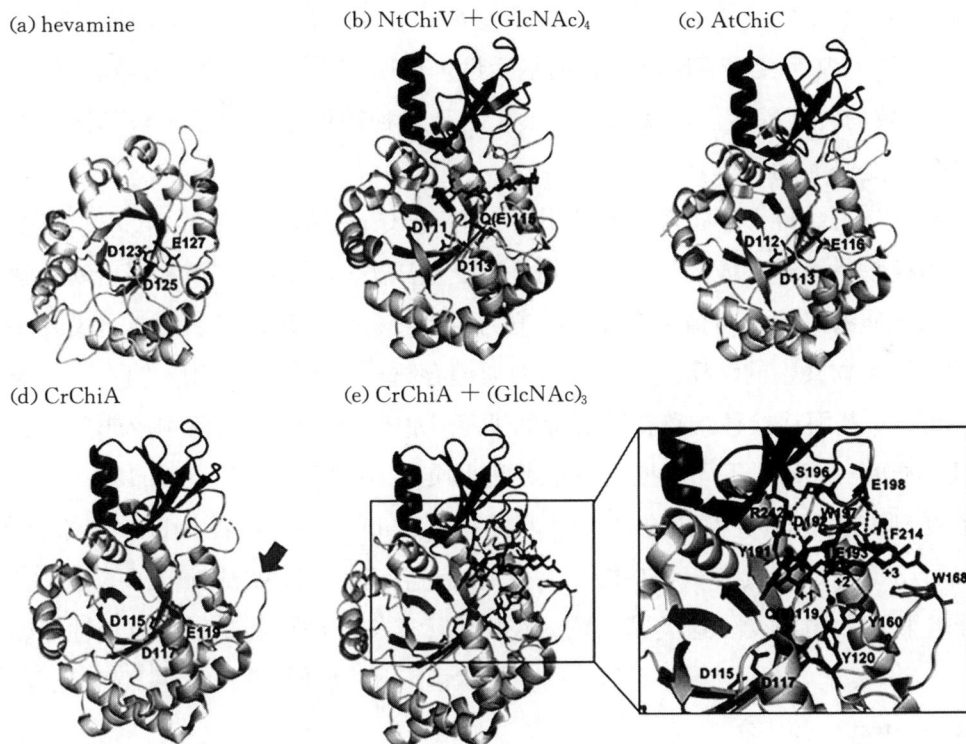

图 3.6　植物 GH18 几丁质酶晶体结构

（a）一种来自橡胶树的Ⅲ类几丁质酶 hevamine（2HVM）（b）一种来自烟草的Ⅴ类几丁质酶 NtChiV 与其底物（GlcNAc）₄ 的复合物晶体结构（3ALG）（c）一种来自拟南芥的Ⅴ类几丁质酶 AtChiC 的晶体结构（3AQU）（d）一种来自苏铁的Ⅴ类几丁质酶 CrChiA 的晶体结构（4MNJ）（e）CrChiA 与其底物（GlcNAc）₃ 的复合物晶体结构（3WIJ），（GlcNAc）₃ 结合在＋1、＋2 和＋3 位点

Taira 等（2009）从苏铁（*Cycas revolta*）中分离出一种新型 V 类几丁质酶 CrChiA。如图 3.6d 所示，CrChiA 的晶体结构类似于 NtChiV 和 AtChiC（Umemoto et al.，2015a）。但是除了具有水解活性外，CrChiA 还能够催化转糖基反应，而 NtChiV 和 AtChiC 则没有明显的转糖基活性（Taira et al.，2010），为了探究赋予几丁质酶转糖基活性的结构基础，Taira 等对 3 种 V 类几丁质酶的晶体结构进行了更细致的研究。尽管 3 种 V 类几丁质酶的晶体结构十分相似，但作者注意到在 CrChiA 底物结合凹槽的最右端存在一种环结构，这在 NtChiV 和 AtChiC 中是不存在的（图 3.6d 箭头所示）。Umemoto 等（2015a）成功地解析了 CrChiA 与转糖基受体 $(GlcNAc)_3$ 的复合物晶体结构，其底物结合位点是＋1、＋2 和＋3（图 3.6e）。值得注意的是，在 CrChiA 中额外的环结构上具有一个色氨酸残基（Trp168），能够与＋3 吡喃糖环形成 CH-π 堆积相互作用，在 Trp197 中也发现了堆积相互作用，还有几个氢键也可能具有稳定受体分子的作用，这些都有利于随后的转糖基反应。而 CrChiA 上的 Trp168 残基突变显著降低了转糖基活性。说明与受体分子的强相互作用赋予了 CrChiA 有效的转糖基活性，现在值得探究的是这种转糖基反应是否对苏铁植物自身的正常生长是必需的。

在正常生长条件下，拟南芥Ⅲ类几丁质酶 AtChiA 基因（*At5g24090*）完全不表达，而当植物暴露于环境胁迫中，特别是遭受盐压力和损伤时，该基因启动表达，说明Ⅲ类几丁质酶可能参与植物对环境胁迫的耐受。一些生理研究表明，Ⅲ类几丁质酶对植物—微生物共生的结瘤过程以及蛋白质储存过程发挥重要作用。第一个 V 类几丁质酶 NtChiV 基因从接种烟草花叶病毒的烟草叶中分离得到。与仅响应非生物胁迫的Ⅲ类几丁质酶 AtChiA 不同，拟南芥 V 类几丁质酶 AtChiC 基因（*At4g19810*）的表达水平在受到非生物和生物胁迫时均显著提高（Ohnuma et al.，2011b）。综上所述，植物 GH18 几丁质酶具有多种功能，至少通过对含有 GlcNAc 的糖分子的作用参与生物和非生物的胁迫耐受。这类酶的靶标底物仍然未知，但可能是触发抗逆性基因的信号前体。事实上，GH18 几丁质酶的抗真菌活性远低于下述 GH19 几丁质酶（Arakane et al.，2012）。

3.5.2 植物 GH19 家族几丁质酶

第一个 GH19 几丁质酶的晶体结构是来自大麦（*Hordeum vulgare*）种子的几丁质酶 BSC-c（Hart et al.，1993）。如图 3.7a 所示，该酶由两部分形如肺叶的结构组成，两部分都富含 α-螺旋，并且通过建模分析发现底物结合凹槽位于两部分中间，这种类型的植物 GH19 几丁质酶被命名为 II 类几丁质酶。而在 II 类几丁质酶的 N 端增加 CBM18 几丁质结合模块的 GH19 几丁质酶被命名为 I 类几丁质酶。尽管研究者们为了解析 II 类几丁质酶与其底物的复合物结构进行了大量试验，但是直到 Ohnuma 等（2012）报道了来自黑麦种子的 II 类几丁质酶 RSC-c 与（GlcNAc）$_4$ 的复合物晶体结构，才首次完成了底物复合物晶体结构的解析。RSC-c 的氨基酸序列与 BSC-c 的氨基酸序列相似性为 92%。在这个 RSC-c 与底物的复合物结构中，结合的（GlcNAc）$_4$ 仅位于糖苷配基结合位点（正结合位点：+1、+2、+3 和 +4），这种结合方式没能为研究相关催化机制提供有效的信息。在此之后，同一研究小组报告了来自真藓属 *Bryum coronatum* 的 II 类几丁质酶 BcChiA 与（GlcNAc）$_4$ 的底物复合物晶体结构，该结构中底物结合在 -2、-1、+1 和 +2 位点，如图 3.7b 所示。这是第一个底物（GlcNAc）$_4$ 结合跨越催化中心的复合物晶体结构，该结构为 GH19 几丁质酶通过单一置换反应催化糖苷键水解提供了实验证据，即在通过催化酸（Glu61）向糖苷氧供给质子之后，由催化碱（Glu70）活化的水分子攻击对侧的 -1 位 GlcNAc 糖基的 C1 碳以完成水解。在同一报道中，作者还通过 NMR 光谱研究了 BcChiA 的底物结合情况，并根据化学位移微扰提供了溶液中底物结合的信息。虽然晶体结构所定义的底物结合凹槽中存在较多的微扰（图 3.7b），但在结合凹槽的背面也观察到化学位移扰动，表明底物结合使得构象发生了变化。由于构象变化可能与催化过程有关，因此这一发现可能有助于进一步了解 GH19 几丁质酶的催化机制。

对于来自大麦和黑麦种子的 GH19 几丁质酶（分别为 BSC-c 和 RSC-c），研究人员无法获得底物（GlcNAc）$_n$ 与酶结合跨越催化中心的底物复合物晶体结构。比较 BSC-c 和 RSC-c 与 BcChiA 之间的晶体结构显示，BSC-c 和 RSC-c 在底物结合凹槽两端具有额外的环结构（I、II、IV、V 和 C-末端，图 3.7a），而 BcChiA 没有（图 3.7b）。这些环结构似乎向外延伸了结合凹槽的长度。如图 3.7c 所示，Ohnuma 等（2013）成功地解析了 RSC-c 与两个（GlcNAc）$_4$ 分子结合的底物复合物晶体结构，一个（GlcNAc）$_4$ 分子结合位点为 -4 到 -1 而另一个结合位点为 +1 到 +4。因此，BcChiA 具有由结合位点 -2、-1、+1 和 +2 组成的底物结合凹槽，而 BSC-c 和 RSC-c 具有由结合位点 -4、-3、-2、-1、+1、+2、+3 和 +4 组成的更长的底物结合凹槽。从这些结构可以看出，结合在 -2 到 +2 位点的 4 个 GlcNAc 糖基被 RSC-c 的许多直接氢键强烈识别，但是结合在其他位点的 GlcNAc 糖基（-4、-3、+3 和 +4）更容易被水介导的氢键识别。因此，在 BSC-c 和 RSC-c 中发现的

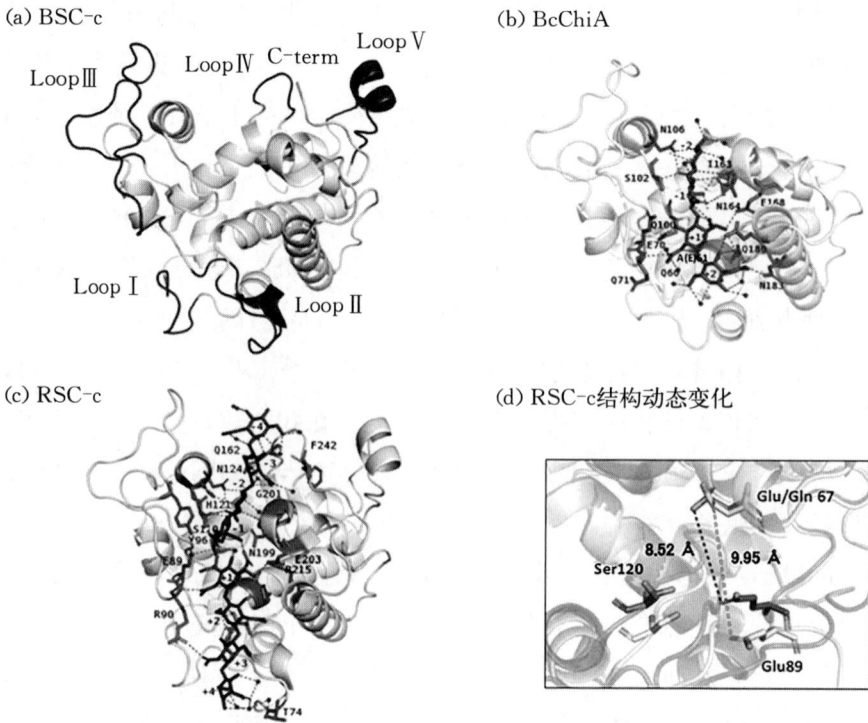

图 3.7　植物 GH19 几丁质酶晶体结构

（a）一种来自大麦种子的Ⅱ类几丁质酶 BSC-c（2BAA）（6 个环结构用深灰色突出显示，每个环结构从 N 端开始编号）　（b）和（c）一种来自真薛属的Ⅱ类几丁质酶 BcChiA（3WH1）和一种来自黑麦种子的Ⅱ类几丁质酶 RSC-c（4J0L），深灰色表示参与几丁质寡糖结合的氨基酸残基，黑色表示几丁质寡糖底物，小黑色球体表示水分子，虚线表示酶与配体之间可能形成的氢键　（d）几丁质寡糖结合引起的 RSC-c 构象变化的催化中心放大图，两条虚线表示催化酸和碱之间的距离，较长的是自由状态下的结构（4DWX，浅灰色），较短的是结合状态下的结构（4J0L，深灰色）

环结构（Ⅰ、Ⅱ、Ⅳ和 C-末端）对底物识别没有很大贡献；然而，BSC-c 和 RSC-c 的核心结构（结合位点-2 到+2）（图 3.7c），以及 BcChiA 的整个底物结合凹槽（图 3.7b）则通过直接氢键网络强烈识别几丁质底物。相比之下，在 GH18 几丁质酶与底物的相互作用中，氢键的密集程度较低。具有全套环结构（Ⅰ、Ⅱ、Ⅲ、Ⅳ、Ⅴ和 C-末端）的 GH19 几丁质酶被称为"环状"几丁质酶，而那些仅具有环Ⅲ结构的 GH19 几丁质酶被称为"无环"几丁质酶。如图 3.7d 所示，通过比较 RSC-c 的游离和底物结合状态之间的结构差异，发现底物结合使催化位点变窄，揭示了底物结合时的构象变化。这种类型的构象变化称为"域运动"。催化位点变窄可能使得催化酸（Glu61/67）、催化碱（Glu70/89）和催化水分子的排列处于最佳状态，使三联体最

有效地催化 β-(1,4)-糖苷键的裂解。

　　与 GH18 几丁质酶不同,据报道 GH19 几丁质酶在拟南芥中组成型表达,并且特异识别结合位点-2、-1 和+1 处的 3 个连续 GlcNAc 糖基。GH19 几丁质酶可能直接作用于真菌细胞壁的几丁质组分,并且参与抗真菌作用,许多研究已经报道了植物 GH19 几丁质酶的抗真菌活性。Taira 等 (2005) 报道了一种来自菠萝叶片的碱性 GH19 几丁质酶具有强烈的抗真菌活性,而来自相同物种的酸性几丁质酶则显示出非常弱的抗真菌活性,这表明几丁质酶蛋白的净电荷在抗真菌作用中非常重要。一种碱性Ⅱ类几丁质酶能够在 pH 6.0 和低离子强度条件下与填充有由木霉菌属菌丝体的细胞壁组分制备的柱子紧密结合,然而通过提高 pH 或离子强度,该几丁质酶对同一柱子的结合能力降低。由于许多抗真菌肽是高度碱性的,说明碱性条件可能是几丁质酶具有抗真菌活性的重要因素,即碱性几丁质酶的正电荷可能有助于几丁质酶与真菌细胞表面的阴离子磷脂的负电荷形成静电相互作用。将 GH19 几丁质酶的催化酸突变 (完全无活性),并测定突变体与野生型几丁质酶的抗真菌活性差异,发现与野生型相比,来自 BSC-c (Ⅱ类) 的无活性突变体仅具有 15% 的抗真菌活性。来自黑麦种子 RSC-a 的Ⅰ类几丁质酶的无活性突变体在任何离子强度条件下都没有显著的抗真菌活性,而野生型 RSC-a 显著抑制真菌生长。GH19 几丁质酶的几丁质水解活性似乎对抗真菌活性有利,但不是绝对必需的,几丁质结合和几丁质水解的协同作用很可能带来更高的抗真菌活性。

3.5.3　GH46 壳聚糖酶

　　壳聚糖是由 N-乙酰基-D-葡糖胺 (GlcNAc) 和 D-葡糖胺 (GlcN) 通过 β-1,4-糖苷键连接组成的杂多糖,它的生物合成是通过真菌中的几丁质合成酶和几丁质脱乙酰基酶的串联作用完成的。众所周知,真菌细胞壁含有不同程度 N-乙酰化的壳聚糖,并具有维持细胞完整性的作用。因此,来自土壤细菌的壳聚糖酶可使真菌病原体的细胞壁不稳定,从而抑制土壤真菌的致病性。壳聚糖酶广泛分布于包括 GH3、GH5、GH7、GH8、GH46、GH75 和 GH80 在内的各种糖苷水解酶家族中,对其中一种来自链霉菌属的 GH46 壳聚糖酶 CsnN174 在结构和功能方面有最为深入的研究 (Marcotte et al.,1996)。CsnN174 的结构类似于 GH19 几丁质酶的结构 (图 3.8a),并且可能具有与 GH19 几丁质酶相似的催化机制。两个羧基氨基酸 Glu22 和 Asp40 (分别为催化酸和碱) 与 Thr45 的羟基 (含有一个催化水分子) 在催化反应中协同作用，且 Glu22 的质子供给效力由位于催化酸后面的静电相互作用网络来维持。底物结合凹槽中的酸性环境最可能参与多糖底物的正电荷识别。尽管自由状态的 CsnN174 的 X 射线晶体结构已成功解析（图 3.8a），但直到最近，CsnN174 与壳聚糖的底物复合物结构才被解析（Wang et al.，2020）。

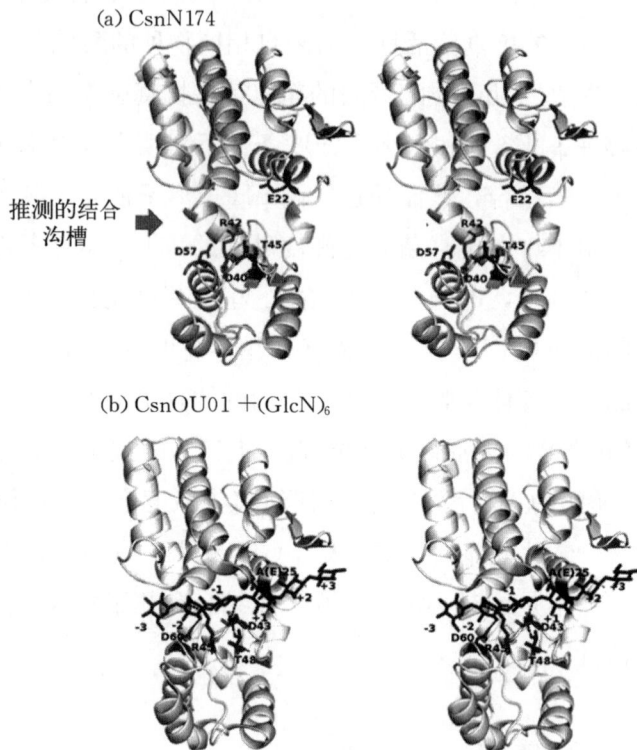

图 3.8　壳聚糖酶的晶体结构

（a）一种来自链霉菌属的壳聚糖酶 CsnN174 在游离状态下的晶体结构的立体视图（1CHK）　（b）一种来自细杆菌属的壳聚糖酶 CsnOU01 与（GlcN）$_6$ 的底物复合物晶体结构的立体视图（4OLT）

第一个 GH46 壳聚糖酶与底物的复合物晶体结构来自于细杆菌属（*Microbacterium* sp. OU01）的壳聚糖酶 CsnOU01 和壳聚糖六聚体（GlcN）$_6$（Lyu et al.，2014）。由于 CsnOU01 的骨架结构与 CsnN174 的骨架结构非常相似 [图 3.8a；二者氨基酸序列相似性为 60%，均方根偏差（RMSD）为 1.4×10^{-10} m]，因此可能具有类似的功能。实际上，（GlcN）$_6$ 与 CsnOU01 的底物结合位点 −3 至 +3 结合，这说明 CsnOU01 的底物结合模式类似于 CsnN174，CsnN174 主要将（GlcN）$_6$ 水解成两个（GlcN）$_3$。在 CsnOU01 的无活性突变体（CsnOU01 - E25A）与底物（GlcN）$_6$ 的复合物晶体结构中（图 3.8b），Glu25、Asp43 和 Thr48（分别对应于 CsnN174 的

Glu22、Asp40 和 Thr45）是以类似于 CsnN174 的方式排列的。Glu25 和 Asp43 的主链羧基碳之间的距离为 14.3×10^{-10} m，这与 Glu22 和 Asp40（13.8×10^{-10} m）之间的距离相似。值得注意的是，在由 -1 位糖的 C1 碳、Asp43 的羧基氧和 Thr48 的羟基氧形成的三联体中间观察到了催化水分子的电子密度，且从水分子到单个原子的距离分别为 3.6×10^{-10} m、2.7×10^{-10} m 和 2.7×10^{-10} m。这清楚地支持了被 Asp43 的羧化物活化的水分子攻击处于过渡态的 -1 位糖的 C1 碳，并且该催化水分子被 Thr48 的羟基氧固定的观点，该过程与先前提出的 CsnN174 的水解机制完全一致。从 CsnN174 的突变分析中得知 Arg42 和 Asp57（分别对应 CsnOU01 中的 Arg45 和 Asp60）是参与壳聚糖结合的重要残基。在图 3.8b 所示的复合物结构中，Arg45 和 Asp60 与 -2 位的 GlcN 形成直接氢键。结构分析结果与 CsnN174 突变实验获得的数据一致，都证明 GH46 壳聚糖酶与 -2 位点处的 GlcN 糖基的相互作用对底物结合和识别起主要作用。

Lyu 等（2015）报道了壳聚糖与 CsnOU01 结合诱导的构象变化，他们提出 CsnOU01 在壳聚糖结合和产物释放过程中经历开—闭—开的构象转变。在某些具有双叶结构的糖苷水解酶中也观察到这种类型的构象变化，例如 GH19 几丁质酶（Ohnuma et al.，2013）。然而，揭示构象变化的这些实验数据是从自由和束缚态的晶体结构的快照中获得的，直到最近，还没有关于这些酶在溶液状态下构象变化的实验证据。Shinya 等（2017）利用稳定同位素标记的 CsnN174 并用（GlcN）6 进行 NMR 滴定实验，观察到随着壳寡糖浓度增加，蛋白质共振的化学位移有异常迁移谱。自由状态下的共振在滴定过程中逐渐移动并消失，而配体结合状态的共振在不改变化学位移的情况下则出现在不同位置。例如，Trp28 主链 NH 共振的化学位移扰动（图 3.9a）。这种迁移谱可能由 4 种可能的分子机制引起（Kovrigin，2012）：①当二聚体不能与配体结合时，预先存在的二聚化平衡；②结合态的二聚化形成不能解离配体的二聚体；③两个配体分子与不同结合位点的结合（1∶2 酶-底物复合物形成）；④配体结合，然后异构化成紧密结合的复合物（诱导契合模型）。但是目前还没有关于 CsnN174 蛋白质二聚化的实验证据。如上所述，CsnN174 在底物结合凹槽中具有 6 个结合位点，表明 CsnN174 和（GlcN）6 之间形成 1∶2 酶-复合物的可能性非常低。这些事实清楚地支持结合机制④为 CsnN174 -（GlcN）6 相互作用的最可能机制。因此，我们基于结合机制④分析了 NMR - line 形状，下面显示的是诱导契合模型：

$$P+L \underset{K_d}{\longleftrightarrow} PL \underset{K_{if}}{\longleftrightarrow} PL^*$$

　　其中 P、L、PL 和 PL* 分别代表蛋白质、配体、酶-配体复合物和诱导契合复合物。诱导契合模型能够拟合所有数据集，其中 3 个实例（Trp28、Asn23 和 Ala30）显示在图 3.9b 中。基于这种线形分析，我们得到平衡解离常数（K_d）为 42 μM，诱导契合常数（K_{if}）为 3.9，解离和诱导契合的反向速率常数分别为 30 000 s^{-1} 和 9 s^{-1}。研究 CsnOU01 的晶体结构及其与（GlcN）$_6$ 的复合物结构分析预示底物与 CsnN174 的结合方式是先快速结合，然后在溶液中缓慢诱导契合异构化。

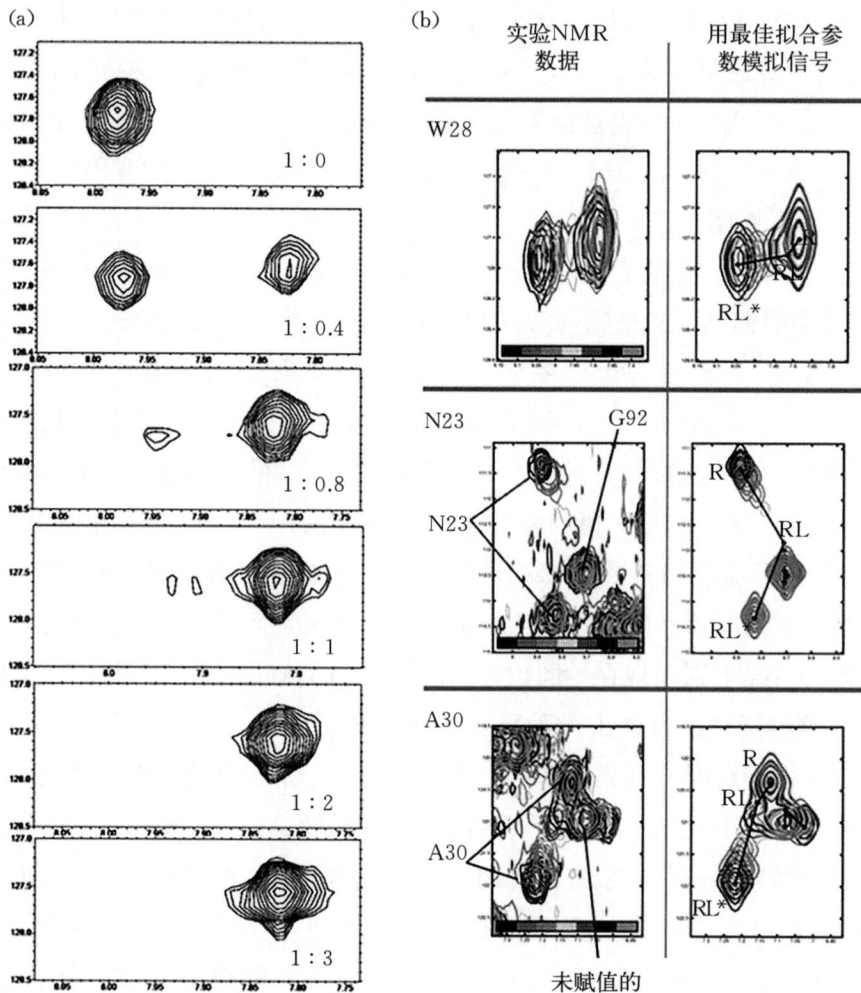

图 3.9　CsnN174 与（GlcNAc）$_6$ 相互作用的 NMR 线形分析

（a）Trp28 主链 NH 共振的化学位移迁移图，图中的数字表示（GlcNAc）$_6$ 与酶的摩尔比　（b）实验（左图）和模拟（右图）情况下 Trp28、Asn23 和 Ala30 的化学位移扰动图，其中 R、RL 和 RL* 分别表示 CsnN174 的自由、底物结合和诱导契合状态

3.5.4　几丁质酶和壳聚糖酶的结合模块

具有碳水化合物水解活性的酶通常含有一种非催化的碳水化合物结合模块（CBM），而且这一模块结构通过将底物定位在更靠近催化结构域的位置来增强酶活性。属于 CBM18 家族几丁质结合模块的橡胶蛋白结构域（hevein）在植物几丁质酶中普遍存在，hevein 结构域的结构和功能已通过 X 射线衍射、核磁共振（NMR）和其他物理化学方法进行了深入研究（Kezuka et al.，2010），hevein 结构域含有 30～43 个氨基酸，是由一个 3_{10} 螺旋、一个 α-螺旋和具有 3 个或 4 个二硫键的双链反平行 β-折叠共同组成的结构基序。在来自水稻（*Oryza sativa*）Ⅰ类几丁质酶的晶体结构中发现的 hevein 结构域就是一个典型实例（图 3.10a）。在高度保守的中心区域，保守的芳香族氨基酸残基三联体（Trp53、Trp55 和 Phe62）和丝氨酸残基（Ser51）位于结构域的一侧，形成几丁质结合凹槽。根据基于碳水化合物结合位点状态的分类，hevein 结构域属于 C 型 CBM（Boraston et al.，2004）。

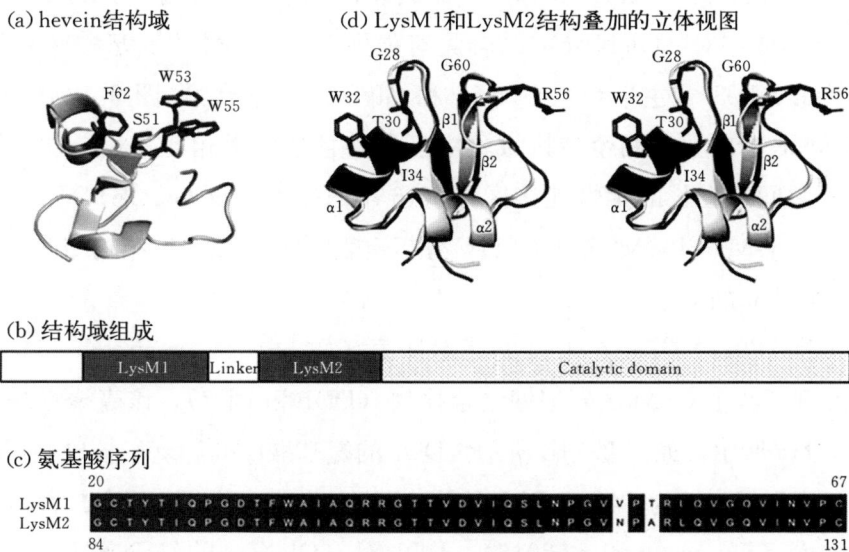

图 3.10　植物几丁质酶的结构及组成

（a）一种来自水稻Ⅰ类几丁质酶的 hevein 结构域的晶体结构［突出显示的是由芳香族氨基酸三联体（Trp53、Trp55 和 Phe62）和丝氨酸残基（Ser51）构成的几丁质结合凹槽］　（b）一种团藻几丁质酶的结构域组成示意图　（c）LysM1 和 LysM2 结构域的氨基酸序列（白色背景是两个结构域之间差异的氨基酸残基）　（d）LysM1（5YZ6，黑色）和 LysM2（5YZK，浅灰色）结构域在溶液状态下的结构叠加立体视图（突出显示的是核磁共振信号响应几丁质寡糖结合的氨基酸残基）

Ohnuma 等（2008，2017）首次报道了来自蕨类植物（*Pteris ryukyuensis*）的几丁质酶 PrChi‑A 的 N 端赖氨酸基序（LysM）作为几丁质结合模块，随后利用 X 射线衍射技术解析了来自 PrChiA 的两个 LysM 之一的结构。在 CAZy 数据库中 LysM 被分类为 CBM50 家族，普遍存在于从细菌到人类的生物体中。然而在植物中，LysM 仅存在于某些较原始植物物种的几丁质酶中，例如蕨类植物和绿藻等。团藻（*Volvox carteri*）几丁质酶 N 端发现的两种 LysM 的结构和功能研究发现该几丁质酶基因由性别‑诱导激素和损伤所触发（图 3.10b，c）。如图 3.10d 所示，LysM 含有由两条反平行 β‑链（β1 和 β2）和两个 α‑螺旋（α1 和 α2）组成的 βααβ 折叠，并且在两个结合平台之间形成几丁质结合凹槽。其中主平台由 β1 和 α1 之间的环结构以及 α1 的 N 端部分（Gln26/90‑Trp32/96）形成，而小平台由 α2 和 β2 之间的环结构形成（Val53/Asn117‑Gly60/124）。对团藻的 LysM 结合几丁质寡糖的过程进行等温滴定量热（ITC）分析提供了 LysM 与（GlcNAc）$_n$ 之间相互作用的热力学参数。（GlcNAc）$_n$ 的聚合度越高，与 LysM 结合的吉布斯自由能越低，结合亲和力就越强，该结果类似于具有较长结合凹槽的 GH18 和 GH19 几丁质酶的分析结果。因此，LysM（CBM50 家族）的结合凹槽长于 heveins（CBM18 家族）的结合凹槽，表明 LysM 属于 B 型 CBM。在 LysM1 中对（GlcNAc）$_6$ 结合具有强烈 NMR 信号的氨基酸残基是 Gly28、Thr30、Trp32、Ile34（主平台）、Arg56 和 Gly60（小平台）（图 3.10d）。LysM1＋LysM2 的 NMR 分析显示两个结构域独立折叠并且彼此无相互作用。这可能是由于两个 LysMs 之间存在长的柔性连接区域（16 个氨基酸，SGGGGSTPTSTAPPAR）。（GlcNAc）$_n$ 与 LysM1＋LysM2 结合的 ITC 分析也表明两个 LysMs 结构域与（GlcNAc）$_n$ 的结合是彼此独立的。

Shinya 等（2013）首先在来自类芽孢杆菌（*Paenibacillus* sp. IK‑5）的壳聚糖酶的 C 端发现了两个 CBM32 壳聚糖结合模块（DD1 和 DD2）。该壳聚糖酶的结构域组成如图 3.11a 所示。如图 3.11b 所示，DD1 的氨基酸序列和基于核磁共振的结构与 DD2 相似（序列相似性为 74%；RMSD 为 0.46×10^{-10} m），然而，二者结合亲和力的差异却很大（Shinya et al.，2016）。DD1 对（GlcN）$_4$ 的结合亲和力比 DD2 高 10 883 J/mol 的吉布斯自由能（Shinya et al.，2013）。结合亲和力的差异可能源自结合位点处氨基酸的不同。如图 3.11c 所示，DD2 与（GlcN）$_3$ 复合物晶体结构中 Glu14、Arg31、Tyr36、Glu61 和 Tyr120 参与糖基结合。在这些氨基酸中，Tyr36 在 DD1 中被谷氨酸取代，该取代可能导致结合亲和力的差异。确实如此，将 DD2 中 Tyr36 突变为谷氨酸增强了结合亲和力，而将 DD1 中 Glu36 突变为酪氨酸则显著降低了结合亲和力。研究者还分析了由串联连接的 DD1 和 DD2 组成的双模块蛋白（DD1＋DD2）之间的相互作用。比较 DD1、DD2 和 DD1＋DD2 之间的 NMR 光谱显示，DD1＋DD2 的 NMR 信号不与单独的 DD1 或 DD2 重叠。与团藻几丁质酶中的 LysM 相反，DD1 和 DD2 模块在 DD1＋DD2 中存在相互作用。这可能是由于连接序列较短造成的（6 个氨基酸，GSTAPS）。$(GlcN)_n$ 与 DD1＋DD2 结合的 ITC 分析也表明两个模块之间存在协同作用；且 DD1＋DD2 中 DD1 或 DD2 模块的结合亲和力高于单独的 DD1 或 DD2。表明多糖结合模块的功能可能受到连接多肽链状态的强烈影响。

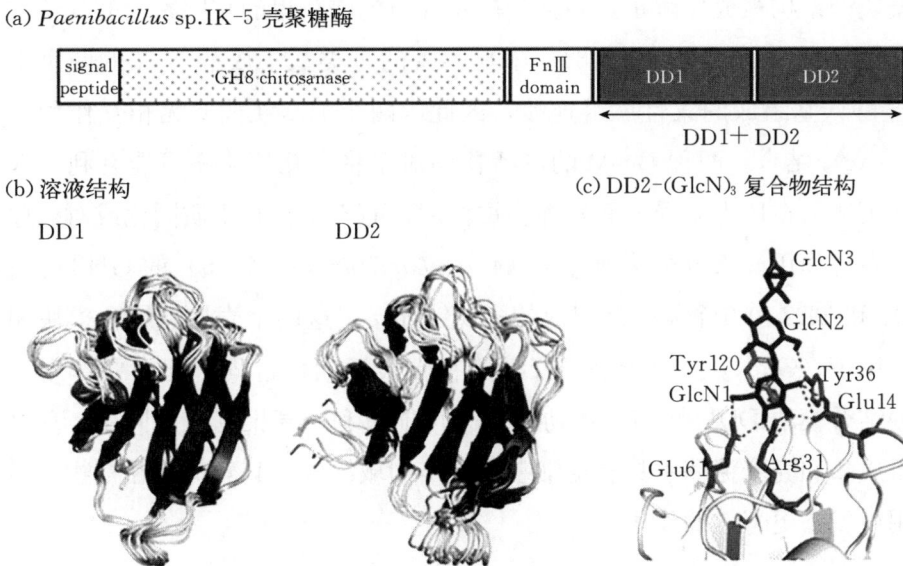

图 3.11　类芽孢杆菌壳聚糖酶的结构域组成及结构

（a）一种来自类芽孢杆菌壳聚糖酶的结构域组成示意图　（b）DD1（2RV9）和 DD2（2RVA）在溶液状态下的 NMR 结构图（图中叠加了目标函数最低的 10 个结构，深灰色表示核心 β-折叠结构域，浅灰色表示环结构）　（c）DD2 与 $(GlcN)_3$ 的底物复合物晶体结构图（4ZZ8）[黑色表示与酶结合着的 $(GlcN)_3$，深灰色表示参与壳聚糖结合的氨基酸残基，虚线表示蛋白质与配体之间可能形成的氢键]

对于几丁质酶和壳聚糖酶，酶与其底物的复合物晶体结构分析提供了关于底物结合模式的关键信息。GH19 几丁质酶主要通过氢键网络识别几丁质（Ohnuma et al.，2012），而 GH18 几丁质酶中的氢键则较弱（Ohnuma et al.，2011）。这种情况可能导致 GH19 几丁质酶中有 3 个连续结合位点－2、－1 和＋1 能够强烈识别 GlcNAc 糖基，而在 GH18 几丁质酶中则仅有－1 结合位点对 GlcNAc 糖基的弱识别。这些发现也与抗真菌活性一致，即 GH19 几丁质酶的抗真菌活性远高于 GH18 几丁质酶

（Arakane et al.，2012）。这些事实使我们能够更好地推测植物几丁质酶的生理靶标：GH19 几丁质酶可能直接攻击真菌细胞壁的几丁质组分并释放几丁质片段，几丁质片段又作为一种信号分子触发植物的免疫反应；GH18 几丁质酶基因的表达受到生物和非生物胁迫的诱导响应（Takenaka et al.，2009），这可能对含有 GlcNAc 的各种靶标具有更广泛的特异性，表明 GH18 几丁质酶在生理条件下耐受各种类型的胁迫方面发挥着多重作用。实际上，GH18 几丁质酶的生理功能似乎比 GH19 几丁质酶更加多样化。

分别属于 CBM50 家族（LysM）和 CBM32 家族（DD1 和 DD2）的几丁质和壳聚糖结合模块的结构被成功解析，并且分析发现与先前获得的相同家族的其他结合模块的结构类似（Shinya et al.，2013）。来自团藻的Ⅲ类几丁质酶 N 端的两个 LysM 由 16 个氨基酸残基组成的柔性肽链连接，因此，两个 LysM 彼此无相互作用，并独立与（GlcNAc）$_n$ 结合。两种 LysM 的灵活移动对于Ⅲ类几丁质酶可能有利，这可能使得该类几丁质酶在压力耐受方面发挥多重作用，而不是在几丁质同化或对病原体的侵染过程中发挥作用。来自类芽孢杆菌（*Paenibacillus* sp. IK-5）的 GH8 壳聚糖酶 C 端的 DD1 和 DD2 由 6 个氨基酸组成的多肽链连接。这两个壳聚糖结合模块相互作用并协同作用于（GlcN）$_n$。由于该壳聚糖酶在壳聚糖同化过程中起主要作用，因此两种壳聚糖结合模块 DD1 和 DD2 的协同结合可能有利于壳聚糖有效同化。总之，模块化的几丁质酶和壳聚糖酶由具有精细装配的结构域组成，其意义是在植物与微生物的相互作用中发挥更有效的作用。

参 考 文 献

Alfonso C，Nuero O M，Santamaría F，et al.，1995. Purification of a heat-stable chitin deacetylase from *Aspergillus nidulans* and its role in cell wall degradation. Current Microbiology，30：49-54.

Arakane Y，Taira T，Ohnuma T，et al.，2012. Chitin-related enzymes in agro-biosciences. Current Drug Targets，13：442-470.

Arcones I，Sacristan C，Roncero C，2016. Maintaining protein homeostasis：early and late endosomal dual recycling for the maintenance of intracellular pools of the plasma membrane protein Chs3. Molecular Biology of the Cell，27：4021-4032.

Armenta S，Moreno-Mendieta S，Sánchez-Cuapio Z，et al.，2017. Advances in molecular engineering of carbohydrate – binding modules. Proteins，85：1602 – 1617.

Arroyo J，Farkas V，Sanz A B，Cabib E，2016. Strengthening the fungal cell wall through chitin – glucan cross – links：effects on morphogenesis and cell integrity. Cell Microbiology，18：1239 – 1250.

Aufauvre – Brown A，Mellado E，Gow N A，et al.，1997. *Aspergillus fumigatus* chsE：A gene related to chs3 of *Saccharomyces cerevisiae* and important for hyphal growth and conidiophore development but not pathogenicity. Fungal Genetics and Biology，21：141 – 152.

Baker L G，Specht C A，Donlin M J，et al.，2007. Chitosan，the deacetylated form of chitin，is necessary for cell wall integrity in *Cryptococcus neoformans*. Eukaryotic Cell，6（5）：855 – 867.

Bartnicki – Garcia S，2006. Chitosomes：past，present and future. FEMS Yeast Research，6：957 – 965.

Blair D E，Hekmat O，Schüttelkopf A W，et al.，2006. Structure and mechanism of chitin deacetylase from the fungal pathogen *Colletotrichum lindemuthianum*. Biochemistry，45：9416 – 9426.

Boraston A B，Bolam D N，Gilbert H J，et al.，2004. Carbohydrate – binding modules：fine – tuning polysaccharide recognition. Biochemical Journal，382：769 – 781.

Bowen A R，Chen – Wu J L，Momany M，et al.，1992. Classification of fungal chitin synthases. Proceedings of the National Academy of Sciences of the United States of America，89：519 – 523.

Bowman S M，Free S J，2006. The structure and synthesis of the fungal cell wall. BioEssays，28：799 – 808.

Briza P，Ellinger A，Winkler G，et al.，1988. Chemical composition of the yeast ascospore wall. The second outer layer consists of chitosan. J Biol Chem，263：11569 – 11574.

Brunke S，Mogavero S，Kasper L，et al.，2016. Virulence factors in fungal pathogens of man. Current Opinion in Microbiology，32：89 – 95.

Chen S F，Juang Y L，Chou W K，et al.，2009. Inferring a transcriptional regulatory network of the cytokinesis – related genes by network component analysis. BMC Systems Biology，3：110.

Chen W，Cao P，Liu Y，et al.，2022. Structural basis for directional chitin biosynthesis. Nature，610：402 – 408.

Chin C F，Bennett A M，Ma W K，et al.，2012. Dependence of Chs2 ER export on dephosphorylation by cytoplasmic Cdc14 ensures that septum formation follows mitosis.

Molecular Biology of the Cell，23：45－58.

Choi W J，Santos B，Duran A，et al.，1994. Are yeast chitin synthases regulated at the transcriptional or the posttranslational level? Molecular Biology of the Cell，14：7685－7694.

Choquer M，Boccara M，Goncalves I R，et al.，2004. Survey of the *Botrytis cinerea* chitin synthase multigenic family through the analysis of six euascomycetes genomes. European Journal of Biochemistry，271：2153－2164.

Christodoulidou A，Briza P，Ellinger A，et al.，1999. Yeast ascospore wall assembly requires two chitin deacetylase isozymes. FEBS Letters，460：275－279.

Cid V J，Duran A，Del Rey F，et al.，1995. Molecular basis of cell integrity and morphogenesis in *Saccharomyces cerevisiae*. Microbiol Rev，59：345－386.

Coluccio A E，Rodriguez R K，Kernan M J，et al.，2008. The yeast spore wall enables spores to survive passage through the digestive tract of *Drosophila*. PLoS One 3：e2873.

Davis L L，Bartnickigarcia S，1984. Chitosan synthesis by the tandem action of chitin synthetase and chitin deacetylase from Mucor－Rouxii. Biochemistry，23（6）：1065－1073.

de Jonge R，Thomma B P，2009. Fungal LysM effectors：extinguishers of host immunity. Trends in Microbiology，17：151－157.

Dorfmueller H C，Ferenbach A T，Borodkin V S，et al.，2014. A structural and biochemical model of processive chitin synthesis. Journal of Biological Chemistry，289（33）：23020－23028.

El Gueddari N E，Rauchhaus U，Moerschbacher B M，et al.，2002. Developmentally regulated conversion of surface－exposed chitin to chitosan in cell walls of plant pathogenic fungi. New Phytologist，156：103－112.

Elieh Ali Komi D，Sharma L，Dela Cruz C S，2018. Chitin and Its Effects on Inflammatory and Immune Responses. Clin Rev Allergy Immunol，54：213－223.

Ene I V，Walker L A，Schiavone M，et al.，2015. Cell wall remodeling enzymes modulate fungal cell wall elasticity and osmotic stress resistance. MBio，6：e00986.

Fan Y，Fang W，Guo S，et al.，2007. Increased insect virulence in *Beauveria bassiana* strains overexpressing an engineered chitinase. Applied and Environmental Microbiology，73：295－302.

Fang W，Feng J，Fan Y，et al.，2009. Expressing a fusion protein with protease and chitinase activities increases the virulence of the insect pathogen *Beauveria bassiana*. Journal of Invertebrate Pathology，102：155－159.

Fang W，Leng B，Xiao Y，et al.，2005. Cloning of *Beauveria bassiana* chitinase gene Bbchit1 and its application to improve fungal strain virulence. Applied and Environmental Microbiology, 71: 363 - 370.

Feldmann H, Aigle M, Aljinovic G, et al., 1994. Complete DNA sequence of yeast chromosome Ⅱ. The EMBO Journal, 13: 5795 - 5809.

Free S J, 2013. Fungal cell wall organization and biosynthesis. Adv Genet, 81: 33 - 82.

Fries M, Ihrig J, Brocklehurst K, et al., 2007. Molecular basis of the activity of the phytopathogen pectin methylesterase. EMBO J, 26: 3879 - 3887.

Gan Z, Yang J, Tao N, et al., 2007a. Cloning of the gene *Lecanicillium psalliotae* chitinase Lpchi1 and identification of its potential role in the biocontrol of root - knot nematode *Meloidogyne incognita*. Applied Microbiology and Biotechnology, 76: 1309 - 1317.

Gan Z, Yang J, Tao N, et al., 2007b. Cloning and expression analysis of a chitinase gene Crchi1 from the mycoparasitic fungus *Clonostachys rosea* (syn. *Gliocladium roseum*). Journal of Microbiology, 45: 422 - 430.

Gao F, Zhang B S, Zhao J H, et al., 2019. Deacetylation of chitin oligomers increases virulence in soil - borne fungal pathogens. Nature Plants, 5 (11): 1167 - 1176.

Gharieb M M, El - Sabbagh S M, Shalaby M A, et al., 2015. Production of chitosan from different species of zygomycetes and its antimicrobial activity. International Journal of Engineering Science, 6: 123 - 130.

Giaever G, Chu A M, Ni L, et al., 2002. Functional profiling of the *Saccharomyces cerevisiae* genome. Nature, 418: 387 - 391.

Goffeau A, Barrell B G, Bussey H, et al., 1996. Life with 6000genes. Science, 274: 546 - 567.

Gohlke S, Heine D, Schmitz H P, et al., 2018. Septin - associated protein kinase Gin4 affects localization and phosphorylation of Chs4, the regulatory subunit of the Baker's yeast chitin synthase Ⅲ complex. Fungal Genetics and Biology, 117: 11 - 20.

Gohlke S, Muthukrishnan S, Merzendorfer H, 2017. In vitro and in vivo studies on the structural organization of Chs3 from *Saccharomyces cerevisiae*. International Journal of Molecular Sciences, 18 (4): 702.

Gonçalves I R, Brouillet S, Soulié M C, et al., 2016. Genome - wide analyses of chitin synthases identify horizontal gene transfers towards bacteria and allow a robust and unifying classification into fungi. BMC Ecology and Evolution, 16: 252.

Gow N A, Latge J P, Munro C A, 2017. The fungal cell wall: structure, biosynthesis, and function. Microbiology Spectrum, 5.

Gow Neil A R, Latge J P, Munro Carol A, 2017. The Fungal Cell Wall: Structure, Biosynt hesis, and Function. Microbiology Spectrum, 5: funk - 0035 - 2016.

Gruber S, Seidl - Seiboth V, 2012. Self versus non - self: fungal cell wall degradation in *Trichoderma*. Microbiology, 158: 26 - 34.

Hart P J, Monzingo A F, Ready M P, et al., 1993. Crystal structure of an endochitinase from *Hordeum vulgare* L. seeds. Journal of Molecular Biology, 229: 189 - 193.

Hekmat O, Tokuyasu K, Withers S G, 2003. Subsite structure of the endo - type chitin deacetylase from a deuteromycete, *Colletotrichum lindemuthianum*: An investigation using steady - state kinetic analysis and MS. Biochemical Journal, 374: 369 - 380.

Hollis T, Monzingo A F, Bortone K, et al., 2000. The X - ray structure of a chitinase from the pathogenic fungus *Coccidioides immitis*. Protein Science, 9: 544 - 551.

Honda Y, Taniguchi H, Kitaoka M, 2008. A reducing - end - acting chitinase from *Vibrio proteolyticus* belonging to glycoside hydrolase family 19. Appl Microbiol Biotechnol, 78: 627 - 634.

Jimenez - Barbero J, Javier Canada F, Asensio J L, et al., 2006. Hevein domains: an attractive model to study carbohydrate - protein interactions at atomic resolution. Adv Carbohy dr Chem Biochem, 60: 303 - 354.

Johnson S M, Pappagianis D, 1992. The coccidioidal complement fixation and immunodiffusion - complement fixation antigen is a chitinase. Infection and Immunity, 60: 2588 - 2592.

Jones T, Federspiel N A, Chibana H, et al., 2004. The diploid genome sequence of *Candida albicans*. Proceedings of the National Academy of Sciences of the United States of America, 101: 7329 - 7334.

Junges A, Boldo J T, Souza B K, et al., 2014. Genomic analyses and transcriptional profiles of the glycoside hydrolase family 18 genes of the entomopathogenic fungus *Metarhizium anisopliae*. PLoS One, 9: e107864.

Kezuka Y, Kojima M, Mizuno R, et al., 2010. Structure of full - length class I chitinase from rice revealed by X - ray crystallography and small - angle X - ray scattering. Proteins: Structure, Function, and Bioinformatics, 78: 2295 - 2305.

Kovrigin E L, 2012. NMR line shapes and multi - state binding equilibria. Journal of Biomolecular NMR, 53: 257 - 270.

Kowsari M, Motallebi M, Zamani M, 2013. Protein engineering of chit42 towards improvement of chitinase and antifungal activities. Current Microbiology, 68: 495 - 502.

Kowsari M，Motallebi M，Zamani M，2014. Protein engineering of chit42 towards improvement of chitinase and antifungal activities. Curr Microbiol，68：495 - 502.

Kuranda M J，Robbins P W，1975. Chitinase is required for cell separation during growth of *Saccharomyces cerevisiae*. Journal of Biological Chemistry，266：19758 - 19767.

Lam K K，Davey M，Sun B，et al. ，2006. Palmitoylation by the DHHC protein Pfa4 regulates the ER exit of Chs3. Journal of Cell Biology，174：19 - 25.

Li D C，2006. Review of fungal chitinases. Mycopathologia，161：345 - 360.

Li M，Jiang C，Wang Q，et al. ，2016. Evolution and functional insights of different ancestral orthologous clades of chitin synthase genes in the fungal tree of life. Frontiers in Plant Science，7：37.

Limón M C，Margolles - Clark E，Benítez T，et al. ，2001. Addition of substrate - binding domains increases substrate - binding capacity and specific activity of a chitinase from *Trichoderma harzianum*. FEMS Microbiology Letters，198：57 - 63.

Liu L，Xia Y Q，Li Y C，et al. ，2023. Inhibition of chitin deacetylases to attenuate plant fungal diseases. Nature Communications，14：3857.

Liu R，Xu C，Zhang Q，et al. ，2017. Evolution of the chitin synthase gene family correlates with fungal morphogenesis and adaption to ecological niches. Scientific Reports，7：44527.

Liu Z，Gay L M，Tuveng T R，et al. ，2017. Structure and function of a broad - specificity chitin deacetylase from *Aspergillus nidulans* FGSC A4. Science Report，7：1746.

Lyu Q，Shi Y，Wang S，et al. ，2015. Structural and biochemical insights into the degradation mechanism of chitosan by chitosanase OU01. Biochimica et Biophysica Acta，1850：1953 - 1961.

Lyu Q，Wang S，Xu W，et al. ，2014. Structural insights into the substrate - binding mechanism for a novel chitosanase. Biochemical Journal，461：335 - 345.

Mandel M A，Galgiani J N，Kroken S，et al. ，2006. *Coccidioides posadasii* contains single chitin synthase genes corresponding to classes Ⅰ to Ⅶ. Fungal Genetics and Biology，43：775 - 788.

Marcotte E M，Monzingo，A F，Ernst S R，et al. ，1996. X - ray structure of an anti - fungal chitosanase from streptomyces N174. Nature Structural Biology，3：155 - 162.

Martinou A，Bouriotis V，Stokke B T，et al. ，1998. Mode of action of chitin deacetylase from *Mucor rouxii* on partially N - acetylated chitosans. Carbohydrate Research，311：71 - 78.

Merzendorfer H，2011. The cellular basis of chitin synthesis in fungi and insects：common principles and differences. European Journal of Cell Biology，90：759 - 769.

Morgan J L, Strumillo J, Zimmer J, 2013. Crystallographic snapshot of cellulose synthesis and membrane translocation. Nature, 493 (7431): 181 - 186.

Munro C A, Gow N A R, 2001. Chitin synthesis in human pathogenic fungi. Medical Mycology, 39: 41 - 53.

Muzzey D, Schwartz K, Weissman J S, et al. , 2013. Assembly of a phased diploid *Candida albicans* genome facilitates allele - specfific measurements and provides a simple model for repeat and indel structure. Genome Biology, 14: 1.

Nagahashi S, Sudoh M, Ono N, et al. , 1995. Characterization of chitin synthase 2 of *Saccharomyces cerevisiae*. Implication of two highly conserved domains as possible catalytic sites. Journal of Biological Chemistry, 270: 13961 - 13967.

Nierman W C, Pain A, Anderson M J, et al. , 2005. Genomic sequence of the pathogenic and allergenic fifilamentous fungus *Aspergillus fumigatus*. Nature, 438: 1151.

Nino - Vega G, Carrero L, San - Blas G, 2004. Isolation of the CHS4 gene of *Paracoccidioides brasiliensis* and its accommodation in a new class of chitin synthases. Medical Mycology, 42: 51 - 57.

Odenbach D, Thines E, Anke H, et al. , 2009. The *Magnaporthe grisea* class Ⅶ chitin synthase is required for normal appressorial development and function. Molecular Plant Pathology, 10: 81 - 94.

Ohnuma T, Numata T, Osawa T, et al. , 2011a. Crystal structure and mode of action of a class V chitinase from *Nicotiana tabacum*. Plant Molecular Biology, 75: 291 - 304.

Ohnuma T, Numata T, Osawa T, et al. , 2011b. A class V chitinase from *Arabidopsis thaliana*: gene responses, enzymatic properties, and crystallographic analysis. Planta, 234: 123 - 137.

Ohnuma T, Numata T, Osawa T, et al. , 2012. Crystal structure and chitin oligosaccharide - binding mode of a 'loopful' family GH19 chitinase from rye, Secale cereale, seeds. FEBS J, 279: 3639 - 3651.

Ohnuma T, Onaga S, Murata K, et al. , 2008. LysM domains from *Pteris ryukyuensis* chitinase - A: a stability study and characterization of the chitin - binding site. Journal of Biological Chemistry, 283: 5178 - 5187.

Ohnuma T, Taira T, Umemoto N, et al. , 2017. Crystal structure and thermodynamic dissection of chitin oligosaccharide binding to the LysM module of chitinase - A from *Pteris ryukyuensis*. Biochemical and Biophysical Research Communications, 494: 736 - 741.

Ohnuma T, Umemoto N, Kondo K, et al. , 2013. Complete subsite mapping of a "loopful" GH19 chitinase from rye seeds based on its crystal structure. FEBS Letters, 587: 2691 – 2697.

Orlean P, 2012. Architecture and biosynthesis of the *Saccharomyces cerevisiae* cell wall. Genetics, 192: 775 – 818.

Pacheco – Arjona J R, Ramirez – Prado J H, 2014. Large – scale phylogenetic classification of fungal chitin synthases and identification of a putative cell – wall metabolism gene cluster in *Aspergillus* genomes. PLoS ONE, 9: e104920.

Philippsen P, Kleine K, Pöhlmann R, et al. , 1997. The nucleotide sequence of *Saccharomyces cerevisiae* chromosome XIV and its evolutionary implications. Nature, 387: 93 – 98.

Rao F V, Houston D R, Boot R G, et al. , 2005. Specificity and affinity of natural product cyclopentapeptide inhibitors against A. fumigatus, human, and bacterial chitinases. Chemistry & Biology, 12: 65 – 76.

Ren Z, Chhetri A, Guan Z, et al. , 2022. Structural basis for directional chitin biosynthesis. Nature Structural & Molecular Biology, 29: 653 – 664.

Roncero C, 2002. The genetic complexity of chitin synthesis in fungi. Current Genetics, 41: 367 – 378.

Ruiz – Herrera J, Gonzalez – Prieto J M, Ruiz – Medrano R, 2002. Evolution and phylogenetic relationships of chitin synthases from yeasts and fungi. FEMS Yeast Research, 1: 247 – 256.

Ruiz – Herrera J, Ortiz – Castellanos L, 2010. Analysis of the phylogenetic relationships and evolution of the cell walls from yeasts and fungi. FEMS Yeast Research, 10: 225 – 243.

Sacristan C, Reyes A, Roncero C, 2012. Neck compartmentalization as the molecular basis for the different endocytic behaviour of Chs3 during budding or hyperpolarized growth in yeast cells. Molecular Microbiology, 83: 1124 – 1135.

Saito A, Ooya T, Miyatsuchi D, et al. , 2009. Molecular characterization and antifungal activity of a family 46 chitosanase from *Amycolatopsis* sp. CsO – 2. FEMS Microbiology Letters, 293: 79 – 84.

Sanchatjate S, Schekman R, 2006. Chs5/6 complex: a multiprotein complex that interacts with and conveys chitin synthase III from the trans – Golgi network to the cell surface. Molecular Biology of the Cell, 17: 4157 – 4166.

Sasaki C, Vårum K M, Itoh Y, et al. , 2006. Rice chitinases: sugar recognition specificities of the individual subsites. Glycobiology, 16: 1242 – 1250.

Schuster M, Treitschke S, Kilaru S, et al. , 2012. Myosin – 5, kinesin – 1 and myosin – 17 cooperate in secretion of fungal chitin synthase. The EMBO Journal, 31: 214 – 227.

Seidl V, Huemer B, Seiboth B, et al. , 2005. A complete survey of *Trichoderma* chitinases reveals three distinct subgroups of family 18 chitinases. FEBS Journal, 272: 5923 – 5939.

Shinya S, Ghinet M G, Brzezinski R, et al. , 2017. NMR line shape analysis of a multi – state ligand binding mechanism in chitosanase. Journal Biomolecular NMR, 67: 309 – 319.

Shinya S, Nishimura S, Kitaoku Y, et al. , 2016. Mechanism of chitosan recognition by CBM32 carbohydrate – binding modules from a *Paenibacillus* sp. IK – 5 chitosanase/glucanase. Biochemistry Journal, 473: 1085 – 1095.

Shinya S, Ohnuma T, Yamashiro R, et al. , 2013. The first identification of carbohydrate binding modules specific to chitosan. Journal of Biological Chemistry, 288: 30042 – 30053.

Sudoh M, Nagahashi S, Doi M, et al. , 1993. Cloning of the chitin synthase 3 gene from *Candida albicans* and its expression during yeast – hyphal transition. Molecular Genetics and Genomics, 241 (3 – 4): 351 – 358.

Taira T, Fujiwara M, Dennhart N, et al. , 2010. Transglycosylation reaction catalyzed by a class V chitinase from cycad, Cycas revoluta: a study involving site – directed mutagenesis, HPLC, and real – time ESI – MS. Biochimica et Biophysica Acta, 1804: 668 – 675.

Taira T, Hayashi H, Tajiri Y, et al. , 2009. A plant class V chitinase from a cycad (*Cycas revoluta*): biochemical characterization, cDNA isolation, and posttranslational modification. Glycobiology, 19: 1452 – 1461.

Taira T, Toma N, Ishihara M, 2005. Purification, characterization, and antifungal activity of chitinases from pineapple (*Ananas comosus*) leaf. Bioscience Biotechnology and Biochemistry, 69: 189 – 196.

Takenaka Y, Nakano S, Tamoi M, et al. , 2009. Chitinase gene expression in response to environmental stresses in *Arabidopsis thaliana*: chitinase inhibitor allosamidin enhances stress tolerance. Biosci Biotechnol Biochem, 73: 1066 – 1071.

Takeuchi O, Akira S, 2010. Pattern recognition receptors and inflammation. Cell, 140: 805 – 820.

Teh E M, Chai C C, Yeong F M, 2009. Retention of Chs2p in the ER requires N – terminal CDK1 – phosphorylation sites. Cell Cycle, 8: 2964 – 2974.

Terwisscha van Scheltinga A C, Kalk K H, Beintema J J, et al. , 1994. Crystal structures of hevamine, a plant defence protein with chitinase and lysozyme activity, and its complex with an inhibitor. Structure, 2: 1181 – 1189.

Tokuyasu K, Mitsutomi M, Yamaguchi I, et al. , 2000. Recognition of chitooligosaccharides and their N – acetyl groups by putative subsites of chitin deacetylase from a Deuteromycete,

Colletotrichum lindemuthianum. Biochemistry, 39: 8837 - 8843.

Tokuyasu K, Ohnishi - Kameyama M, Hayashi K, 1996. Purification and characterization of extracellular chitin deacetylase from *Colletotrichum lindemuthianum*. Bioscience Biotechnology and Biochemistry, 60: 1598 - 1603.

Trilla J A, Duran A, Roncero C, 1999. Chs7p, a new protein involved in the control of protein export from the endoplasmic reticulum that is specifically engaged in the regulation of chitin synthesis in *Saccharomyces cerevisiae*. Journal of Cell Biology, 145: 1153 - 1163.

Tsuizaki M, Takeshita N, Ohta A, et al. , 2009. Myosin motor - like domain of the class Ⅵ chitin synthase CsmB is essential to its functions in *Aspergillus nidulans*. Bioscience, Biotechnology, and Biochemistry, 73: 1163 - 1167.

Tzelepis G D, Melin P, Jensen D F, et al. , 2012. Functional analysis of glycoside hydrolase family 18 and 20 genes in *Neurospora crassa*. Fungal Genetics and Biology, 49: 717 - 730.

Tzelepis G, Dubey M, Jensen D F, et al. , 2015. Identifying glycoside hydrolase family 18 genes in the mycoparasitic fungal species *Clonostachys rosea*. Microbiology, 161: 1407 - 1419.

Umemoto N, Kanda Y, Ohnuma T, et al. , 2015. Crystal structures and inhibitor binding properties of plant class V chitinases: the cycad enzyme exhibits unique structural and functional features. Plant Journal, 82: 54 - 66.

Wang Y, Qin Z, Fan L, et al. , 2020. Structure - function analysis of *Gynuella sunshinyii* chitosanase uncovers the mechanism of substrate binding in GH family 46 members. Int J Biol Macromol, 165: 2038 - 2048.

Wood V, Gwilliam R, Rajandream M A, et al. , 2002. The genome sequence of *Schizosaccharomyces pombe*. Nature, 415: 871.

Xu Q, Wang J F, Zhao J R, et al. , 2020. A polysaccharide deacetylase from *Puccinia striiformis* f. sp. *triticiis* an important pathogenicity gene that suppresses plant immunity. Plant Biotechnology Journal, 18 (8): 1830 - 1842.

Yabe T, Yamada - Okabe T, Nakajima T, et al. , 1998. Mutational analysis of chitin synthase 2 of *Saccharomyces cerevisiae*. Identification of additional amino acid residues involved in its catalytic activity. European Journal of Biochemistry, 258: 941 - 947.

Yang J K, Gan Z, Lou Z, et al. , 2010. Crystal structure and mutagenesis analysis of chitinase CrChi1 from the nematophagous fungus *Clonostachys rosea* in complex with the inhibitor caffeine. Microbiology, 156: 3566 - 3574.

Yang J K, Yu Y, Li J, et al. , 2013. Characterization and functional analyses of the chitinase -

encoding genes in the nematode - trapping fungus *Arthrobotrys oligospora*. Archives of Microbiology，195：453 - 462.

Ziman M，Chuang J S，Schekman R W，1996. Chs1p and Chs3p，two proteins involved in chitin synthesis，populate a compartment of the *Saccharomyces cerevisiae* endocytic pathway. Molecular Biology of the Cell，7：1909 - 1919.

第 *4* 章
线虫及原生动物几丁质系统

4.1 线虫几丁质系统

4.1.1 植物寄生线虫

　　线虫隶属于线虫动物门。大多数线虫营独立生活，只有一小部分线虫营寄生生活（Siddique et al.，2018）。目前，已经发现了超过 4 100 种植物寄生线虫（Nicol et al.，2011）。植物寄生线虫（PPN）每年在全球造成约 1 570 亿美元的经济损失，对粮食和经济作物危害巨大（Abad et al.，2008）。并且，因为种植者和农民通常未察觉到植物寄生线虫的存在，所以这一损失仍可能被低估，这一情况在发展中国家尤为突出。此外，由植物寄生线虫引起的植物生长减缓，发育迟缓，萎蔫，果实小，落叶，叶和茎的黄化、卷曲以及扭曲和粗根等症状通常是非特异性的，这使得线虫造成的损害难以准确诊断（Siddique et al.，2018）。

　　植物寄生线虫的一龄和二龄幼虫（J1 和 J2）在卵中发育。具有感染性的二龄幼虫从卵中孵化后，被植物分泌的吸引性化合物所吸引移动到宿主植物。线虫入侵宿主植物根部后，在根内建立永久性进食位点。线虫在此位点中进食和生长，并经过三次蜕皮发育至成虫。雄虫离开根部，雌虫则留在根部并产卵。线虫卵具有卵壳，卵壳中的几丁质决定其机械强度（Bird et al.，1995）。

植物寄生线虫具有空心的矛状口针，线虫通过口针刺穿植物细胞壁，从植物细胞中吸取细胞质内容物并释放蛋白质（效应分子）和非蛋白质分子。口针连接到 3 个特异性膨大的食道腺细胞。食道腺细胞产生效应分子并分泌到宿主组织中，对线虫的寄生具有促进作用。线虫食道腺均由单个细胞构成，每个食道腺细胞具有长的细胞质，并终止于壶腹。效应蛋白在腺细胞中合成，并以膜结合的颗粒转运至壶腹。壶腹依次通过瓣膜连接到食道腔。一些编码食道细胞分泌物的基因可能是通过水平基因转移从原核微生物中获得的（Siddique et al.，2018）。

植物寄生线虫以根、花、茎和叶等植物组织为食，大多数物种以根为食。根据它们的摄食习性，植物寄生线虫可大致分为内寄生线虫和外寄生线虫。其中，对农业危害最大的是根结线虫（*Meloidogyne* spp.，RKNs）和胞囊线虫（*Heterodera* spp. 和 *Globodera* spp.，CNs）等内寄生线虫（Siddique et al.，2018）。

具有感染性的胞囊线虫或根结线虫二龄幼虫孵化伊始，便会通过土壤迁移到宿主植物，从根尖附近侵入并向维管束转移，最终在维管束中建立进食位点。其中，根结线虫诱导维管束细胞形成 5～7 个巨细胞，胞囊线虫诱导形成合胞体。对于根结线虫，线虫及巨细胞周围组织增生，从而形成了典型的虫瘿。进食位点的建立导致线虫从植物中摄取大量营养物质，促进线虫生长，并引发光合产物的病理性分配紊乱，从而影响植物生长和降低产量（Siddique et al.，2018）。

4.1.2　线虫表皮

线虫表皮是皮下组织分泌形成的多层蛋白质结构，在线虫生物学中具有多种重要功能。线虫表皮蛋白是一种胶原蛋白，与人类肌腱中发现的蛋白质相同。表皮可维持线虫体形，为肌肉活动提供强有力的支撑，保护线虫免受外部环境的影响。表皮与外界的物质接触是直接的，在线虫各生命阶段与环境的互作（包括宿主和微生物）中具有重要作用（Curtis et al.，2011）。

4.1.3　线虫卵壳

线虫卵通常是最具抗性的线虫生命阶段，在许多压力环境中都具有显著的存活能力。卵壳是最重要的保护屏障（Curtis et al.，2011）。大多数线虫卵是具有透明壳的椭球体，形态和大小非常相似（平均长度为 53～133 μm、宽度为 17～79 μm），与成虫的大小无关（Curtis et al.，2011）。植物寄生线虫卵壳通常由子宫外层、几丁质中间层和脂质内层组成（Bird et al.，1991）。在植物寄生线虫中，子宫外层的组成类似于多种器官分泌的凝胶状基质（GM）（Curtis et al.，2011）。几丁质层一般厚度最大，由几丁质和蛋白质构成，为卵壳提供结构刚性。不同线虫的卵壳几丁质含量不同，据估计马铃薯胞囊线虫（*Globodera rostochiensis*）的卵壳含有 59% 的蛋白质和 9% 的几丁质，而爪哇根结线虫（*Meloidogyne javanica*）的卵壳含有 50% 的蛋白质和 30% 的几丁质（Clarke et al.，1967；Bird et al.，1976）。胞囊线虫的几丁质层可细分为组分不同的内层和外层，它们可能具有化学组成差异。几丁质由几丁质合成酶合成，几丁质合成酶基因在多种线虫的可产卵雌虫以及受精卵中表达，包括秀丽隐杆线虫（*Caenorhabditis elegans*）、不列颠根结线虫（*Meloidogyne artiellia*）、蛔虫（*Ascaris suum*）、马来丝虫（*Brugia malayi*）以及犬恶丝虫（*Dirofilaria immitis*）等（Veronico et al.，2001；Harris et al.，2002；Curtis et al.，2011）。

脂质内层使得线虫卵壳具有高度不渗透性。在爪哇根结线虫中，它形成于生育器官的中间区域，并在脂质和几丁质层中掺入了含有脯氨酸的蛋白质，以完成卵壳的合成。在脂质层形成之前或卵孵化前脂质层被降解后，线虫卵可被化学药物渗透。卵的渗透性变化是胞囊线虫孵化的关键（Curtis et al.，2011）。生物杀线虫剂 DiTera® 是一种来源于灭活的疣孢漆斑菌（*Myrothecium verrucaria*）的发酵产物，可竞争性阻断线虫卵壳上的钙离子结合位点来抑制卵壳渗透性变化，从而抑制马铃薯胞囊线虫的孵化（Twomey et al.，2000）。DiTera® 不能抑制南方根结线虫（*Meloidogyne incognita*）的孵化，这意味着它不会在孵化过程中直接影响二龄幼虫或抑制酶的作用。有人提出，脂质层的分解是一个酶促反应，当南方根结线虫和爪哇根结线虫的二龄幼虫尚在卵中时，化学传感器、分泌排泄孔和口腔周围已经开始有分泌物产生。仍处于卵中的马铃薯胞囊线虫的二龄幼虫被根渗出物刺激，会导致背咽腺核增大，食道腺被激活。在大豆胞囊线虫（*Heterodera glycines*）卵上清液中检测到亮氨酸氨肽酶活性。在被真菌污染的大豆胞囊线虫的胞囊中，发现了不具有脂质内层的卵，这可能是真菌脂肪酶破坏了卵内部和外部脂质层（Curtis et al.，2011）。

由于脂质层和幼虫上表皮直接来自胚胎的次级卵黄膜，两者可能共享相同的蛋白质组分。在卵壳内南方根结线虫二龄幼虫的多克隆和单克隆抗体的交叉反应支持这一推论（Curtis et al.，2011）。

4.1.4　线虫几丁质和几丁质合成酶

在不同线虫的多种组织中都发现了几丁质。几丁质是爪哇根结线虫、不列颠根结线虫、囊状线虫（*Meloidoderita kirjanovae*）、马铃薯胞囊线虫、大豆胞囊线虫、柑橘线虫（*Tylenchulus semipenetrans*）等植物寄生线虫的重要结构成分（Clarke et al.，1967；Bird et al.，1976；Spiegel et al.，1985；Burgwyn et al.，2003；Fanelli et al.，2005），也存在于蛔虫、马来丝虫、盘尾丝虫（*Onchocerca volvulus*）和棘皮丝虫（*Acanthocheilonema viteae*）等动物寄生线虫的卵壳中（Dubinský et al.，1986；Fuhrman et al.，1992；Adam et al.，1996；Wu et al.，2001）。模式线虫秀丽隐杆线虫的卵壳中也存在几丁质。秀丽隐杆线虫卵壳几丁质的合成起始于受精时期并且在受精卵离开精囊之前沉积。卵壳几丁质的合成避免多精入卵发生，对于胚胎发育至关重要（Johnston et al.，2010）。

线虫几丁质由几丁质合成酶合成。对植物寄生线虫不列颠根结线虫（Veronico et al.，2001）以及和动物寄生线虫马来丝虫（Harris et al.，2000）和恶犬丝虫（Harris et al.，2002）的早期研究认为，线虫只有一个几丁质合成酶基因。但是最近研究表明，在马来丝虫和盘尾丝虫中具有两个几丁质合成酶基因（Foster et al.，2005）。不过目前植物寄生线虫的几丁质合成酶数量尚不清楚，以秀丽隐杆线虫几丁质合成酶基因（*F48A11.1*）为模板在 Wormbase 收录的南方根结线虫基因组中发现了 5 个潜在的几丁质合成酶基因（*Minc3s01800g26401*、*Minc3s00767g17084*、*Minc3s00218g07846*、*Minc3s02226g28968* 和 *Minc3s03844g34963*），这些潜在的几丁质合成酶基因的功能有待进一步研究。

从自由生活的秀丽隐杆线虫体内鉴定出两个几丁质合成酶基因（*T25G3.2* 和 *F48A11.1*）（Veronico et al.，2001；Harris et al.，2000）。其中 *F48A11.1* 在咽部表达，其转录时期与幼虫蜕皮相关。*T25G3.2* 在幼虫晚期和成虫期开始转录。通过研究几丁质在整个虫体内的分布模式和这两个几丁质合成酶的功能，Zhang 等（2005）发现几丁质是秀丽隐杆线虫卵壳和咽部不可或缺的组分，而这两个几丁质合成酶具有不同的功能。使用 RNA 干扰介导的基因敲除技术，Hanazawa 等（2001）发现几丁质合成酶在几丁质卵壳形成过程中具有关键功能，该基因敲除后导致线虫产下具有缺陷的卵。

根结线虫繁殖过程中，成熟的卵母细胞增大并在输卵管内以单列排列，随后向下移动到雌性生殖道，与精子相遇并受精。据报道，爪哇根结线虫的卵几丁质层的合成会一直持续至整个胚卵发育到最终大小。将不列颠根结线虫的卵浸泡在含有双链RNA 的溶液中沉默卵期表达的几丁质合成酶基因，会导致卵壳几丁质减少并且二龄幼虫期的孵化被推迟（Fanelli et al.，2005）。这表明使用细菌或真菌几丁质酶或几丁质合成酶抑制剂防控根结线虫是一种可行的方法（Spiegel et al.，1985；Jung et al.，2002；van Nguyen et al.，2007）。

除了在卵中，在秀丽隐杆线虫的咽部也检测到几丁质的存在（Zhang et al.，2005）。在线虫蜕皮前，在成咽细胞中检测到了几丁质合成酶基因表达，表明这一几丁质合成酶基因有可能参与蜕皮过程中进食器官的合成（Veronico et al.，2001）。动物寄生线虫有齿结节线虫（*Oesophagostomum dentatum*）的咽部也存在几丁质，表明在其蜕皮过程中也可能发生咽部几丁质的重塑（Neuhaus et al.，1997）。

4.1.5　线虫几丁质酶

几丁质是真菌细胞壁的主要组分。食真菌线虫松材线虫（*Bursaphelenchus xylophilus*）的基因组中具有多个几丁质酶基因，其中有 6 个基因可编码糖基水解酶18 家族（GH18）保守的催化基序 DxxDxDxE，表明它们可能具有几丁质酶活力。这些几丁质酶基因可能和线虫消化真菌细胞壁有关。松材线虫几丁质酶基因 *Bx-chi-2*的表达受到干扰会导致真菌菌饼的清除速度降低，支持了这一推论（Ju et al.，2016）。

不以真菌为食的植物专性寄生线虫也具有几丁质酶基因。在大豆胞囊线虫的食道腺细胞 cDNA 库中分离到几丁质酶全长基因（*Hg-chi-1*）。*Hg-chi-1* 含有一个编码 350 个氨基酸残基的开放阅读框，其中前 23 个残基推测为具有分泌功能的信号肽。*Hg-chi-1* 具有 GH18 催化结构域，其翻译产物 Hg-CHI-1 在亚腹食道腺特异性表达，可能通过口针被线虫分泌到体外（Gao et al.，2002）。近期针对禾谷胞囊线虫（*Heterodera avenae*）与小麦互作的转录组分析表明，禾谷胞囊线虫的效应子基因*c72543* 是 *Hg-chi-1* 的同源基因，其在线虫接触小麦早期被上调表达，并且能够抑制 BAX 介导的细胞程序性死亡来抑制植物免疫（Chen et al.，2017）。

线虫几丁质酶可能参与了自由生活线虫的抗真菌防御、卵孵化过程以及作为食真菌线虫的效应子。与自由生活的秀丽隐杆线虫相比，南方根结线虫的基因组中几丁质酶和几丁质结合蛋白的数量减少，前者具有 96 个潜在的几丁质酶或几丁质结合蛋白，而后者只有 15 个。人们认为这是由于像根结线虫这样的定栖植物寄生线虫，其大部分生活周期都是在宿主植物根内，它们受益于植物的保护而不受真菌的侵扰（Abad et al.，2008）。

在蛔虫感染性幼虫周围的卵周液中鉴定出分泌的几丁质酶，表明其可能参与了线虫卵孵化时的卵壳降解（Curtis et al.，2011）。抑制秀丽隐杆线虫几丁质酶 $cht-1$ 基因的表达（WormBase ID：WBRNAi00000785）会造成胚胎致死的表型（Maeda et al.，2001），这可能是由于缺乏该蛋白导致线虫卵壳几丁质水解失败而造成的。松材线虫的卵中特异性的高表达两个几丁质酶基因 $Bx-chi-1$ 和 $Bx-chi-7$ 被干扰后导致其卵孵化延迟。当使用 $Bx-chi-7$ 的双链 RNA 溶液处理线虫卵时，有 9.02% 的卵无法孵化。有趣的是 $Bx-chi-1$ 在雌虫中显著高表达，对其进行 RNA 干扰导致雌虫产卵数量显著下降（Ju et al.，2016）。以上结果表明，几丁质酶在松材线虫的繁育过程中具有关键作用。对棘皮丝虫雌虫几丁质酶基因 $Av-cht-I$ 进行 RNA 干扰后，释放的微丝蚴（棘皮丝虫幼虫）数量下降 57%～68%，并且有 42%～58% 的微丝蚴孵化受到抑制，这表明该几丁质酶是丝虫繁育的关键酶（Tachu et al.，2008）。

$Av-cht-I$ 在蜕皮过程中也具有功能，抑制该基因表达会造成 87% 的线虫出现蜕皮抑制现象（Tachu et al.，2008）。几丁质酶在线虫蜕皮过程中的关键功能在盘尾丝虫中也有报道。盘尾丝虫几丁质酶基因 $Ov-Cht-1$ 在二龄幼虫晚期开始表达，在具有侵染性的三龄幼虫中表达量显著提高。$Ov-Cht-1$ 的抑制剂 closantel 及其衍生物可以抑制盘尾丝虫三龄幼虫的蜕皮（Gloeckner et al.，2010；Garner et al.，2011；Gooyit et al.，2015）。

几丁质酶在寄生线虫卵孵化和蜕皮过程中具有关键功能，因此几丁质酶可以作为控制线虫侵染的药物靶标。

Chen 等（2021a）解析了秀丽隐杆线虫几丁质酶 CeCht1 催化域的晶体结构（PDB 编号：6LDU），这是第一个线虫几丁质酶的三维结构。CeCht1 的催化域包含两个部分：一个核心域和一个插入结构域。与其他 GH18 家族几丁质酶一样，CeCht1 核心域形成了 $(\alpha/\beta)_8$-桶状结构，其中催化基序 DxDxE 位于 β4 和 α4 之间。插入结构域由一个短的 α 螺旋和 6 个反平行的 β 折叠组成，位于核心结构域 β7 和 α7

之间。CeCht1 基因的敲除会导致卵壳几丁质降解缺陷，造成胚胎致死，因此 CeCht1 也被用作靶标进行药物筛选。Chen 等（2021a，2021b）基于 CeCht1 的结构筛选获得了具有苯并噻唑骨架的 BP 系列抑制剂和二苯基吡唑骨架的 PP 系列抑制剂。其中，抑制活性最高的化合物 PP28 对 CeCht1 的抑制常数达到了 0.18 μmol/L。

4.1.6　几丁质在线虫防控中的应用

Zargar 等（2015）综述了几丁质和壳聚糖在农业上的应用，主要包括以下 4 个方面：①作物收获前和收获后病害的防护；②增强对微生物的拮抗作用；③支持有益植物与微生物的共生关系；④调节植物的生长和发育。几丁质及其衍生物已广泛用于促进植物的防御机制，具有特定长度的几丁寡糖可作为有效的植物诱导子信号，保护植物免受多种植物病害侵害（Spiegel et al.，1986）。几丁质和壳聚糖对许多病原真菌具有杀伤活性，壳聚糖及其衍生物的抗病毒和抗菌活性已证实，这些多聚物已成功用于对植物寄生线虫的防控。在土壤中加入几丁质能增加可水解几丁质微生物的数量（Zargar et al.，2015），这些生物可将几丁质降解为几丁二糖，破坏具有几丁质的线虫幼虫卵壳。在由几丁质及其衍生物作为外膜保护的种子中也发现了几丁质酶和壳聚糖酶活性。壳聚糖的抗菌性能及其出色的成膜能力已应用于保存收获的水果和蔬菜。用壳聚糖薄膜覆盖水果和蔬菜可以提供抗菌保护并延长保质期。向土壤中添加几丁质和壳聚糖增加了诸如菌根真菌等有益植物—微生物共生互作。这些化合物还改善了木霉属（*Trichoderma* sp.）和芽孢杆菌属（*Bacillus* sp.）等具有生防功能的微生物的作用，并可用于制备杀线虫剂制剂，增强杀线虫剂在控制病原线虫等方面的效率。壳聚糖及其衍生物还能使植物和果实代谢产生有利变化，提高萌发率和作物产量。

将几丁质施用在土壤中可导致具有降解线虫卵壳几丁质功能的微生物数量增加，而将壳聚糖施用在土壤中能促进植物生长，激活植物防御功能并增加几丁质酶等酶的活性。在降解几丁质真菌的特定案例中，卵壳内压与几丁质酶活性导致了卵的渗透和降解（Mota et al.，2016）。HYT-C 和 HYT-D 等几丁质或壳聚糖产品已用于作为植物寄生线虫防治的替代防控措施。几丁质产品 HYT-C 是从虾中提取的微粉化几丁质，HYT-D 是其脱乙酰化形式的壳聚糖。两种产品均可增强根系形成和细胞结构，并刺激植物增强抵抗土壤中诸如线虫等植物病原体的能力。在接种南方根结线虫的番茄中施用富含几丁质的牛粪堆肥后，与对照组相比富含几丁质的土壤中线虫后代显著减少，细菌、真菌和土壤放线菌的数量增加（Castro et al.，2011）。在接种线虫和种植番茄前两周施用几丁质，可增加植物的干重。以每 150 cm³ 土壤 100 g 和 200 g 的剂量施用几丁质，线虫虫瘿和卵的数量显著减少。几丁质的杀线虫活性可部分归因于对线虫的直接毒性，部分归因于对具真菌几丁质分解活性的微生物菌群的刺激（Mota et al.，2016）。Melo 等（2012）评价了几丁质对南方根结线虫抗性的影响，发现在线虫接种前 5 d、10 d 和 15 d 将几丁质喷施到番茄叶后，在施用时间内线虫卵数量和繁殖量减少。Mota 等（2016）对在土壤中具有几丁质降解能力的微生物数量、番茄叶片几丁质酶活性和植物发育等多方面评估了几丁质和壳聚糖对爪哇根结线虫（*Meloidogyune javanica*）的控制效果。叶面喷施壳聚糖增加了番茄芽的干重，与叶面喷施壳聚糖相似，在土壤中施用几丁质减少了土壤中爪哇根结线虫的繁殖和种群，这一变化伴随着能降解几丁质的微生物种群增加以及施用 4 d 后番茄叶中几丁质酶活性增加等现象（Mota et al.，2016）。

4.2 原生生物几丁质系统

许多产生几丁质的原生生物对植物、动物和人类健康构成较大威胁，但人们对原生生物的几丁质生物学仍知之甚少。在原生生物中，几丁质同样具有抵抗机械应力和化学压力的作用，此外，几丁质在原生生物中有助于细胞形态的发生和维持，生物体重塑和形状的改变也依赖于几丁质的生物合成、修饰、沉积和降解。

4.2.1 原生生物中几丁质的检测方法

许多组织化学技术已经应用于原生生物中几丁质的检测，然而，目前常用的染料在特异性方面存在问题。例如荧光增白剂可以与许多 β-（1,4）-连接的多糖（包括纤维素）结合。同样，Herth 等（1977）使用的氯-碘-锌对鞭毛虫金绿藻（*Poterioochromonas stipitata*）中的几丁质原纤维进行染色的方法也存在特异性问题。

对几丁质超微结构的检测和定位通常利用几丁质结合蛋白（凝集素），例如小麦胚芽凝集素（WGA），这是一种特异性较强的方法。几丁质结合蛋白可以与荧光染料，如异硫氰酸荧光素（FITC）结合，进而利用荧光显微镜对几丁质进行检测，该方法可应用于未固定或固定的全组织包埋标本或切片标本中（Sengbusch and Müller，

1983）。用 FITC 标记 WGA 进行荧光显微检测的方法已经被应用在一些研究中。例如，Ward 等（1985）发现蓝氏贾第鞭毛虫（*Giardia lamblia*）的外囊壁主要由几丁质组成，因为这种胞外结构能被 FITC - WGA 显著标记；Durkin 等（2009）使用 FITC - WGA 检测了原生动物中的几丁质，他们在海链藻属（*Thalassiosira*）各种硅藻的环带区域上检测到几丁质，证明了硅藻中几丁质的生物合成比人们想象的更为普遍；Biancalana 等（2017）开发了一种基于 FITC - WGA 和催化报告基因沉积荧光原位杂交（CARD - FISH）相结合的几丁质染色技术，对微咸水样品中硅藻和甲藻中的几丁质进行了染色。WGA 还可用于原生生物超微结构中几丁质的检测。Arroyo - Begovich 等（1982）使用 WGA - 金标记方法发现几丁质定位于侵袭性内阿米巴虫（*Entamoeba invadens*）的囊壁中；同样，Greco 等（1990）使用 WGA 金标记分析了游仆虫（*Euplotes muscicola*）囊壁超微结构中几丁质的定位；Landers（1991）利用该技术证明纤毛虫（*Hyalophysa chattoni*）的囊壁基本上由几丁质构成，同时也含有中性和酸性多糖；Mulisch 等（1989）以两个系统发育关系较远的纤毛虫（*Blepharisma undulans* 和 *Pseudomicrothorax dubius*）作为研究对象，用 WGA - 金标记囊孢超薄切片，确定了几丁质的定位，证明了几丁质合成是纤毛虫的祖先特征。根据 Giraud - Guille 等（1990）的研究，可以通过衍射对比透射电子显微镜（DCTEM）技术在节肢动物和环节动物等生物样本中直接检测几丁质晶体，然而到目前为止这种方法并未用于检测原生生物中的几丁质。

红外光谱和 X 射线衍射是检测几丁质可信度和可靠性最高的方法（Muzzarelli，1977），然而由于特定技术设备的限制，只有少数研究人员将这两种方法用于检测分析原生生物的细胞外分泌物。人们已经用红外光谱证实植物致病性原生动物的细胞表面存在几丁质，在此之前，已经有人通过 WGA 染色和几丁质水解实验得出过这一结论（Nakamura et al.，1993）。Sachs（1956）首先使用 X 射线衍射技术对多核变形虫（*Pelomyxa illinoisensis*，也称为 *Chaos illinoisensis*）的囊膜进行了检测，他发现衍射图谱与龙虾壳和蚱蜢的产卵器的衍射图谱十分相似，并推断出其囊膜中含有几丁质；Herth 等（1977）应用 X 射线衍射检测了鞭毛虫金绿藻鞘中的几丁质，并获得了与真菌细胞壁样品相似的衍射图谱；人们还用 X 射线衍射技术检测到侵袭性内阿米巴虫囊壁中的几丁质（Arroyo - Begovich et al.，1980）。

酶解方法鉴定几丁质依赖于几丁质酶的特异性水解，法国科学家使用原生生物的碱提取物和纯化的几丁质酶，能够检测出纤毛虫各种包被结构中的几丁质（Bussers and Jeuniaux，1974；Bussers et al.，1977；Greco et al.，1990）。

虽然在原生生物中发现了所有三种结晶类型的几丁质，但是已报道的大多数是由平行排布的糖链组成的 β-几丁质。例如，在中心硅藻的棘状突起中发现了 β-几丁质（Herth，1978）。β-几丁质也存在于纤毛虫的保护性外壳中。纤毛虫外壳由带状耐碱性原纤维组成，具有典型的 β-几丁质的 X 射线衍射图谱。该外壳是在细胞内囊泡中产生的，胞内囊泡通过胞吐作用进入细胞外空间并释放最初的无定形内容物（Mulisch and Hausmann，1983）。囊泡释放的内容物一旦到达细胞外位点，就会形成原纤维并且沉积在细胞表面。当微纤维分泌到含有荧光增白剂或刚果红的溶液中时，微纤的组装会受损。用 20%（w/V）NaOH 萃取后，外壳可以保持其基本形状，而直径约 20 nm 的扁平网状纤维清晰可见（Mulisch et al.，1983）。Schermuly 等（1996）在纤毛虫中研究了几丁质的生物合成动力学以及抑制剂如除虫脲和尼可霉素 Z 对几丁质合成的影响。他们使用单克隆几丁质抗体和 FITC 偶联的抗体对含有几丁质的结构进行染色后，使用荧光显微镜观察几丁质。为了标记其中的几丁质，他们在细胞开始分裂之前将氚标记的 N-乙酰葡萄糖胺加入培养基中，继续培养约 2 h。除虫脲和尼可霉素 Z 可以降低氚化 N-乙酰葡萄糖胺在几丁质中的含量。然而，这种处理方法并不影响游动细胞几丁质的沉积或积累，相比之下，与抑制剂接触的游动细胞的外壳几丁质含量急剧下降。

4.2.2　原生生物中几丁质的生物合成

如上所述，鉴定原生生物细胞外层中是否存在几丁质难度极高，但并非不可实现。有证据表明，几丁质存在于各种类群原生生物的不同细胞外结构中，如棘状突起、茎、外壳和囊（表 4.1）。几丁质合成酶基因的存在与否是判断生物体是否具备几丁质生物合成能力的指标，在许多真核生物中发现了几丁质合成酶基因，包括真菌、原生动物、低等后生动物和节肢动物，研究人员已经对几丁质合成酶基因进行了系统发育分析（Zakrzewski et al.，2014）。根据系统发育分析，来源于领鞭虫类（choanoflagellates）和后生动物的几丁质合成酶基因可以分为两个主要分枝（Ⅰ 和 Ⅱ），与真菌和硅藻 CHS 基因类别邻近。含有进化枝 Ⅰ 的物种包含海绵、刺胞动物、领鞭虫类、文昌鱼以及一些冠轮动物；含有进化枝 Ⅱ 的物种包括所有其他的后生动物。人们认为进化枝 Ⅱ 几丁质合成酶基因是更复杂进化的复分类。真菌几丁质合成酶基因分为 7 个进化分枝。此外，该研究确定了硅藻几丁质合成酶基因的进化分枝，其与真菌几丁质合成酶Ⅳ、Ⅴ和Ⅶ类相关性最为密切。

表 4.1　原生生物中的几丁质分布

大类		门/纲	目	科	物种	定位	参考文献
古虫界		后滴门	双滴虫目	六鞭科	*Giardia lamblia*	囊肿壁	Ortega‑Barria et al.，1990；Ward et al.，1985.
			毛滴虫目	毛滴虫科	*Trichomonas vaginalis*	细胞表面	Kneipp et al.，1998
原生生物	SAR	不等鞭毛类	褐藻门/硅藻纲	海链藻目	海链藻科	*Tritrichomonas foetus*	细胞表面	Kneipp et al.，1998
						Thalassiosira pseudonana	细胞壁	Durkin et al.，2009；Brunner et al.，2009；Tesson et al.，2008
						Thalassiosira fluviatilis	棘状突起	Blackwell et al.，1967；Morin et al.，1986
			褐藻门/硅藻纲	冠盘藻目	小环藻科	*Cyclotella cryptica*	棘状突起	Blackwell et al.，1967；Herth 1978
		囊泡虫类	褐藻门/黄群藻纲	棕鞭藻目	棕鞭藻科	*Poterioo‑chromonas stipitata*	柄	Herth et al.，1977；Herth，1980
			纤毛虫门/异毛纲	异毛目	泡贝科	*Folliculinopsis producta*	兜甲	Mulisch et al.，1986
						Parafolliculina violacea	兜甲	Bussers and Jeuniaux，1974；Agatha and Simon，2012
						Eufolliculina uhligi	兜甲	Mulisch, et al.，1983；Schermuly et al.，1996
					Phacodiniidae	*Phacodinium metschnikoffi*	囊肿壁	Bussers and Jeuniaux，1974
			纤毛虫门/旋毛纲	游仆目	游仆科	*Euplotes muscicola*	囊性层	Greco et al.，1990
		有孔虫	丝足虫门	原质目	根肿菌科	*Plasmodiophora brassicae*	细胞壁	Schwelm et al.，2015
	泛植物		绿藻门/石莼纲	刚毛藻目	育叶藻科	*Pithophora oedogonia*	细胞壁	Kapaun and Reisser，1995
			绿藻门	小球藻目	小球藻科	*Chlorella vulgaris*	细胞壁	Kapaun and Reisser，1995
			红藻门	珊瑚藻目	红藻科	*Clathromorphum compactum*	骨架有机基质	Rahman and Halfar，2014
	后鞭毛生物		中黏菌门	肤胞虫目	Rhinosporideaceae	*Rhinosporidium seeberi*	细胞壁	Mendoza et al.，2002
				鱼孢霉目	/	*Ichthyophonus hoferi*		Mendoza et al.，2002
			领鞭虫门	Craspedida	管鞭毛虫科	*Salpingoeca* sp.	鞘	Buck，1990
				领鞭毛目	领鞭毛科	*Diaphanoeca* sp.		
	变形虫		变形虫纲	变形虫目	Archamoebae	*Chaos illinoisensis*	囊肿壁	Sachs，1956
			始变形虫下门	泥生目	Pelomyxidae	*Pelomyxa illinoisensis*		
			根足虫纲/叶足虫纲	阿米巴目	内阿米巴科	*Entamoeba histolytica*		Arroyo‑Begovich et al.，1980
						Entamoeba invadens		

在许多系统发育不相关的原生生物类群中已经鉴定出了真菌和后生动物几丁质合成酶基因的同源基因。基于序列分析，领鞭虫类（choanoflagellate）、蜷丝球虫（fllasterea）、囊泡虫类〔chromalveolates，SAR 超类群（包括不等鞭毛类、囊泡虫类和有孔虫类）〕、绿藻（chlorophyta）、变形虫（amoebozoa）和无根虫（apusozoa）的几丁质合成酶基因形成不同的进化分枝（Gonçalves et al.，2016）。特别地，领鞭虫类和蜷丝球虫的几丁质合成酶基因可能是缺乏肌球蛋白运动结构域的真菌Ⅰ～Ⅲ类几丁质合成酶基因和后生动物几丁质合成酶基因的同源基因。

几丁质细胞壁和细胞被膜在真核生物中广泛存在。在许多原生生物中，几丁质是外壳和囊壁的结构成分，存在于各种原生生物谱系中。具有几丁质壳和囊壁的原生动物属，包括贾第虫、Nephromyces、内阿米巴虫、毛滴虫、Poteriochromonas、海链藻和游仆虫（Herth et al.，1977；Arroyo - Begovich and Cárabez - Trejo，1982；Ward et al.，1985；Greco et al.，1990；Kneipp et al.，1998；Brunner et al.，2009）。

纤毛虫被定义为单细胞生物单系群，属于囊泡虫类（Alveolata）。各种纤毛虫的外壳和包囊均由几丁质组成（表 4.1）。几丁质的存在已经通过几丁质酶消化在多种纤毛虫中得到证实（Bussers and Jeuniaux，1974；Mulisch and Hausmann，1989；Calvo et al.，2003）。然而，几丁质似乎在腹纤毛虫中并不存在（Bussers and Jeuniaux，1974）。在栉毛虫属（Didinium）和袋形纤虫属（Bursaria）中也报道了几丁质的存在（Small and Lynn，1981；Lynn，2008）。异毛虫壳含有 20 nm 的 β-几丁质原纤维，它们嵌入色素、蛋白质和黏多糖的基质中。多种异毛纲成员的囊壁结构也含有几丁质原纤维，但排列方式有所不同（Repak and Anderson，1990）。此外，在偏口纤毛虫中观察到了富含几丁质的包囊。纤毛虫（Palaemonetes pugio）是河口草虾的多形态共生体，在它的生命周期中，会形成两个基本的含有几丁质的多样包囊，分别是帚体（共生）包囊和分裂前体（繁殖）包囊（Landers，1991）。包囊壁由两层组成，内层可能是在非胞吐过程中产生的几丁质层，外层含有蛋白质，而非含碳水化合物（Landers，1991）。在苔藓游仆虫的包囊壁中也发现了几丁质的存在（Greco et al.，1990）。只有少数研究报道了异养鞭毛虫中的几丁质。在领鞭虫家族的两个成员中，几丁质被鉴定为外泌鞘的一个组分，同时外泌鞘中也含有纤维素或黏多糖（Buck，1990）。

人们对硅藻中几丁质的分布和功能也知之甚少。硅藻属于真核谱系中的原生藻菌，它们的 CHS 基因可以分为 4 个不同的系统发育分枝。据报道，两种硅藻属（Thalassiosira 和 Cyclotella）可以合成几丁质的长纤维，这些几丁质纤维从二氧化硅细胞壁的孔道中伸出。假微型海链藻（*Thalassiosira pseudonana*）有 6 个 *CHS* 基因，编码 3 种类型的几丁质合成酶，这表明与几丁质相关的生理过程具有多种胞内功能（Durkin et al.，2009）。值得注意的是，当细胞在硅酸或铁耗尽的环境中生长来模拟影响细胞壁环境波动时，几丁质合成酶基因转录产物的量显著增加。这表明当细胞不可能再继续生长时，细胞壁中几丁质的合成会显著增强，这会导致几丁质在细胞表面沉积，这可能是细胞应对表面不利环境条件的一种生存机制。

4.2.3　致病性原生生物中的几丁质

几丁质也是对人类健康有严重威胁的致病性原生生物的重要组成部分。例如，痢疾变形虫（*Entamoeba histolytica*）影响着全球 5 000 万人的健康，每年造成约 10 万人患病或死亡。因此，它也被列为继疟疾和锥虫病之后第三大由原生动物寄生虫致病的致死因素。痢疾变形虫感染会导致腹泻、痢疾和肝脏脓肿。痢疾变形虫的传染和诊断形式是四核包囊。几丁质是不同的内变形虫物种包囊壁的重要成分（Arroyo‐Begovich et al.，1980），几丁质合成抑制剂可以防止营养细胞形成包囊（Avron et al.，1982）。爬行动物寄生虫侵袭性内阿米巴虫的包囊壁也含有几丁质原纤维以及 3 组几丁质结合凝集素，它们与几丁质原纤维交联（Frisardi et al.，2000）。在 3 种不同的内变形虫，*E. histolytica*、*E. dispar*（另一种人类致病形式）和 *E. invadens* 中都鉴定到了几丁质合成酶基因（Campos‐Gongora et al.，2004）。在内变形虫的营养细胞（营养体）中，不表达 *CHS‐1* 和 *CHS‐2* 基因，但在葡萄糖饥饿诱导下形成包囊后 4～8 h 时，可检测到相当数量的 *CHS‐1* 和 *CHS‐2* 的 mRNA。

此外，导致毛滴虫病（可感染人和牛）的病原体鞭毛虫也产生几丁质包被物。Kneipp 等（1998）用不同几丁质结合分子标记几丁质，证明了寄生虫 *Tritrichomonas vaginalis* 和 *T. fetus* 将几丁质沉积在细胞表面。有人提出，几丁质合成相关抑制剂可以潜在地预防感染，因为几丁质酶似乎也参与致病性，所以人们也建议将几丁质酶作为治疗干预的靶标。

双滴虫（diplomonads）属于鞭毛虫，其许多种类具有寄生生命周期。其中，贾第鞭毛虫能够导致贾第虫病而引起更大的健康问题，这是一种导致腹泻的人体肠道寄生虫，但不会造成重大病情。该疾病通过感染性包囊随宿主粪便排出而传播，几丁质是其刚性包囊壁必需的结构组分（Ward et al.，1985）。Ortega‐Barria 等（1990）的研究结果显示，WGA 结合能够有效抑制细胞生长。但 WGA 的结合不受几丁质酶处理的影响，这表明囊壁的 N-乙酰氨基葡萄糖中的另一种成分被染色，而存在的几丁质并未被染色，这也在一定程度上说明了 WGA 染色技术的局限性。有趣的是，据报道，银和几丁质纳米粒子的组合可以根除粪便和肠道中的寄生虫（Said et al.，2012）。

许多原生动物寄生虫的生命周期包括两个阶段：第一阶段是营养阶段，细胞被称为滋养体（trophozoites）。在这个阶段，寄生虫可以定殖在脊椎动物宿主小肠上部的肠壁上，从而引起不同种类的肠道病变；第二阶段是包囊阶段，这一阶段的寄生虫对有害环境条件具有较强抵抗力，并且对宿主具有高度传染性。内变形虫和贾第虫的包囊壁由多糖和蛋白质形成的纤维状基质构成，电镜结果显示，纤维状基质形成约 120～150 nm 厚的外层（Chávez-Munguía et al.，2007）。多糖可以与不同的包囊壁蛋白结合，其中某些蛋白具有与凝集素类似的碳水化合物结合特性，精确的包囊壁结构因不同物种而异。在一些寄生虫中，微纤维在细胞膜的表面上形成单个连续层，在其他寄生虫中，则形成双层包被物，并具有 1～3 个围绕外囊和内囊的孔道（Chávez-Munguía et al.，2007）。彩图 4.1 总结了贾第鞭毛虫和内变形虫的包囊壁结构特征。

4.2.4　几丁质在不等鞭毛类和原始质体藻类中的合成

鞭毛藻类是多源系统发生生物，包括了在真核生物进化过程中不同时间出现的物种，它们既可以是异养的也可以是光养的。在光养型鞭毛藻类中含有叶绿体，使得它们能够通过光合作用获取能量。原始质体藻类在进化中与植物和灰藻（蓝绿藻）相近，包括红藻和绿藻，它们的叶绿体来自蓝藻细菌，通过初级内共生最终导致进化出两层质膜（Keeling，2010）。不等鞭毛藻类、纤毛虫类、顶复类、双鞭毛虫类、定鞭藻类和淀粉鞭毛藻在进化过程中吞噬了红藻，眼虫（euglenids）在进化过程中吞噬了绿藻，因此它们产生了三层质膜。此外，双鞭毛虫类还吞噬了硅藻、定鞭藻类和淀粉鞭毛藻，导致三重内共生，其中质膜的数量取决于进化过程中有多少层质膜被保留下来。鞭毛藻类还可以通过连续的二次内共生内化绿藻（Keeling，2010）。

泛植物的大多数物种会形成含有纤维素和糖蛋白的细胞壁，然而，已经有证据证明，绿藻门的一些成员能产生几丁质细胞壁（Muzzarelli，1977）。在 *Pithophora oedogonia* 中，人们利用组织化学方法在横向细胞壁中检测到了几丁质，而在纵向细胞壁中检测到的几丁质量较少（Pearlmutter and Lembi，1978）；Kawasaki 等

（2002）报道了被绿藻病毒 CVK2 感染的单细胞绿色小球藻中存在几丁质。CVK2 是一种大型二十面体病毒，具有双链 DNA 基因组，可感染特定的小球藻菌株。CVK2 病毒的基因组含有编码合成透明质酸和/或几丁质的 GT2 家族酶的基因，透明质酸和几丁质沉积在小球藻细胞壁的表面，产生哪种多糖取决于小球藻基因组中的基因重组，最终小球藻演化出编码透明质酸和/或几丁质合成酶的功能基因（Mohammed Ali et al.，2005）。值得注意的是，被慢病毒 CVNF‐1 感染的小球藻细胞的几丁质合成效率比被 CVK2 感染的藻类更高。已开发的小球藻‐病毒系统是一种环境安全的方法，从光和二氧化碳中合成有用的物质。

Rahman 等（2014）报道了钙化的珊瑚红藻（*Clathromorphum compactum*）中含有几丁质（Rahman and Halfar，2014）。在珊瑚红藻中，几丁质被用作成核模板以控制生物矿化，并增加骨架强度。

不等鞭毛生物包括硅藻（diatoms）、金藻（golden algae）、褐藻（brown algae）、黄绿藻（yellow‐green algae）、一些异养原生生物和其他相关生物。据报道，几丁质存在于不等鞭毛生物的某些物种中，如金藻。在鞭毛金藻（*Poteriochromonas stipata*）中，螺旋式的几丁质原纤维出现在酒杯形的兜甲中（Herth et al.，1977，1980；Sengbusch and Müller，1983）。在硅藻、单细胞褐藻中，几丁质的生物合成是细胞壁和胞外棘状突起的合成所必需的。在对 *Thalassiosira fluviatilis*（McLachlan et al.，1965）和小环藻（*Cyclotella cryptica*）（Herth et al.，1978）这两种硅藻的研究中，通过红外光谱法或 X 射线衍射技术在细胞外棘状突起中检测到了 β‐几丁质（Blackwell et al.，1967）。研究人员通过几丁质水解和透射电子显微镜进一步证明了几丁质在胞外棘状突起中的存在（Lindsay and Gooday，1985）。在 *T. fluviatilis* 中，细胞外较细和较粗的几丁质纤维分别源于硅阀的边缘孔道和中心孔道，较粗的纤维形成了连接相邻细胞的绳索，从而产生可变长度的细胞链，其可以漂浮在水中（Aumeier and Menzel，2012）。

超微结构分析表明几丁质纤维在每个孔道下面的特定膜区域形成，这些区域的膜的横截面非常厚，并且具有高电子对比度，这表明这些特定区域的膜上存在大量包括几丁质合成酶在内的跨膜蛋白。几丁质合成酶可以将单个几丁质链分泌至胞外，并在细胞外位点组装成微纤维（Herth et al.，1978）。在各种硅藻属生物中进行的基因组研究鉴定出了数百种编码几丁质合成酶的基因，这些基因可分为 4 个系统发育分枝（Durkin et al.，2009）。除了海链藻属（*Thalassiosira*）和小环藻属（*Cyclotella*），具有几丁质合酶基因的硅藻物种还包括中肋骨条藻（*Skeletonema costatum*）、聚生角毛藻（*Chaetoceros socialis*）和波状石丝藻（*Lithodesmium undulatum*）等。根据蛋白质结构域分析和基因表达研究，这些几丁质合成酶基因具有不同的功能。在假微型海链藻中，共有 6 种几丁质合成酶基因编码 3 种类型的几丁质合成酶，其中两种基因的转录调控取决于不同的营养条件。综上，研究结果表明几丁质的生物合成在硅藻中广泛存在，并且几丁质不仅与细胞外棘状突起相关，还可能是细胞壁的重要组成部分。Brunner 等（2009）证明了假微型海链藻的细胞壁具有网状的几丁质支架结构，这些类似生物矿化硅的支架（biosilica - like scaffolds）由交错的直径为 25 nm 左右的纤维组成，其中也含有其他未被鉴定的组分。几丁质骨架可以作为生物矿化作用和机械稳定的支架。Tesson 等（2008）也得出类似的结论，他们利用固态核磁共振技术，证明了假微型海链藻的二氧化硅壳中含有与蛋白质和脂质紧密相邻的几丁质成分。有趣的是，几丁质似乎对细胞隔离、细胞弹性和沉积作用十分重要。Morin 等（1986）分析了几丁质合成抑制剂多氧霉素 D 在 *T. fluviatilis* 和小环藻中的作用，他们发现缺乏几丁质纤维的细胞生长密度较低，并且表现出较高的沉降速率和明显的聚集现象。因此，几丁质纤维可能具有调节细胞黏附力和悬浮性的功能。

除了几丁质合成酶基因外，硅藻还具有编码几丁质修饰酶的基因，如含有几丁质结合结构域的几丁质酶或几丁质组织蛋白（Durkin et al.，2009）。p150 是在假微型海链藻中发现的一种几丁质组织蛋白，具有 3 个潜在的 *N*-糖基化位点和 3 个几丁质结合结构域（Davis et al.，2005），其表达依赖细胞周期调节，并且仅局限于环带区域。在具有形态异常的铜应激细胞中，p150 蛋白覆盖了整个细长的带状区域。因此，p150 可能在细胞分裂过程中或应对环境压力时维持细胞稳定。

在海链藻属生物体基因组中，有两个编码几丁质合成酶的基因，其具有 *N* 端肌球蛋白运动结构域，这一结构域也曾在丝状真菌和软体动物几丁质合成酶基因分析中报道过。这表明，这些几丁质合成酶可能参与酶与肌动蛋白细胞骨架相互作用介导的几丁质的极化分泌。

参考文献

Abad P，Gouzy J，Aury J M，et al.，2008. Genome sequence of the metazoan plant - parasitic nematode *Meloidogyne incognita*. Nature Biotechnology，26（8）：909 - 915.

Adam R，Kaltmann B，Rudin W，et al.，1996. Identification of chitinase as the immunodominant filarial antigen recognized by sera of vaccinated rodents. Journal of Biological Chemistry，271（3）：1441 - 1447.

Agatha S，Simon P，2012. On the nature of tintinnid loricae（Ciliophora：Spirotricha：Tintinnina）：a histochemical，enzymatic，EDX，and high - resolution TEM study. Acta Protozoologica，51：1 - 19.

Arroyo - Begovich A，Carabez - Trejo A，Ruiz - Herrera J，1980. Identification of the structural component in the cyst wall of *Entamoeba invadens*. Journal of Parasitology，66（5）：735 - 741.

Arroyo - Begovich A，Cárabez - Trejo A，1982. Location of chitin in the cyst wall of *Entamoeba invadens* with colloidal gold tracers. Journal of Parasitology，68（2）：253 - 258.

Aumeier C，Menzel D，2012. Secretion in the diatoms//Vivanco J M，Baluska F. Secretions and exudates in biological systems. Berlin：Springer：221 - 250.

Avron B，Deutsch R M，Mirelman D，1982. Chitin synthesis inhibitors prevent cyst formation by *Entamoeba trophozoites*. Biochemical and Biophysical Research Communications，108：815 - 821.

Biancalana F，Kopprio G A，Lara R J，et al.，2017. A protocol for the simultaneous identification of chitin - containing particles and their associated bacteria. Systematic and Applied Microbiology，40（5）：314 - 320.

Bird A F，Bird J，1991. The structure of nematodes. 2nd. Academic Press Inc.：7 - 43.

Bird A F，Self P G，1995. Chitin in *Meloidogyne javanica*. Fundamental & Applied Nematology，18：235 - 239.

Blackwell J，Parker K，Rudall K，1967. Chitin fibres of the diatoms *Thalassiosira fluviatilis* and *Cyclotella cryptica*. Journal of Molecular Biology，28：383 - 385.

Brunner E，Richthammer P，Ehrlich H，et al.，2009. Chitin - based organic networks：an integral part of cell wall biosilica in the diatom *Thalassiosira pseudonana*. Angewandte Chemie International Edition，48（51）：9724 - 9727.

Buck K R，1990. Choanomastigotes（choanoflagellates）//Margulis L，Corliss J O，Melkonian M，et al. Handbook of the *Protoctista*：the structure，cultivation，habits and life histories of the eukaryotic microorganisms and their descendants exclusive of animals，plants and fungi. Boston：Jones and Bartlett Publishers：194 - 199.

Burgwyn B，Nagel B，Ryerse J，et al.，2003. *Heterodera glycines*：eggshell ultrastructure and histochemical localization of chitinous components. Experimental Parasitology，104（1 -

2）：47-53.

Bussers J C，Jeuniaux C，1974. Recherche de la chitine dans les productions métaplasmatiques de quelques ciliés. Protistologica，10：43-46.

Calvo P，Fernandez-Aliseda M C，Garrido J，et al. ，2003. Ultrastructure，encystment and cyst wall composition of the resting cyst of the peritrich ciliate *Opisthonecta henneguyi*. Journal of Eukaryotic Microbiology，50：49-56.

Campos-Gongora E，Ebert F，Willhoeft U，et al. ，2004. Characterization of chitin synthases from *Entamoeba*. Protist，155：323-330.

Castro L，Flores L，Uribe L，2011. Efecto del vermicompost y quitina sobre el control de *Meloidogyne incognita* en tomate a nível de invernadero. Agronomía Costarricense，35：21-32.

Chen C，Cui L，Chen Y，et al. ，2017. Transcriptional responses of wheat and the cereal cyst nematode *Heterodera avenae* during their early contact stage. Scientific Reports，7 （1）：14471.

Chen Q，Chen W，Kumar A，et al. ，2021. Crystal structure and structure-based discovery of inhibitors of the nematode chitinase CeCht1. Journal of Agricultural and Food Chemistry，69 （11）：3519-3526.

Chen W，Chen Q，Kumar A，et al. ，2021. Structure-based virtual screening of highly potent inhibitors of the nematode chitinase CeCht1. Journal of Enzyme Inhibition and Medicinal Chemistry，36 （1）：1198-1204.

Chávez-Munguía B，Omaña-Molina M，González-Lázaro M，et al. ，2007. Ultrastructure of cyst differentiation in parasitic protozoa. Parasitology Research，100：1169-1175.

Clarke A J，Cox P M，Shepherd A M，1967. Chemical composition of egg shells of potato cyst nematode *Heterodera rostochiensis* woll. Biochemistry Journal，104 （3）：1056-1060.

Curtis R H C，Jones J T，Davies K G，et al. ，2011. Chapter 5，Plant nematode surfaces// Davies K，Spiegel Y. Biological control of plant-parasitic nematodes：building coherence between microbial ecology and molecular mechanisms. Dordrecht：Springer：115-144.

Davis A K，Hildebrand M，Palenik B，2005. A stress-induced protein associated with the girdle band region of the diatom *Thalassiosira pseudonana* （Bacillariophyta）. Journal of Phycology，41：577-589.

Dubinský P，Rybos M，Turceková L，1986. Properties and localization of chitin synthase in *Ascaris suum* eggs. Parasitology，92 （Pt 1）：219-225.

Durkin C A, Mock T, Armbrust E V, 2009. Chitin in diatoms and its association with the cell wall. Eukaryotic Cell, 8 (7): 1038 - 1050.

Fanelli E, Di Vito M, Jones J T, et al., 2005. Analysis of chitin synthase function in a plant parasitic nematode, *Meloidogyne artiellia*, using RNAi. Gene, 349: 87 - 95.

Foster J M, Zhang Y, Kumar S, et al., 2005. Parasitic nematodes have two distinct chitin synthases. Molecular and Biochemical Parasitology, 142 (1): 126 - 132.

Frisardi M, Ghosh S K, Field J, et al., 2000. The most abundant glycoprotein of amebic cyst walls (Jacob) is a lectin with five Cys - rich, chitin - binding domains. Infection and Immunity, 68: 4217 - 4224.

Fuhrman J A, Lane W S, Smith R F, et al., 1992. Transmission - blocking antibodies recognize microfilarial chitinase in brugian lymphatic filariasis. Proceedings of the National Academy of Sciences of the United States of America, 89 (5): 1548 - 1552.

Gao B, Allen R, Maier T, et al., 2002. Characterisation and developmental expression of a chitinase gene in *Heterodera glycines*. International Journal for Parasitology, 32 (10): 1293 - 1300.

Garner A L, Gloeckner C, Tricoche N, et al., 2011. Design, synthesis, and biological activities of closantel analogues: structural promiscuity and its impact on *Onchocerca volvulus*. Journal of Medicinal Chemistry, 54 (11): 3963 - 3972.

Giraud - Guille M M, Chanzy H, Vuong R, 1990. Chitin crystals in arthropod cuticles revealed by diffraction contrast transmission electron microscopy. Journal of Structural Biology, 103: 232 - 240.

Gloeckner C, Garner A L, Mersha F, et al., 2010. Repositioning of an existing drug for the neglected tropical disease Onchocerciasis. Proceedings of the National Academy of Sciences of the United States of America, 107 (8): 3424 - 3429.

Gonçalves I R, Brouillet S, Soulié M C, et al., 2016. Genome - wide analyses of chitin synthases identify horizontal gene transfers towards bacteria and allow a robust and unifying classification into fungi. BMC Ecology and Evolution, 16: 252.

Gooyit M, Harris T L, Tricoche N, et al., 2015. *Onchocerca volvulus* molting inhibitors identified through scaffold hopping. ACS Infectious Diseases, 1 (5): 198 - 202.

Greco N, Bussers J C, Van Daele Y, et al., 1990. Ultrastructural localization of chitin in the cystic wall of *Euplotes muscicola* Kahl (*Ciliata*, *Hypotrichia*). European Journal of Protistology, 26 (1): 75 - 80.

Hanazawa M, Mochii M, Ueno N, et al., 2001. Use of cDNA subtraction and RNA interference screens in combination reveals genes required for germ – line development in *Caenorhabditis elegans*. Proceedings of the National Academy of Sciences of the United States of America, 98 (15): 8686 – 8691.

Harris M T, Fuhrman J A, 2002. Structure and expression of chitin synthase in the parasitic nematode *Dirofilaria immitis*. Molecular and Biochemical Parasitology, 122 (2): 231 – 234.

Harris M T, Lai K, Arnold K, et al., 2000. Chitin synthase in the filarial parasite Brugia malayi. Molecular and Biochemical Parasitology, 111 (2): 351 – 362.

Herth W, 1978. A special chitin – fibril – synthesizing apparatus in the centric diatom Cyclotella. Naturwissenschaften, 65: 260 – 261.

Herth W, 1980. Calcofluor white and Congo red inhibit chitin microfibril assembly of *Poterioochromonas*: evidence for a gap between polymerization and microfibril formation. Journal of Cell Biology, 87: 442 – 450.

Herth W, Kuppel A, Schnepf E, 1977. Chitinous fifibrils in the lorica of the flflagellate chrysophyte *Poteriochromonas stipitata* (syn. *Ochromonas malhamensis*). Journal of Cell Biology, 73 (2): 311 – 321.

Johnston W L, Krizus A, Dennis J W, 2010. Eggshell chitin and chitin – interacting proteins prevent polyspermy in *C. elegans*. Current Biology, 20 (21): 1932 – 1937.

Ju Y, Wang X, Guan T, et al., 2016. Versatile glycoside hydrolase family 18 chitinases for fungi ingestion and reproduction in the pinewood nematode *Bursaphelenchus xylophilus*. International Journal for Parasitology, 46 (12): 819 – 828.

Jung W J, Jung S J, An K N, et al., 2002. Effect of chitinase – producing *Paenibacillus illinoisensis* KJA – 424 on egg hatching of root – knot nematode (*Meloidogyne incognita*). Journal of Microbiology and Biotechnology, 12: 865 – 871.

Kapaun E, Reisser W, 1995. A chitin – like glycan in the cell wall of a *Chlorella* sp. (Chlorococcales, Chlorophyceae). Planta, 197: 577 – 582.

Kawasaki T, Tanaka M, Fujie M, et al., 2002. Chitin synthesis in chlorovirus CVK2 – infected chlorella cells. Virology, 302: 123 – 131.

Keeling P J, 2010. The endosymbiotic origin, diversification and fate of plastids. Philosophical Transactions of the Royal Society B: Biological Sciences, 365 (1541): 729 – 748.

Kneipp L F, Andrade A F, de Souza W, et al., 1998. *Trichomonas vaginalis* and *Tritrichomonas foetus*: Expression of chitin at the cell surface. Experimental Parasitology, 89 (2): 195 – 204.

Landers S C, 1991. Secretion of the reproductive cyst wall by the apostome ciliate *Hyalophysa chattoni*. European Journal of Protistology, 27 (2): 160 – 167.

Lindsay G J, Gooday G W, 1985. Action of chitinase on spines of the diatom *Thalassiosira fluviatilis*. Carbohydrate Polymers, 5: 131 – 140.

Lynn D, 2008. The ciliated protozoa: Characterization, classification and guide to the literature. 3rd. Dordrecht: Springer: 605.

Maeda I, Kohara Y, Yamamoto M, et al. , 2001. Large – scale analysis of gene function in *Caenorhabditis elegans* by high – throughput RNAi. Current Biology, 11 (3): 171 – 176.

McLachlan J, McInnes A, Falk M, 1965. Studies on the chitan (chitin: poly – N – acetylglucosamine) fibers of the diatom *Thalassiosira fluviatilis* Hustedt: I. Production and isolation of chitan fibers. Canadian Journal of Botany, 43: 707 – 713.

Melo T A, Sousa Serra I M R, Silva G S, et al. , 2012. Produtos naturais aplicados para manejo de *Meloidogyne incognita* em tomateiros. Summa Phytopathologica, 38 (3): 223 – 227.

Mendoza L, Taylor J W, Ajello L, 2002. The class mesomycetozoea: a heterogeneous group of microorganisms at the animal – fungal boundary. Annual Review of Microbiology, 56: 315 – 344.

Mohammed Ali A M, Kawasaki T, Yamada T, 2005. Genetic rearrangements on the Chlorovirus genome that switch between hyaluronan synthesis and chitin synthesis. Virology, 342: 102 – 110.

Morin L G, Smucker R A, Herth W, 1986. Effects of two chitin synthesis inhibitors on *Thalassiosira fluviatilis* and *Cyclotella cryptica*. FEMS Microbiology Letters, 37: 263 – 268.

Mota L, dos Santos M A, 2016. Chitin and chitosan on *Meloidogyne javanica* management and on chitinase activity in tomato plants. Tropical Plant Pathology, 41: 84 – 90.

Mulisch M, Harry O, Patterson D, et al. , 1986. Folliculinids (Ciliata: Heterotrichida) from Portaferry, Co. , Down, including a new species of *Metafolliculina* Dons, 1924. Irish Naturalists' Journal, 22: 1 – 7.

Mulisch M, Hausmann K, 1983. Lorica Construction in *Eufolliculina* sp. (*Ciliophora, Heterotrichida*) . The Journal of Protozoology, 30: 97 – 104.

Mulisch M, Hausmann K, 1989. Localization of chitin on ultrathin sections of cysts of two ciliated protozoa, *Blepharisma undulans* and *Pseudomicrothorax dubius*, using colloidal gold conjugated wheat germ agglutinin. Protoplasma, 152: 77 – 86.

Mulisch M, Herth W, Zugenmaier P, et al. , 1983. Chitin fibrils in the lorica of the ciliate

Eufolliculina uhligi: ultrastructure, extracellular assembly and experimental inhibition. Biology of the Cell, 49: 169 – 177.

Muzzarelli R A A, 1977. Chitin. Oxford: Pergamon Press.

Nakamura C V, Esteves M J, Andrade A F, et al. , 1993. Chitin: a cell – surface component of *Phytomonas francai*. Parasitology Research, 79 (6): 523 – 526.

Neuhaus B, Bresciani J, Peters W, 1997. Ultrastructure of the pharyngeal cuticle and lectin labelling with wheat germ agglutinin – gold conjugate indicating chitin in the pharyngeal cuticle of *Oesophagostomum dentatum* (*Strongylida Nematoda*) . Actti Zoologica, 78 (3): 205 – 213.

Nicol J M, Turner S J, Coyne D L, et al. , 2011. Current nematode threats to world agriculture//Jones J, Gheysen G, Fenoll C. Genomics and molecular genetics of plant – nematode interactions, Netherlands: Springer: 21 – 43.

Ortega – Barria E, Ward H D, Evans J E, et al. , 1990. N – Acetyl – glucosamine is present in cysts and trophozoites of *Giardia lamblia* and serves as receptor for wheatgerm agglutinin. Molecular and Biochemical Parasitology, 43 (2): 151 – 165.

Pearlmutter N L, Lembi C A, 1978. Localization of chitin in algal and fungal cell walls by light and electron microscopy. Journal of Histochemistry & Cytochemistry, 26: 782 – 791.

Rahman M A, Halfar J, 2014. First evidence of chitin in calcified coralline algae: new insights into the calcification process of *Clathromorphum compactum*. Scientific Reports, 4: 6162.

Repak A J, Anderson O R, 1990. The fine structure of the encysting salt marsh heterotrich ciliate *Fabrea salina*. Journal of Morphology, 205: 335 – 341.

Rieder N, 1973. Elektronenoptische und histochemische Untersuchungen an der Cystenhülle von Didinium nasutum OF Müller (Ciliata, Holotricha) . Arch Protistenk, 115: 125 – 131.

Sachs I B, 1956. The chemical nature of the cyst membrane of *Pelomyxa illinoisensis*. Transactions of the American Microscopical Society, 75: 307 – 313.

Said D E, Elsamad L M, Gohar Y M, 2012. Validity of silver, chitosan, and curcumin nanoparticles as anti – Giardia agents. Parasitology Research, 111: 545 – 554.

Schermuly G, Markmann – Mulish U, Mulisch M, 1996. In vitro studies of the pathway of chitin synthesis in the ciliated protozoon *Eufolliculina uhligi*//Domard A, Jeuniaux C, Muzzarelli R, et al. Advances in chitin science. Lyon: Jaques Anrés: 10 – 17.

Schwelm A, Fogelqvist J, Knaust A, et al. , 2015. The *Plasmodiophora brassicae* genome reveals insights in its life cycle and ancestry of chitin synthases. Scientific Reports, 5: 11153.

Sengbusch P V，Müller U，1983. Distribution of glycoconjugates at algal cell surfaces as monitored by FITC - conjugated lectins. Studies on selected species from *Cyanophyta*，*Pyrrhophyta*，*Raphidophyta*，*Euglenophyta*，*Chromophyta*，and *Chlorophyta*. Protoplasma，114：103 - 113.

Siddique S，Grundler F M，2018. Parasitic nematodes manipulate plant development to establish feeding sites. Current Opinion in Microbiology，46：102 - 108.

Small E B，Lynn D H，1981. A new macrosystem for the phylum *Ciliophora doflein*，1901. Biosystems，14：387 - 401.

Spiegel Y，Chet I，1985. Chitin synthetase inhibitors and their potential to control the root - knot nematode，*Meloidogyne javanica*. Nematologica，31：480 - 482.

Spiegel Y，Cohn E，1985. Chitin is present in gelatinous matrix of *Meloidogyne*. Revue Nematology，8 (2)：179 - 190.

Tachu B，Pillai S，Lucius R，et al.，2008. Essential role of chitinase in the development of the filarial nematode *Acanthocheilonema viteae*. Infection and Immunity，76 (1)：221 - 228.

Tesson B，Masse S，Laurent G，et al.，2008. Contribution of multi - nuclear solid state NMR to the characterization of the *Thalassiosira pseudonana* diatom cell wall. Analytical and Bioanalytical Chemistry，390 (7)：1889 - 1898.

Twomey U，Warrior P，Kerry B R，et al.，2000. Effects of the biological nematicide，DiTera®，on hatching of *Globodera rostochiensi*s and *G. pallida*. Nematology，2：355 - 362.

van Nguyen N，Kim Oh K T，Jung W，et al.，2007. The role of chitinase from *Lecanicillium antillanum* B - 3 in parasitism to root - knot nematode *Meloidogyne incognita* eggs. Biocontrol Science and Technology，17：1047 - 1058.

Veronico P，Gray L J，Jones J T，et al.，2001. Nematode chitin synthases：gene structure，expression and function in *Caenorhabditis elegans* and the plant parasitic nematode *Meloidogyne artiellia*. Molecular Genetics and Genomics，266 (1)：28 - 34.

Ward H D，Alroy J，Lev B I，et al.，1985. Identification of chitin as astructural component of *Giardia cysts*. Infection and Immunity，49 (3)：629 - 634.

Wu Y，Egerton G，Underwood A P，et al.，2001. Expression and secretion of a larval - specific chitinase (Family 18 glycosyl hydrolase) by the infective stages of the parasitic nematode. *Onchocerca volvulus*. Journal of Biological Chemistry，276 (45)：42557 - 42564.

Zakrzewski A C，Weigert A，Helm C，et al.，2014. Early divergence，broad distribution，and high diversity of animal chitin synthases. Genome Biology and Evolution，6：316 - 325.

Zargar V，Asghari M，Dashti A，2015. A review on chitin and chitosan polymers：structure，chemistry，solubility，derivatives，and applications. ChemBioEng Reviews，2（3）：204 - 226.

Zhang Y，Foster J M，Nelson L S，et al.，2005. The chitin synthase genes chs - 1 and chs - 2 are essential for *C. elegans* development and responsible for chitin deposition in the eggshell and pharynx，respectively. Developmental Biology，285（2）：330 - 339.

第**5**章
节肢动物几丁质系统

5.1 几丁质在节肢动物中的分布和功能

节肢动物属于无脊椎动物节肢动物门，其明显特征为外骨骼形态、分节的身体以及成对的附肢。迄今为止，已有描述的节肢动物超过一百万种，占现存所有物种的80％以上。根据化石记录，节肢动物出现在大约 5.5 亿～6 亿年前，被认为是最早由水生转为陆生的动物类群之一（Brusca，2000）。节肢动物分为 5 个亚门，包括三叶形亚门、螯肢亚门、甲壳亚门、六足亚门和多足亚门。最新的分子与遗传数据显示，六足亚门（包括昆虫纲和其他 3 个非昆虫纲原尾目、双尾目和弹尾目）是单系的，甲壳亚门是复系的，单系的六足亚门和复系的甲壳亚门形成了独立的超级进化分支，称为泛甲壳动物（Regier et al.，2010）。

节肢动物具有显著的快速适应各种生存环境的能力，使得它们成为最多样化的动物群体之一。包括螃蟹、龙虾、虾和小龙虾等在内的许多甲壳类动物，是人类的重要食物。许多昆虫是农作物和果树的重要传粉媒介，全球超过 10％的农业食品产值，归功于节肢动物传粉（Gallai et al.，2009）。另一方面，许多节肢动物（如昆虫和螨虫等）是农作物和森林的毁灭性害虫，造成了全球每年 18%～26% 的作物损失（Culliney，2014）。此外，许多节肢动物（如蜱虫和蚊子）是人类和动物疾病主要病原体的传播载体。无论是有益还是有害节肢动物，它们独特的特征使得其经过几亿年的进化，仍成功地繁衍生存，节肢动物的外骨骼形态就是其中一个独特的特征，以帮助它们抵御外界环境的不利因素。

几丁质是节肢动物胞外基质（包括表皮和中肠围食膜）的结构组分。几丁质链由多个生化反应合成，继而与多种蛋白质相互作用，组装形成不同形式的高级结构，从而赋予节肢动物表皮和围食膜独特的理化性质。这些含几丁质的组织的结构重塑，决定了节肢动物的生长和形态发育，因此几丁质的合成与降解过程被高度调控，使得表皮和围食膜可以降解和再生。此外几丁质结构在保护昆虫免受环境的物理损伤、化学毒性和微生物感染方面发挥着至关重要的作用。几丁质合成、修饰和降解等生化过程和参与这些过程的酶类，以及表皮蛋白和围食膜蛋白很大程度上决定了表皮和围食膜的理化性质。

近几十年来，通过对昆虫几丁质结构的研究，研究者揭示了几丁质结构的生理功能、组成、结构形成和调控。几丁质结构是昆虫体内必不可少的结构，为探索害虫防治新靶点提供了机会。此外，研究者还对昆虫几丁质结构的破坏机理进行了研究，提出了以几丁质结构为潜在靶点的害虫防治新策略，并在实践中进行了探索。

5.1.1 外骨骼的结构和功能

节肢动物的外骨骼（exoskeleton）被称为表皮（cuticle），其包含外部非细胞结构（表皮层）、中间细胞层（上皮细胞）和内部单细胞层（基膜）。表皮是由上皮形成的连续的胞外结构，外骨骼是由多层表皮组成的刚性体壁，用以支撑和保护节肢动物的软组织。在过去的 200 年中，科学家对节肢动物的表皮进行了全面的研究。节肢动物表皮主要包含两层：外侧无几丁质的上表皮（epicuticle）和内侧含几丁质的前表皮（procuticle）。上表皮有时也细分为两个亚层，包括外侧上表皮（也称为信封层）和内侧亚层（也称为上表皮）。前表皮分为上侧的外表皮（exocuticle）和下侧的内表皮（endocuticle），某些昆虫的前表皮还包含中表皮层（mesocuticle），位于外表皮和内表皮之间（Barbakadze et al.，2006）。

节肢动物的表皮层在组成、机械性能和功能等方面具有较大差异，外表皮是高度硬化的结构，通常非常坚硬，内表皮则由柔韧的蛋白质和几丁质层组成。固态核磁共振和重量分析表明，蜕下的表皮干重中几丁质含量可能高达 40%，但不同种类的昆虫以及同种昆虫不同类型表皮中，几丁质含量具有较大差异（Kramer et al.，1995）。为适应体形的增大，节肢动物必须在蜕皮过程中周期性降解旧表皮和生成新表皮。蜕皮的起始特征是皮层溶离，上皮细胞通过分泌蜕皮液与旧表皮分离，形成蜕裂空间，新的表皮在该空间沉积。蜕皮液包含可降解旧表皮主要成分的多种酶，如蛋白酶和几丁质酶等。所有旧的内表皮被降解，部分内表皮组分会被再吸收，这使得旧表皮组分能被回收利用。在蜕裂空间开放后，上皮细胞分泌跨越表皮细胞顶端细胞膜的表皮蛋白和几丁质纤维，新的上表皮开始形成。最后，节肢动物蜕去旧表皮，并扩展了其新表皮。大多数昆虫在蜕皮期间，新表皮的大量沉积会持续进行，在表皮扩展之后，表皮发生硬化，生成特征性的坚硬外骨骼。

几丁质是自然界第二丰富的生物聚合物。虽然几丁质分布于真菌、软体动物和线虫等多种生物中，但存在于节肢动物表皮和围食膜中的几丁质最为突出。节肢动物中几丁质以独特的方式排列，在表皮沉积过程中，与多种蛋白质、鞣剂通过氢键相互作用。此外，几丁质聚合物中氨基的存在非常有利于其与其他官能团的交联，以进行改性反应（Zhu et al.，2016）。

在节肢动物中，通过相邻几丁质聚合物中 N-乙酰葡萄糖胺的氨基和羰基之间的氢键作用，约 20 根几丁质聚合物形成晶态微丝（也称为棒或微晶），其直径约为 3 nm，长度约为 300 nm。几丁质微丝在生物材料的物理性质（如弹性）和化学性质（如溶解度）方面发挥关键作用。

Bouligand（1965）首次在甲壳类动物的表皮中发现了几丁质微丝的结构。随后，该结构在昆虫中得到了证实。节肢动物外骨骼和围食膜结构中，几丁质的一个显著特征是其组装具有明确的层次。如前所述，每一个几丁质微丝由 20 根几丁质链组成，被几丁质结合蛋白包裹。许多几丁质微丝组装形成一个更大的直径约 60 nm 的几丁质-蛋白质纤维，最后，几丁质纤维束彼此间平行排列，形成一个水平片层，片层以平行于下方表皮细胞顶端表面的方式进行堆叠排列。

表皮整个厚度范围内，在连续的水平面中，片层的方向通常是不同的。蜕皮期间，新的片层从装配区处（在上皮细胞和表皮之间），持续添加到生长的前表皮中。这些片层以两种方式组装到其他片层之上。第一种方式为纤维的每一层以恒定的角度逐渐逆时针旋转，螺旋形排列，称为 Bouligand 结构，生成一系列薄的片层（其中，每 180° 的堆叠，几丁质纤维呈现出一个抛物线形），被称为片层表皮，片层表皮在电子显微镜下呈现出极具特征的形态（Bouligand，1972）。在第二种方式中，螺旋表皮的中间层非常薄，因此，片层的方向从一层到另一层会发生突然转变，这种排列称为伪正交排列或类胶合板排列，类似于建筑学中的"正交铺设"层压板。此外，孔道（以类似软木螺钉的排列方式贯穿前表皮）进一步稳固了片层的垂直堆叠（Fabritius et al.，2009）。

由表皮层形成的外骨骼是节肢动物的一种多功能结构（Balabanidou et al.，2018），外骨骼覆盖节肢动物身体外层，可以稳定体形、充当肌肉附着点，有助于节肢动物运动和飞行，此外，外骨骼保护节肢动物免受各种伤害，包括机械损伤、辐射、干燥和病原微生物入侵。节肢动物的不同体色，其中一些是由表皮的色素决定的，可能具有伪装或作为警告的功能。外骨骼也可能充当环境的感知器，通过提供信息素或产生可传递信号的身体结构和颜色参与与环境的信息交流。

5.1.2　围食膜的结构和功能

在许多节肢动物中，消化道分为具有特殊功能的 3 个主要区域：前肠、中肠和后肠，它们都是由单层上皮细胞形成的。前肠和后肠的上皮细胞源自外胚层，而中肠上皮细胞源自内胚层。大部分的食物消化发生在中肠，中肠细胞积极参与消化酶的产生和分泌。250 多年前，在关于芳香木蠹蛾（*Cossus cossus*）解剖学的专著中，Lyonet（1762）阐述了包裹食物团块的膜。由于该结构的外观像包裹中肠肠道内容物的膜状袋子一样，Balbiani（1890）将这种解剖结构命名为围食膜。考虑到在生物学中"membrane"的含义为磷脂双分子层，Peters（1992）提出将术语"membrane"替换为"envelope"，该术语后来被替换为"peritrophic matrix（PM）"，强调围食膜是一种具有异常复杂特征的顶端胞外基质。许多节肢动物都被发现具有类似的结构。

围食膜作为一种无脊椎动物特有的半渗透结构，存在于大多数昆虫的中肠内腔中，除了一些只以植物汁液、花蜜为食的半翅目、缨翅目和鳞翅目成虫，或者进行肠外消化的鞘翅目步甲科、龙虱科昆虫。另外，在捻翅目、蛇蛉目和襀翅目中，围食膜似乎并不存在。在传播黄热病的埃及伊蚊（*Aedes aegypti*）体内，只有雌性蚊子在摄食血液之后，才可以检测到围食膜（Peters，2012）。在对其他昆虫的固定过程中发现，围食膜是部分溶解的，并且只通过解剖就可以容易地检测到。在无脊椎动物中，中肠围食膜的功能类似于脊椎动物消化道的黏液分泌物。

虽然不同昆虫的围食膜结构具有多样性，但是基于围食膜形成的模式，可被分成两种类型（Ⅰ型和Ⅱ型）。Ⅰ型围食膜由整个上皮细胞分泌，并通过从中肠上皮细胞表面简单地分层而形成，而Ⅱ型围食膜由少数贲门的特化细胞产生（贲门是在前肠和中肠之间交界处的瓣状器官）。Ⅰ型围食膜广泛存在于昆虫中，在鳞翅目幼虫中尤其普遍，形成一种厚度为 0.5～1.0 mm 的“毡状”结构。相比之下，Ⅱ型围食膜更具有组织化的特性，它包含以原始顺序排列的 1～3 个片层结构（例如革翅目和等翅目昆虫）（Shao et al.，2001）。两种类型的围食膜主要由包裹在基质中的几丁质微丝组成，基质由蛋白质、糖蛋白、蛋白多糖组成。几丁质含量通常占围食膜总质量的 3%～13%（w/w），而蛋白质占围食膜总质量的 20%～55%（w/w）（Liu et al.，2009）。围食膜的超微结构观察表明，几丁质似形成了一个柔性的框架，蛋白质镶嵌其中，形成基质结构（Wang et al.，2000）。

与表皮不同，围食膜的几丁质具有极大的结构多样性，可能反映了节肢动物对不同食物来源的适应性进化，以及应对不同生理和（或）免疫挑战的进化。围食膜几丁质微丝具有更高的水合程度，更加柔韧，在不同的物种中，片层的厚度和数量具有较大差异（Hegedus et al.，2009）。与表皮片层结构不同，围食膜片层形成松散的网状结构。几丁质链组装形成紧实的微丝（直径 2～6 nm，长度 500 nm 或更长），20～400 根几丁质微丝组装形成直径约 20 nm 的微丝束。中肠上皮细胞顶端的微绒毛宽约 145 nm，围食膜格栅的间隙空间约 125 nm，表明大约 150 个重复单元或 300 个 N-乙酰葡萄糖胺残基排布在格栅的节点之间。

根据微纤维结构的排列（由超微结构显微镜可见），Peters（1992）提出了 3 种结构类型：正交排列、六边形排列和随机毛毡状排列。围食膜由几丁质纤维和几丁质结合蛋白有序组装的格栅组成，其他蛋白黏附在格栅上，使得网格变得更厚，网格孔径变得更小。几丁质纤维赋予围食膜抗拉强度。有趣的是，围食膜的类型与微纤维的超微结构排列之间没有相关性。针对昆虫围食膜的几丁质类型尚缺乏结构研究。

节肢动物在摄食过程中，不可避免会摄入包括磨料食物颗粒、病原体、某些毒素在内的磨蚀材料，围食膜是保护中肠上皮细胞免受磨蚀材料侵蚀的物理屏障。围食膜也是一个生化屏障，它能隔离摄入的毒素，并在某些情况下使得摄入的毒素失活。围食膜将中肠腔分成两个组成部分，包括内围食膜空间（即包括食物的肠腔）和外围食膜空间（即围食膜和上皮细胞之间的空间），这有助于中肠提高获取营养的效率和水解酶的重复使用（Bolognesi et al.，2001）。

5.2　几丁质相关结构蛋白

除了通过直接作用于几丁质聚合物完成几丁质重塑的酶之外，还有其他与几丁质结合并参与将几丁质原纤维组装成更高级结构的蛋白，如一些属于 CPAP 家族和 R&R 家族的表皮蛋白、Knickkopf 和 PMP 家族蛋白，这些蛋白一般具有一个或多个属于 CBM14 家族的几丁质结合基序或 R&R（Rebers & Riddiford）序列。以下介绍一些目前已知的几丁质重塑蛋白（彩图 5.1）。

5.2.1　表皮蛋白

昆虫表皮蛋白及其保守结构特征见表 5.1。

表 5.1　昆虫表皮蛋白及其保守结构特征

昆虫表皮蛋白	保守结构特征
CPR	R&R 保守基序：G-x(8)-G-x(6)-Y-x(2)-A-x-E-x-G-F-x(7)-P-x-P； RR1：RR-1 基序，主要分布在柔软表皮； RR2：RR-2 基序，主要分布在坚硬表皮； RR3：定义不明确，没有辨别特征
CPAP	CPAP1：含 1 个 CBD2 结构域（$CX_{11-12}CX_5CX_{9-14}CX_{12-16}CX_{6-8}C$）； CPAP3：含 3 个 CBD2 结构域（$CX_{11-12}CX_5CX_{9-14}CX_{12-16}CX_{6-8}C$）
Tweedle	Tweedle 基序：Block Ⅰ：KXXY/F；Block Ⅱ：KX$_{4-5}$FIKAP；Block Ⅲ：KTXXYVL；Block Ⅳ：KPEVY/HFXKY
CPF/CPFL	CPF：有 42~44 个保守残基：A-(LIV)-x-(SA)-(QS)-x-(SQ)-x-(Ⅳ)-(LV)-R-S-x-G-(NG)-x(3)-Ⅴ-S-x-Y-(ST)-K-(TA)-(Ⅵ)-D-(TS)-(PA)-(YF)-S-SV-x-K-x-D-x-R-(Ⅵ)-(TS)-N-x-GA； CPFL：羧基末端类似于 CPFs，但缺乏 42~44 个保守的氨基酸残基
CPLC	CPLCA、CPLCG、CPLCW 和 CPLCP：低复杂度家族，均具有 CPLC 基序，但具有各自独特的序列特征（分别具有丙氨酸、甘氨酸、色氨酸和脯氨酸）
CPCFC	C-x(5)-C 基序重复 2~3 次

（续）

昆虫表皮蛋白	保守结构特征
Apidermin	GC-rich 区域和 AAPA/V，只在蜜蜂（*Apis mellifera*）中发现
CPG	G-rich 区域，包含 GG 重复（GXGX、GGXG 或 GGGX），只在家蚕中发现
CPH	假定的 CPs，只在家蚕中发现
Others	新的未分类的家族

（1）CPR 蛋白

CPR 是最大的表皮蛋白（CP）家族，CPR 基因的数量从最低的意大利蜜蜂中的 32 个，到烟草天蛾中的 207 个不等，而大多数昆虫通常有 100 多个 CPR 基因。CPR 家族蛋白具有 Rebers & Riddiford（R&R）几丁质结合基序，根据序列进一步分为 3 个亚组（RR1、RR2 和 RR3）（表 5.1）。同源性建模发现保守的几丁质结合序列（66 个氨基酸）形成了反平行 β-折叠半桶结构，该结构可容纳一条几丁质链，桶内的一系列芳香氨基酸残基可与糖环产生堆积作用（Hamodrakas et al.，2005）。一些 CPR 蛋白已经被证明可以结合几丁质，其中 RR1 蛋白一般定位于柔软的前表皮和体节间膜，RR2 蛋白专一性定位于坚硬的表皮（Zhou et al.，2016）。

赤拟谷盗的 CPR27 和 CPR18 是存在于翅鞘（高度硬化和色素修饰的前翅）以及前胸节和腹侧表皮中的主要蛋白质，属于 RR2 亚家族。对 CPR27 进行 RNAi 不影响幼虫蜕皮，但会导致成虫翅鞘皱缩、后翅展开、颜色变浅等现象；对 CPR18 进行 RNAi 会导致成虫翅鞘变短，脱水而死亡。同时翅鞘的机械性能也发生了变化，表明翅鞘的蛋白交联程度很高。此外，显微观察发现翅鞘表皮水平片层组装变得无序，孔道变形，缺少粗大的孔道纤维（Noh et al.，2014）。CPR30 是赤拟谷盗的翅鞘蛋白质提取物中含量第三丰富的 CP。CPR30 与几丁质定位在刚性表皮的水平层和垂直孔道中。免疫印迹分析显示 CPR30 在体内表皮成熟过程中经历漆酶 2 介导的交联。CPR30 基因的 RNAi 对幼虫和蛹的生长发育没有影响，但在成虫羽化过程中，约 70% 的成虫无法蜕皮并死亡。这些结果支持了 CPR30 作为交联结构蛋白在赤拟谷盗坚硬表皮的形成中起着不可或缺的作用的假设。赤拟谷盗的另一个 RR1 蛋白（CPR4）则专一地存在于孔道中，其基因沉默会导致孔道形态异常，孔道内充满松散的纤维（Noh et al.，2015）。以上结果均表明 CPR 表皮蛋白也参与了昆虫表皮几丁质组装。RNAi 敲除赤拟谷盗的 CPR69，不会引起明显的翅异常，但显著干扰甲虫的生长并最终达 100% 死亡。CPR69 被蜕皮激素（20E）信号正调控，有助于赤拟谷盗生长过程中表皮形成并维持几丁质的积累（Xie et al.，2022）。家蚕 CPR 基因的功能异常突变降低了幼虫表皮几丁质的含量，影响了其力学性质。褐飞虱大部分 CPR 蛋白（CPR6、CPR56、CPR61、CPR62、CPR64、CPR69、CPR73、CPR83）的沉默会导致成虫死亡且体型偏瘦，CPR47 的沉默会导致昆虫在蜕皮过程中死亡或成年后出现器官异常，表皮中内表皮变得薄而无序，外表皮整体变薄（Pan et al.，2018）。抑制东亚飞蝗翅特异性的表皮蛋白 ACP7 会导致翅形态异常、表皮与上皮细胞分离，抑制 ACP8 也会导致翅发育异常（Zhao et al.，2021）。抑制稻纵卷叶螟的 CPR 蛋白（CPR20）显著降低了幼虫的耐热性和表皮蛋白含量（Guo et al.，2022）。改变 CPR 的表达也可能会改变杀虫剂在昆虫体内的渗透性。

东亚飞蝗上颚中存在富含 His 残基的 CPR 家族成员 LmMHSP，在决定上颚机械性能梯度方面发挥关键作用（Qi et al.，2024）。RNAi 实验结果表明，LmMHSP 对飞蝗上颚机械性能至关重要，其缺失会导致飞蝗生长发育迟缓，体内甘油三酯含量下降。体外重组表达及性质表征实验结果进一步表明，LmMHSP 是飞蝗上颚形成的核心结构蛋白，具有较鱿鱼喙及蠕虫颚相应的 His-rich 蛋白更复杂的功能，包括几丁质结合、液-液相分离、化学交联和金属配位，这些功能之间协同作用从而形成坚硬的基质结构。进一步，本研究还发现飞蝗上颚几丁质骨架微观结构变化影响 LmMHSP 的结合量，从而揭示了 LmMHSP 化学梯度形成的机制，进而揭示了飞蝗上颚机械梯度形成的机制。

（2）CPAP 蛋白

CPAP 蛋白分为两类，分别是含有 1 个 CBD 的 CPAP1 和含有 3 个 CBD 的 CPAP3。昆虫通常含有 10～20 个 CPAP1 和 5～12 个 CPAP3，CPAP 蛋白存在于昆虫的不同组织中，并具有重要的生理功能（Jasrapuria et al.，2012）。

CPAP 基因的抑制可对昆虫产生显著的有害作用。通过 RNAi 抑制赤拟谷盗 CPAP 基因（如 *CPAP1-C*、*CPAP1-H*、*CPAP1-J* 和 *CPAP3-C*）的表达，会导致昆虫在蛹至成虫的蜕皮过程中死亡。抑制 *CPAP3-A1*、*CPAP3-B*、*CPAP3-D1* 或 *CPAP3-D2* 的表达会造成昆虫发育异常，包括鞘翅褶皱、关节僵化以及在不同发育阶段死亡率增加（Jasrapuria et al.，2012）。抑制黑腹果蝇的 A 家族 *CPAP3* 的表达会使前表皮形成紊乱，进而导致严重的生理缺陷，如幼虫死亡或发育迟缓，头部新旧表皮并存，口器出现多牙现象，蛹变得细瘦而畸形。通过 RNAi 抑制东亚飞蝗 *CPAP3-E1* 的表达会导致若虫蜕皮困难而死亡。抑制褐飞虱 CPAP1（*CPAP1-E*、*CPAP1-H*、*CPAP1-K*、*CPAP1-N*）的表达会使昆虫蜕皮困难，成虫部分死亡，存活的成虫体型偏瘦，内表皮变薄且无序。抑制橘小实蝇 *CPAP3* 的表达，会导致部分幼虫身体僵硬紧实，表皮缺乏弹性，部分幼虫无法化蛹（*CPAP3 - E*），化蛹延迟（*CPAP3 - A1*、*CPAP3 - B*、*CPAP3 - E2*），卵巢显著减小（*CPAP3 - D2*）。抑制东方果实蝇的 *CPAP3* 会导致化蛹显著延迟，其中 *BdCPAP3 - D2* 还参与卵巢的发育（Hou et al.，2021）。

最近研究发现，家蚕 *CPAP3 - A1* 能够显著提升壳聚糖材料的机械性能（特别是韧性）和生物相容性，表现了其在生物材料领域的强大应用前景（Wu et al.，2024）。

（3）Tweedle 蛋白

Tweedle（也称为 CPT）基因仅存在于昆虫中，在双翅目中有 27 个，其他目中有 2～4 个，Tweedle 家族显然经历了多次基因复制事件。Tweedle 家族蛋白的特征在于 N 端信号肽和 4 个保守的结构域（DUF243）：$KX_{2-3}YV/F$、$KX_{4-5}FIKAP$、KTX_2YVL、KPEVY/HFXKY。结构预测表明该保守的基序可以形成 β 链。多个 β 链形成桶状结构，可以将芳香族残基排列在一个界面上并通过这个界面与几丁质结合。Tang 等使用家蚕 Tweedle 蛋白 BmorCPT1 证明了 BmorCPT1 在体外具有与几丁质结合的能力。

Tweedle（Twdl）蛋白首先在果蝇中得到证实，*TwdlD* 基因突变使得果蝇幼虫身体长宽比变小，整体呈现矮胖表型，不影响生存率。Twdl 蛋白在体型决定或维持中起着关键作用，这可能依赖于其在角质层内的定位和功能（Zuber et al.，2020）。果蝇的细胞外 Twdl 蛋白在表皮表面下方和一层不同的二酪氨酸化蛋白（可能是弹性蛋白）上方形成两个相邻的二维薄片。3 种可能的情况可以解释 Twdl 蛋白对昆虫体型的影响：①突变的 Twdl 蛋白无法转运到表皮，Twdl 囊泡的积累可能会扰乱质膜动力学，从而导致细胞正常形状丧失，改变的细胞形状反过来会影响身体形状。②Twdl基因的显性突变导致 Twdl 蛋白的异位聚集，这些原表皮中的聚集体扰乱表皮细胞表面的平行脊。这说明 Twdl 蛋白对身体塑造至关重要，表皮脊的定向障碍也可以解释 Twdl 突变幼虫的矮胖表型。③表皮本身或上表皮-原表皮界面的耗竭可能是 Twdl 突变幼虫体型异常的原因。Twdl 蛋白质聚合物负责相邻的二酪氨酸化层的形成和其他 CPs 的定位，包括被认为赋予弹性的 Resilin。Twdl 聚合物和/或上表皮-原表皮界面的二酪氨酸化蛋白赋予表皮抵抗内部静水压力的能力。由于角质层变弱并假设静水压力正常，Twdl 突变幼虫变得又粗又短。此外，幼虫身体形状从圆变细长，取决于 Tubby（Tb）和 CPR 家族蛋白 Cpr11A 的功能。Tb 和 Cpr11A 的重叠定位表明这些蛋白质之间存在相互作用。推测这些多重相互作用对幼虫身体从圆变细长有累加性贡献（Tajiri et al.，2017）。Twdl 家族除了在表皮中充当表皮结构蛋白外，在免疫方面也具有功能。BmCPT1 在大肠杆菌攻击的家蚕血细胞中被诱导并经历翻译后修饰。BmCPT1 可能与肽聚糖识别蛋白 5（BmPGRP5）和多糖结合蛋白（BmLBP）一起识别血淋巴中的大肠杆菌，并间接激活 BmRelish1 诱导抗菌肽合成（Liang et al.，2015）。

研究者已经提出 Tweedle 蛋白作为抑制昆虫生长发育靶点的潜力。据报道，抑制东亚飞蝗的 Tweedle 基因（*Twdl1*）的表达，会导致其表皮变薄，并破坏表皮层中几丁质纤维的排列，导致幼虫到蛹的蜕皮过程中的高死亡率（Song et al.，2016）。同样，在果蝇中也观察到，Tweedle 基因突变会导致表皮层组织异常，进而改变身体形态，幼虫和蛹的体型变得短粗（Guan et al.，2016）。赤拟谷盗的 *Twdl2* 沉默，会导致成虫出现异常表型，包括翅鞘纹路变浅、不规则和无法闭合。Twdl2 蛋白在维持赤拟谷盗成虫表皮的完整性方面具有重要作用，Twdl2 蛋白的缺失会造成赤拟谷盗成虫的高死亡率。抑制稻纵卷叶螟的 Tweedle 基因（*Twdl1*），也会显著降低幼虫的耐热性和表皮蛋白含量（Guo et al.，2022）。

（4）其他表皮蛋白

从赤拟谷盗成虫鞘翅的蛋白提取物中鉴定出 4 种主要的 CPs，分别为 TcCPR27、TcCPR18、TcCPR4 和 TcCP30。所有这些 CPs 都大量存在于硬表皮中，包括鞘翅背面、前腹、腹侧和腿，而在柔软和有弹性的表皮中则没有或非常少。TcCPR27 和 TcCPR18 是 CPR 的 RR－2 家族成员，定位于成虫坚硬表皮的几丁质水平层和垂直孔道中，TcCPR4 含有一个 RR－1 基序（Noh et al，2015），比其他 CPs 更容易从缺乏 TcCPR27 的成虫的翅鞘中提取。TcCPR4 对坚硬表皮中 PCFs 和孔道的形态和超微结构有重要影响。有报道赤拟谷盗的一个表皮蛋白 TcCP30，具有低复杂度序列，通过漆酶 2 与 RR－2 CP（TcCPR18 和 TcCPR27）交联，但不与 RR－1 CP（TcCPR4）交联。TcCP30、TcCPR18 和 TcCPR27 等 CPs 都含有高比例的 His 残基。RR－2 CPs 含有 His 和 Lys，这些氨基酸与硬化试剂反应，因此这些富含 His 残基的 CPs 被认为参与了坚硬表皮的构建（Mun et al.，2015）。

阐明表皮蛋白与几丁质相互作用的机制是揭示昆虫角质层组装机制的前提。Gong 等（2022）报道了来自亚洲玉米螟幼虫头部含量最高的表皮蛋白（OfCPH－1）。OfCPH－1 具有 3 个保守的 18－aa 基序和富含 AH 的区域，不包含任何已知的几丁质结合结构域。OfCPH－1 和壳聚糖（脱乙酰几丁质）形成凝聚液滴，并且随着时间的推移，液滴变得更加呈凝胶状，这与昆虫角质层的脱水过程非常吻合。OfCPH－1 和壳聚糖之间的分子相互作用是它们在溶液中相分离行为的关键，对昆虫表皮的组装和进化具有重要意义。静电相互作用显著影响微滴的流动性，盐浓度增加可以显著加速凝聚物的液-凝胶转变。OfCPH-1 富含 A、H 和 Y，CPH-1 也可能参与表皮中邻醌和对醌介导的硬化反应，增加蛋白质的疏水性，导致基质进一步脱水和变硬。最近研究发现，OfCPH-1 能够显著提升壳聚糖材料的机械性能（特别是模量）和生物相容性，表现了其在生物材料领域的强大应用前景（Chen et al.，2024）。

5.2.2　Knickkopf 家族蛋白

几丁质的合成和几丁质结合蛋白的分泌是空间分离的过程，并且可能需要一些细胞外自组装机制来实现几丁质与其伴侣的定型结合。除了结构蛋白外，几丁质的定向组装还需要分泌的酶和膜插入因子。几丁质组织蛋白 Knickkopf（Knk）和 Retroactive（Rtv）在过去几年中已经在果蝇和赤拟谷盗中鉴定并在一定程度上表征。

Knk 最初被鉴定为影响黑腹果蝇表皮完整性的基因，而后 Ostrowski 等（2002）克隆了该基因。自此，在许多昆虫和线虫中都发现了该基因的同源基因。昆虫基因组中一般有 3 个编码 Knk 的基因，它们都包含一个多巴胺单加氧酶 N 端结构域（DOMON）、两个富含 β 折叠的 DM13 结构域和一个功能未知的较长的 C 端结构域，其中 DOMON 和 DM13 结构域已经被报道参与蛋白羟基化和氧化交联过程的电子传递（Iyer et al.，2007）。DOMON 结构域含有 C 端结构区，预测该结构区可能提供巯基作为与细胞色素相关的血红素修复基团的结合位点，但也可能与其他配体如多巴胺和糖类相互作用。

在黑腹果蝇中，Knk 基因突变会导致胚胎死亡以及气管中几丁质结构消失，从而呈现囊性表型，这可能是由于几丁质不能正确组装而变得不定形所导致的（Moussian et al.，2006）。在赤拟谷盗中，对表皮中高表达的 Knk1 进行 RNAi 会导致昆虫所有发育阶段的表皮几丁质含量明显下降、表皮片层组织消失、严重的蜕皮缺陷和死亡（Chaudhari et al.，2011），另外两种 Knk 同源基因（Knk2 和 Knk3）则对于成虫蜕皮至关重要，其基因沉默会导致昆虫死亡，但这些影响仅限于体壁壁齿和气管螺旋带，表明它们只在昆虫表皮组装过程中发挥特定功能（Chaudhari et al.，2014）。东亚飞蝗的 3 个 LmKnk 基因（LmKnk2、LmKnk3-FL 和 LmKnk3-5′）在蜕皮前高表达。LmKnk3-5′基因沉默导致蝗虫蜕皮缺陷和高死亡率；几丁质含量降低，但不影响表皮层的超微结构；表皮表面的脂质沉积受到阻碍，蝗虫对 3 个不同类别的 4 种杀虫剂的易感性增加。然而，在 *LmKnk2* 或 *LmKnk3 - FL* 被沉默后，没有观察到明显的表型变化。

TcKnk 蛋白已在昆虫杆状病毒系统中表达，结果表明其为 GPI 锚定蛋白，可通过磷脂酰肌醇依赖的磷脂酶 C 处理后从昆虫细胞中被释放出来 (Chaudhari et al.，2013)。在体内，Knk 与几丁质共定位并分布于前表皮，纯化后的重组蛋白也可以结合胶体几丁质，同时对蜕皮液中两种主要的几丁质酶进行 RNAi 可以补偿由于 *TcKnk* 基因沉默造成的几丁质含量的减少，表明 Knk 蛋白可能参与保护几丁质免受几丁质酶水解。但几丁质酶和 *Knk* 基因同时沉默后，昆虫体内几丁质也失去了明暗交替的片层或长孔道纤维的结构，这表明 Knk 不仅保护几丁质纤维不被降解，同时也参与将几丁质纤维组装成更厚更长的几丁质束，这些几丁质束再进一步组装成有序的水平片层和长的孔道纤维。Knk (可能与其他几种蛋白质合作) 完成这一过程的确切机制尚不清楚。不过几丁质合成时期，Knk 表达的时间点和表达水平似乎对黑腹果蝇的翅表皮及其他表皮结构的完整性起到重要作用 (Li et al.，2017)。

几丁质的有序组装特别需要 Knk 和 Rtv，它们是具有未知生化功能的膜相关因子。Knk 通过 C-末端糖基磷脂酰肌醇 (GPI) 锚插入顶端质膜，而 Rtv 具有 C-末端跨膜结构域。Rtv 在节肢动物中是保守的，属于 Ly6 型蛋白家族，其特征是 3 个环暴露出高度保守的芳香氨基酸，这些氨基酸被假设与伴侣结合。其他 Ly6 型蛋白似乎对侧质膜蛋白分泌过程中的分选事件很重要。基于这些发现，推测 Rtv 是将几丁质组织因子运输到顶端质膜所必需的。Chaudhari 等 (2013) 在赤拟谷盗中证明了这一点。TcRtv 定位于皮细胞，将 Knk 运输到新表皮，帮助 Knk 保护新表皮。果蝇的 Rtv 在胚胎的头部外骨骼、器官螺旋管及皮细胞中表达，干扰后表皮畸形，片层结构消失 (Moussian et al.，2006)。

5.2.3 围食膜蛋白

除了昆虫表皮外，中肠上皮细胞分泌的围食膜也富含几丁质。负责合成围食膜几丁质的几丁质合成酶为 CHS - B，是合成表皮几丁质 CHS - A 的同源酶，CHS - B 位于中肠刷状边缘微绒毛的顶端。昆虫中肠细胞不表达参与表皮几丁质组装的其他蛋白，如 Knk、几丁质脱乙酰基酶 (CDA) 和 CPAPs，昆虫中肠细胞表达的蛋白称为围食膜蛋白 (PMP)，其不包含 R&R 蛋白，但由其他家族的蛋白组成。PMP 具有与昆虫表皮 CPAP 蛋白 CBD 结构域相似但略有不同的 CBD (Tetreau et al.，2015)。以上这些差异可能决定了昆虫表皮和围食膜几丁质具有不同的特性，即表皮几丁质具有刚性和疏水性，而围食膜几丁质则具有高水化、柔韧、对小分子溶质和水具有渗透性的特点。PMP 将几丁质纤维与多种 CBD 交联形成围食膜结构。因此，PMP 对于围食膜的结构和功能是必不可少的，可以作为新型杀虫剂的靶点。

在围食膜的形成过程中，昆虫可能有多个重复的 PMP 参与，要有效地以 PMP 为靶点破坏围食膜结构，可能需要在昆虫中靶向多个 PMP。有研究结果表明，RNAi 抑制赤拟谷盗中两种 PMP（PMP3 和 PMP5－B）确实会导致幼虫生长和蜕皮异常，并最终导致死亡（Agrawal et al.，2014）。抑制家蝇的 PMP（PM－17）会导致抗菌肽的表达，与抗菌反应有关（Wang et al.，2020）。

有证据表明，围食膜的通透性可能会受中肠特定区域的 PMP 蛋白的影响，PMP 蛋白的大小取决于其中 CBD 的数量（数量为 1 到 19 不等），使得不同的几丁质链通过单一蛋白结合/交联形成三维网络结构。中肠不同位置的围食膜中蛋白和几丁质含量并不一致，一般中肠后部的围食膜机械强度较高，中肠前部的围食膜则主要以一种薄凝胶状（也称为围食膜凝胶）形式存在。在赤拟谷盗中，PMP 基因在中肠不同位置的表达水平不同，编码较小 PMP 的基因主要集中在中肠前部和中部表达，编码最大 PMP 以及包含 CBD 数量最多的基因特异性地仅在中肠后部表达（Jasrapuria et al.，2012；Agrawal et al.，2014）。

围食膜相关蛋白的另一个功能可能是影响围食膜的通透性，一些 PMP 蛋白具有较大的黏蛋白结构域，这些黏蛋白结构域富含丝氨酸和苏氨酸，并且是糖基化的。在赤拟谷盗中，与其他没有黏蛋白结构域的 TcPMP 相比，具有糖基化的两个 PMP（TcPMP3 和 TcPMP5B）的基因沉默会导致围食膜孔隙显著增大（Agrawal et al.，2014）。目前尚不清楚这是对围食膜孔隙大小的直接影响，还是由于其他蛋白与糖分子结合导致的变化，但是有研究表明给库蚊幼虫饲喂凝集素（糖蛋白或结合糖的蛋白）会导致幼虫死亡。此外，PMP 也可能是通过改变围食膜的电荷进而影响围食膜通透性的。在糖基化蛋白存在的情况下，阳离子比阴离子更容易通过围食膜（Barbehenn，2001）。

5.3　几丁质代谢关键酶

昆虫几丁质的合成在不同发育阶段受时间和空间调控。几丁质的生物合成、降解和循环利用涉及四大类酶：几丁质合成酶（CHS）、几丁质脱乙酰基酶（CDA）、几丁质酶（CHT）和 N-乙酰己糖胺酶（Hex），这些几丁质合成代谢的关键酶是昆虫防治技术发展的潜在靶点。

5.3.1　几丁质合成过程、降解系统

几丁质存在于昆虫的不同细胞外基质中，这些结构对于昆虫的生长发育具有重要的作用。昆虫在几丁质生产过程中消耗大量能量，使用基于碳水化合物的能量储存来开始其合成。几丁质合成可分为三个主要步骤：一是合成结构单元 N-乙酰氨基葡萄糖（GlcNAc），二是遵循 Leloir 途径产生活化的氨基糖 UDP-GlcNAc，三是使用 UDP-GlcNAc 作为糖供体聚合几丁质（Muthukrishnan et al.，2012）。前两个亚反应发生在细胞质中，第三个亚反应发生在质膜的特殊微域（图 5.1）。糖原通过糖原磷酸化酶转化为葡萄糖-1-磷酸，葡萄糖-1-磷酸被加入糖酵解过程或用于海藻糖的合成。海藻糖反过来可以通过海藻糖酶催化水解生成葡萄糖。葡萄糖转化为果糖-6-磷酸需要己糖激酶（EC 2.7.1.1）、磷酸葡萄糖变位酶（EC 5.4.2.2）和葡萄糖-6-磷酸异构酶（EC 5.3.1.9）。从果糖-6-磷酸开始，几丁质生物合成途径分支，催化该分支的第一种酶是谷氨酰胺-果糖-6-磷酸酰胺转移酶（GFAT，EC 2.6.1.16）。GFAT 催化的反应通过将氨从底物 1-谷氨酰胺转移并异构化得到的果糖-6-磷酸，将果糖-6-磷酸转化为葡萄糖胺-6-磷酸。接下来，通过氨基葡萄糖胺-6-磷酸乙酰转移酶（EC 2.3.1.4）添加来自乙酰辅酶 A 的乙酰基，得到 GlcNAc-6-P，然后通

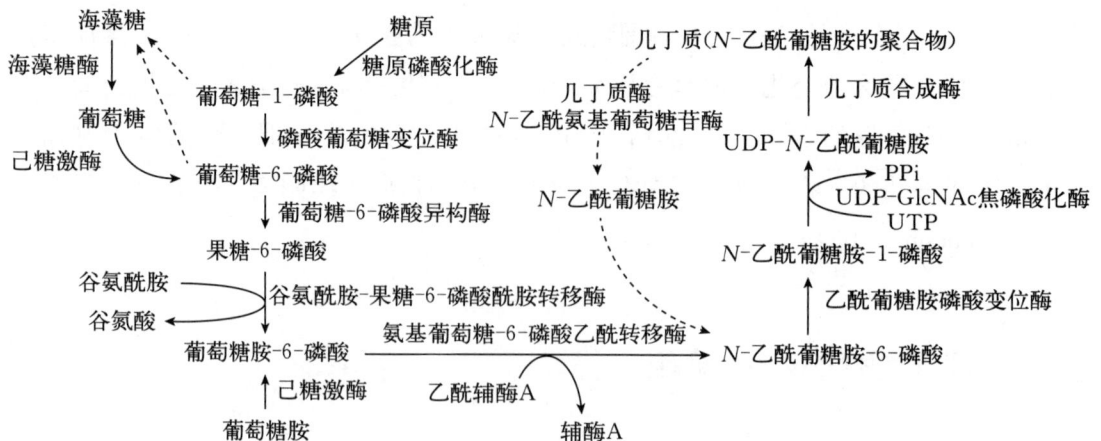

图 5.1　几丁质合成代谢途径

过磷酸乙酰葡糖胺变位酶（EC 5.4.2.3）将其磷酸盐从 C-6 转移到 C-1 位，再被 UDP-GlcNAc 焦磷酸化酶（UAP，EC 2.7.7.23）尿苷基化，产生 UDP-GlcNAc，其作为几丁质合成酶（CHS，EC 2.4.1.16）的底物，CHS 是一种膜整合糖基转移酶，将 UDP-GlcNAc 的糖部分转移到生长中的几丁质链。几丁质被几丁质酶（CHT，EC 3.2.1.14）和 N-乙酰氨基葡萄糖苷酶（EC 3.2.1.52）降解，产生可重复用于几丁质生物合成的 GlcNAc。

几丁质合成第一步反应中的限速酶似乎是 GFAT。第二步反应中的关键酶是 UAP，最后一步反应中是 CHS。这三种酶似乎受到高度调节，并决定了几丁质合成的速度。近期，来自草地贪夜蛾的 UAP 酶的晶体结构被解析出来（Lu et al.，2024）。研究表明，其活性口袋中存在不同于人类同工酶的一个游离半胱氨酸和一个镁离子结合位点。这些特征可以用于设计共价及非共价的选择性抑制剂，为绿色农药的设计提供了新的靶标和先导化合物。大豆疫霉菌中几丁质合成酶的冷冻电镜结构也被解析出来，首次揭示几丁质生物合成的完整过程包括三个步骤：酶与底物结合、新生成的几丁质链延伸、产物释放，并阐明了活性小分子尼克霉素抑制几丁质生物合成的机制（Chen et al.，2022）。

几丁质合成酶属于进程性的糖基转移酶 2 家族（GT2），具有糖基转移酶的典型蛋白结构，即一个开放的 β 片层，其两侧分别被一个 α 螺旋包围。节肢动物（包括昆虫）的几丁质合成酶有两个跨膜区，它们由细胞内一个大的中央环状结构域连接，该环状结构域包含几个催化关键氨基酸残基和基序。与细菌纤维素合酶（BcsA）类比，Morgan 等推测几丁质合成酶靠近催化域的一组跨膜螺旋在细胞膜内形成通道，将延伸的几丁质链转运释放至胞外（Morgan et al.，2016）。不断延长的几丁质链的转运和释放过程则可能通过多个几丁质合成酶自组装形成的寡聚复合物来驱动完成（Gohlke et al.，2017）。

对酵母几丁质合成酶氨基酸定点突变和细菌纤维素合酶 BcsA 晶体结构的研究发现（Morgan et al.，2016），几丁质合成酶的胞内环状结构域包含关键的氨基酸残基和基序，即 QRRRW（该基序的 Trp 残基位于 BcsA 中跨膜通道入口处的受体葡萄糖结合位点附近）和 EDR（催化碱，相当于纤维素合酶"指状螺旋"N 端的 TED 基序）。"指状螺旋"在纤维素合酶转运前和转运后分别占据两个不同的位置（"向下"和"向上"位置），该过程由称为"门控螺旋"或"界面螺旋"的另一个螺旋控制，该螺旋位于碳水化合物传导通道的底部。基于同源结构模拟，研究者们对酵母几丁质合成酶 CHS3 也提出了类似的假设（Gohlke et al.，2017）。

Dorfmueller 等 (2004) 对另一种 GT2 家族成员 NodC 进行了详细研究，该酶来自苜蓿根瘤菌（*Sinorhizobium meliloti*），只能合成短链几丁寡糖，不能合成更长的几丁质链。通过以纤维素合酶复合物为模板建立结构模型和定点突变实验，Dorfmueller 等分析了 NodC 催化关键残基（EDR 和 QR/QRW 基序），并从结构角度解释了 NodC 为何不能合成长链几丁质。这是由于 NodC 催化位点被亲水性产物结合口袋封闭，并且缺少在进程性几丁质合成酶中发现的开放跨膜通道。他们还提出了一种生化机制，几丁质生长链的两个末端糖在受体位点重新定位时发生旋转，以进行下一轮聚合，在随后的步骤中，每隔一个合成步骤＋1 位糖旋转一次，以维持糖苷键的 β-1,4-取向。

有证据表明几丁质合成酶在细胞膜上会组装成二聚或寡聚复合物。通过双分子荧光互补技术，Gohlke 等 (2017) 证明了酵母几丁质合成酶 CHS3 亚基在芽颈和侧面细胞质膜上形成寡聚体，这些寡聚体甚至可能在内质网中形成，最终转运到高尔基体、芽颈或质膜。凝胶筛分色谱实验表明烟草天蛾（*Manduca sexta*）中肠的几丁质合成酶 CHS2 似乎也以寡聚体形式存在（可能为三聚体）。在酵母中，N 端结构域的相互作用以及囊泡运输途径的几种蛋白质可能共同参与了酵母 CHS3 的寡聚化。像纤维素合酶一样，较大的几丁质合成酶聚合体协同参与了几丁质纤维的合成，几丁质纤维继而自发地组装形成包含 18～24 股几丁质链的几丁质微纤维。这种合成机制有利于几丁质链平行排列形成 β-几丁质，对于如何形成反平行排列的 α-几丁质不能给出很好的解释。因此，几丁质链合成后的组装调控过程一定还涉及其他机制。

昆虫的几丁质酶有 11 个分支，其中参与蜕皮的主要是 Ⅰ 家族几丁质酶（Cht Ⅰ）、Ⅱ 家族几丁质酶（Cht Ⅱ）、h 家族几丁质酶（Chi-h）。Cht Ⅰ 和 Cht Ⅱ 是内切酶，可从内部切断几丁质链产生游离末端。Chi-h 是一种外切几丁质酶，从还原端进程性降解几丁质链。内切的 Cht Ⅰ/Cht Ⅱ 增加了 Chi-h 与底物的结合，因为 Cht Ⅰ 或 Cht Ⅱ 在"链末端点"抛光了几丁质原纤维，为 Chi-h 提供了更容易接近的还原末端。Cht Ⅰ/Cht Ⅱ 也增强了 Chi-h 的进程性。几丁质酶负责水解几丁质链产生几丁寡糖；β-N-乙酰己糖胺酶进一步将几丁寡糖水解为 GlcNAc；多糖氧化裂解酶可以氧化裂解晶态几丁质（Qu et al.，2022）。

5.3.2　几丁质合成酶

几丁质合成酶（CHS）催化 UDP-N-乙酰葡萄糖胺合成几丁质（Merzendorfer，

2006）。昆虫几丁质的合成依赖两个几丁质合成酶，即 CHS1 和 CHS2（也称为 CHS‑A 和 CHS‑B）。CHS1 和 CHS2 在组织表达特异性方面存在差异，其中，CHS1 参与表皮的几丁质合成以及表皮形成，而 CHS2 只参与中肠围食膜几丁质的合成。这两类 CHS 蛋白的结构域组成大致相同，但存在一些显著差异。虽然两者 N 端结构域均有一组跨膜区，但跨膜区的个数不同。与跨膜区相连的是中央催化域，与酵母 CHS 相似，该催化域也具有"指状螺旋"和"门控螺旋"，因此推测昆虫 CHS 也是进程性催化机制。上述两类昆虫 CHS 的 C 端结构域的跨膜区的数量和组成相似，但 CHS‑B 没有卷曲螺旋。此外，两类昆虫 CHS 合成的产物形态也不同，CHS‑A 合成的几丁质会被组装成疏水性的几丁质片层（α‑形态），但 CHS‑B 合成的产物是亲水性的交叉型几丁质基质（大概率是 β‑形态），因此它们序列上的差异（如卷曲螺旋）可能决定了它们在寡聚化或与其他蛋白质的相互作用方面的差异，进而决定了其几丁质产物组装后的差异。值得注意的是，表皮中发现的几种几丁质装配因子在中肠上皮细胞中不表达，包括 Knk、CPAP3A、CPAP3C、CDA1 和 CDA2，对这些蛋白的基因敲除或沉默会导致前表皮几丁质纤维结构成为无定形和无序状，说明它们可能参与几丁质的装配（Noh et al.，2018a，2018b）。

编码几丁质合成酶的基因序列较为复杂，存在可变剪切。以昆虫 CHS1 为例，其含有两种可变外显子，编码 59 个氨基酸，包括 C 端倒数第二个跨膜区。可变外显子的存在使得昆虫在特定组织或发育阶段可以控制不同外显子编码 CHS1 蛋白的表达。可变外显子 b 主要在气管组织中表达，可变剪切外显子 b 的 RNAi 会产生与可变剪切外显子 a 的 RNAi 不同的表型。

Qu 等（2011）报道了鳞翅目昆虫亚洲玉米螟（*Ostrinia furnacalis*）特有的新可变外显子（位于外显子 2 上），这组可变外显子主要在表皮细胞中表达，这两对外显子的 4 种转录产物（2a、2b、19a 和 19b）均有差异表达。在所有发育阶段，以外显子 2a 的转录本为主，外显子 2b 的转录本来源于主启动子下游的一个启动子，缺少了外显子 1。外显子 2b 转录本的基因沉默只影响三龄幼虫头壳的形成。外显子 19a 在除蛹期第 3 天外的所有发育阶段均有表达，而 19b 主要在卵第 3 天和蛹第 3 天表达，表明昆虫不同的发育阶段需要不同可变外显子的转录产物。2a 或 19a 外显子转录本的 RNAi 导致昆虫蜕皮障碍，而外显子 2b 转录本的 RNAi 导致三龄幼虫"双头"蜕皮表型。以上结果表明 *CHS‑A* 基因的每个转录本在特定的发育阶段或特定的组织中都是必需的。

家蚕 CHS1 基因也存在可变外显子 2 和可变启动子。两个 CHS1 外显子 2 可变剪切转录本的表达模式分析表明，它们在不同发育时期以及不同性别昆虫中存在差异调控，一般在雄性家蚕蛹中期的翅中具有较高的表达水平。RNAi结果表明该转录本的缺失会导致翅几丁质含量降低以及翅脉卷曲（Xu et al.，2017）。当五龄幼虫第三天被注射20-羟基蜕皮酮（20-HE）时，或将表皮组织浸入含有20-HE的培养基中孵育时，两种启动子转录本的响应不同。这些结果表明鳞翅目昆虫可能利用另一种启动子来调控蛹中期的翅发育。玉米叶蛾（*Heliothis zea*）CHS2也具有可变剪切体，但该蛋白产物在保留跨膜片段的同时，缺少催化结构域，其具体的生理功能尚不清楚（Shirk et al.，2015）。

通过抑制昆虫体内CHS1或CHS2的表达，研究者发现CHS1和CHS2具有作为抑制昆虫生长发育靶点的潜力。在抑制CHS1基因表达的情况下，昆虫的表皮形成和气管结构发生异常、发育缓慢、死亡率增加。同样，抑制昆虫体内CHS2基因的表达，会导致围食膜的通透性增加，从而导致发育迟缓和死亡率增加，尤其是在幼虫到成虫的蜕皮期间（Chang et al.，2022；Saxena et al.，2022）。

几丁质合成酶是几丁质生物合成的核心元件，自然界中还存在一些辅助蛋白来助力几丁质生物合成。来自烟草天蛾（*M. sexta*）的胰凝乳蛋白酶样蛋白酶（Ctlp1）控制中肠几丁质合成酶（CHS2）活性和围食膜形成。在黑腹果蝇表皮形成中，Expansion（Exp）和Rebuf（Reb）执行可互换的功能，在时间和空间上受到高度调节以确保在正确的组织和发育阶段积累几丁质（Moussian et al.，2015）。此外，需要Rab11和Dusky-like（Dyl）来准确定位Krotzkopf verkehrt（Kkv）。Serpentine（Serp）和Vermiform（Verm）是两种几丁质脱乙酰酶，对几丁质组织至关重要。此外，Rtv使Knk能够适当地转运到新分泌的角质层部位，Knk促进几丁质有序组装并防止几丁质降解。Obstructor A（Obst-A）结合几丁质并与Knk和Serp相互作用，协调顶端细胞表面的蛋白质和几丁质基质包装（Pesch et al.，2015）。来自黑腹果蝇的胆碱转运蛋白样蛋白2（Ctl2）与黑腹果蝇中几丁质合成酶Kkv相互作用。Ctl2在翅表皮的几丁质生物合成中起重要作用，并可能通过囊泡运输和/或其胆碱运输功能损害表皮Kkv的几丁质生物合成（Duan et al.，2022）。黑腹果蝇的肌浆网/内质网Ca^{2+}-ATPase（SERCA）与Kkv之间存在物理相互作用，并参与几丁质生物合成。DmSERCA在翅中的敲除导致翅变小和皱缩，几丁质沉积显著减少，几丁质片层结构丧失。这类似于其他与几丁质生物合成相关的基因被沉默时的表型（Zhu et al.，2022）。脂肪酸结合蛋白（Fabp）也与Kkv存在物理相互作用。在黑腹果蝇中对Fabp进行全局敲除会诱导果蝇在幼虫阶段死亡。翅上的Fabp敲除导致翅发育异常和表皮表面不均匀。Fabp 可能负责吸收脂肪酸并将其运输到 Kkv 附近，同时合成几丁质以确保脂肪酸和几丁质一起分泌到表皮中（Chen et al.，2022）。

5.3.3　几丁质脱乙酰基酶

几丁质脱乙酰基酶（CDA；E. C. 3. 5. 1. 41）和几丁寡糖脱乙酰基酶（E. C. 3. 5. 1. 105）隶属于糖脂酶 4 家族（CE4）。CDA 广泛分布于微生物和节肢动物中，其中对于微生物源 CDA 的研究较为透彻。CDA 可作用于初生几丁质（与几丁质合成酶协同作用）、可溶性几丁质如乙二醇修饰几丁质或几丁寡糖，但对于结晶态几丁质或胶体几丁质仅具有微弱的活力。通过裂解性多糖单加氧酶（LPMO）预处理结晶态几丁质可以增强 CDA 对底物的活性，LPMO 可以氧化裂解几丁质中的糖苷键使底物表面暴露更多的乙酰基团（Liu et al.，2017）。CDA 含有保守的苜蓿根瘤菌几丁寡糖脱乙酰基酶 NodB 同源结构域（约 150 个氨基酸），该结构域为缺失一组 α/β 的扭曲 $(\alpha/\beta)_8$-桶状结构，某些 CDA 还包含一些额外的环状结构区。CDA 活性中心由 5 个保守基序和金属离子组成，其中基序Ⅰ（TFDD）包含两个天冬氨酸，第一个天冬氨酸是作为催化碱的关键氨基酸，第二个天冬氨酸参与锌离子的结合。基序Ⅱ（HS/TXXH）包含两个组氨酸，它们与基序Ⅰ中的第二个天冬氨酸共同参与锌离子的结合，从而形成环状 His - His - Asp 金属离子三联体。基序Ⅲ（RXPY）和基序Ⅳ（DXXDW/Y）主要参与形成底物结合口袋的顶侧和底侧，并提供与底物结合相关的氨基酸。基序Ⅴ（IV/ILXHD）形成了一个与 C2 乙酰甲基结合的疏水口袋，其中组氨酸是作为催化酸的关键氨基酸（Grifoll - Romero et al.，2018）。昆虫 CDA 的基序Ⅳ（SMVDS/A）与细菌、真菌的基序Ⅳ序列不同。并且在所有昆虫中肠 CDA 中，基序Ⅲ和基序Ⅳ之间还有一个在细菌和真菌中没发现的由 55 个氨基酸残基组成的区域。通过晶体结构研究发现 CDA 中特定的环状结构区决定了其对几丁寡糖底物的脱乙酰作用模式，CDA 催化反应是金属辅助的酸碱催化，以一个结合在活性位点处的水分子作为亲核试剂。目前已确定了 8 个 CDA 的晶体结构，其中第一个昆虫家蚕中肠 BmCDA8 和表皮 BmCDA1 晶体结构在 2019 年解析获得，并发现昆虫几丁质脱乙酰基酶具有独特的拓扑结构和底物结合裂缝结构（Liu et al.，2019），其余 CDA 结构均来自于细菌或真菌。

第一个编码昆虫 CDA 的基因是在粉纹夜蛾（*Trichoplusia ni*）的中肠中被发现的。随后，在对 12 种节肢动物（10 种昆虫、1 种蜘蛛纲动物鹿蜱和 1 种甲壳动物水蚤）的完整基因组进行基因搜索时发现编码 CDA 及相关蛋白的多个基因。根据系统发育可将 CDA 蛋白分为五类，虽然所有 CDA 都具有 CE4（NodB）同源结构域，但一些类别的 CDA 还具有其他结构域，包括低密度脂蛋白受体结构域（LDLa），CBM14 家族几丁质结合结构域和富含丝氨酸-苏氨酸-脯氨酸-谷氨酰胺的长连接区结构域（Dixit et al.，2008）。虽然所有五类 CDA 都具有 5 个保守的催化基序、金属离子或底物/产物结合位点，但一些类别 CDA 的催化关键氨基酸残基已发生突变，因此这些类别的 CDA 可能不具有酶活性。但是，CDA 活性测定方法的欠缺和多种CDA 作用模式认知的欠缺阻碍了对其生理功能的研究（Grifoll - Romero et al.，2018）。大多数活性测定方法使用可溶性几丁质作为底物来检测所生成的壳聚糖，这类方法需要几丁质底物按顺序进行脱乙酰作用，因此此类方法不适用于仅在特定位置（例如在几丁质链的末端处或附近）或随机催化的 CDA 的活性测定。然而，目前尚有一些成功检测到 CDA 活性的例子，包括使用几丁寡糖为底物和检测反应产物乙酸的方法。

迄今为止，第一类 CDA 的生理功能得到了广泛的研究，黑腹果蝇纯合突变体的研究表明，第一类 CDA 具有重要的生理功能，果蝇第一类 CDA 即 CDA1（Serpentine，Serp）和 CDA2（Vermiform，Verm）突变体导致胚胎发育过程中气管形态扭曲（Luschnig et al.，2006）。Dong 等（2014）随后发现 Serp 在果蝇气管细胞中表达并对气管的延伸具有调控作用。Serp 被脂肪体表达后分泌出来然后被气管细胞吸收并转运至气管内腔参与正常气管的发育过程。Serp 是果蝇成虫翅表皮形成过程中参与几丁质去乙酰化的主要酶，Verm 在几丁质层状排列过程中起重要作用。Serp 和Verm 含有几丁质结合结构域，并且与来自细菌的几丁质脱乙酰基酶具有显著相似性，这表明几丁质脱乙酰化为壳聚糖是修饰几丁质的中心修饰反应。然而，Serp 和Verm 的这种功能缺乏生化证据。Serp 和 Verm 的另一个域，N 端低密度脂蛋白（LDL）结构域，可能使这些酶能够与脂质（包括胆固醇）结合。赤拟谷盗 CDA1 和CDA2 基因主要在表皮和气管组织中表达，基因沉默后导致幼虫-幼虫、幼虫-蛹和蛹-成虫的蜕皮均无法完成并最终导致死亡。在东亚飞蝗中观察到相似的结果，RNAi五龄幼虫第二天 CDA2 的表达导致蜕皮失败（Yu et al.，2016）。对马铃薯甲虫（*Leptinotarsa decemlineata*）CDA2 的 RNAi 也导致了蜕皮障碍、蛹形态异常、成虫虫体小、翅膀皱缩和较高的成虫死亡率（Wu et al.，2018）。综上，CDA 的缺失会导致多种昆虫各个发育阶段的蜕皮障碍和表皮异常。这些研究表明，第一类 CDA 是害虫控制的潜在靶点。

　　不同 CDA 的生理功能存在差异，不同昆虫的 CDA 功能也可能存在差异。然而，据报道，抑制昆虫体内的某些 CDA 会对生长发育产生有害影响。通过 RNAi 抑制 I 家族 CDA 可能会导致昆虫的蜕皮异常或表皮缺陷。通过 RNAi 抑制半翅目昆虫褐飞虱的 III 家族 CDA 会造成蜕皮异常，抑制 IV 家族 CDA 会造成蜕皮缺陷，抑制鳞翅目棉铃虫的 IV 家族 CDA 同样也会造成幼虫生长异常和延迟化蛹。通过 RNAi 抑制 V 家族 CDA，可能改变围食膜的渗透性，降低病原体感染的可能性（Shaoya et al.，2016）。CDA 的生理作用需要进一步了解，但很明显，至少有一些 CDA 可能是昆虫控制的潜在靶点。

　　除了第一类 CDA 外，其他类 CDA 的生理功能尚不明确。在对赤拟谷盗 CDA 的研究中，将中肠特异性表达的 TcCDA6、TcCDA7、TcCDA8 和 TcCDA9（属于第五类 CDA）基因沉默后，虽然显著降低了单个或多个 CDA 的转录水平和蛋白表达量，但没有观察到昆虫发育表型异常（Arakane et al.，2009）。然而，用携带棉铃虫（*Helicoverpa armigera*）第五类 CDA 的重组杆状病毒去感染草地贪夜蛾（*Spodoptera frugiperda*）和甜菜夜蛾，与野生型杆状病毒相比显著提高了杀灭两种害虫的速度（Jakubowska et al.，2010）。这些研究表明高浓度的中肠 CDA 可能会改变围食膜的通透性。

　　透射电镜分析 CDA 基因沉默前后昆虫表皮结构的微观变化发现，东亚飞蝗若虫表皮中的孔道呈现新月形螺旋状，这样的螺旋状孔道可能由表皮内几丁质纤维面相互旋转一个小角度形成（Yu et al.，2016）。*LmCDA2* 基因沉默后亚洲飞蝗表皮内新形成的孔道失去了螺旋形态，几丁质纤维呈现平行排列。此外，免疫定位发现 LmCDA2 定位在外表皮之下的前表皮顶端表面，表明 LmCDA2 可能参与几丁质纤维螺旋排列组装。

　　对 *TcCDA1* 和 *TcCDA2* 基因沉默的赤拟谷盗表皮的透射电镜分析得到了与东亚飞蝗不同的结果。在幼虫期，表皮孔道确实是螺旋状的，但在蛹期，当 CDA 持续高水平表达时，孔道几乎都是平行的，表明几丁质纤维是平行堆积。对赤拟谷盗 *TcCDA1* 或 *TcCDA2* 进行 RNAi 后，会造成表皮组装紊乱、表皮明暗边界及孔道完整性被破坏（Noh et al.，2018a，b）。当两种 CDA 基因都下调表达时，表皮片层消失、孔道中部纤维（可能是几丁质）的缺失使得孔道变形、几丁质纤维变得更小而不能形成又厚又长的几丁质束，这些结果验证了 CDA 参与表皮几丁质束组装成高级结构的假设。凝胶电泳显示，部分 TcCDA1 和 TcCDA2 蛋白形成二聚体，当用透射电镜观察金标记 TcCDA1 和 TcCDA2 蛋白时，发现它们均定位于细胞膜上方的装配区，这一发现表明CDA可能参与了新生几丁质的组装。

5.3.4　几丁质酶

几丁质酶属于糖基水解酶18家族或糖基水解酶19家族,这两个家族之间不具有氨基酸序列相似性(Henrissat,1991)。18家族几丁质酶广泛分布于各个物种,而19家族几丁质酶仅存在于植物中。本章主要介绍18家族几丁质酶(GH18),即专一水解几丁质β-1,4-糖苷键的内切几丁质酶,这些水解酶在还原端产生β-异头产物,采用保留催化机制。针对几种18家族几丁质酶已经获得了其与底物或产物的复合物晶体结构,这为解释它们的催化机制提供了线索。研究表明,除了质子供体谷氨酸之外,结合在底物结合位点−1位的糖环C-2位N-乙酰胺基具有催化作用,该机制被称为底物辅助催化,催化过程会形成带正电荷的噁唑啉离子中间体,其中乙酰氨基的羰基氧与糖环的C-1原子之间形成共价键,从而稳定过渡态中间体。酶-底物复合物晶体结构也表明结合在−1位点的糖还原端呈船式构象,这在能量上是不利的,而且其接近另外一个催化关键天冬氨酸,这就可能为糖链在该位点发生断裂提供了解释(Chen et al.,2014)。

18家族几丁质酶催化域呈典型的(α/β)₈-桶状结构,桶中心有8个β-折叠,桶外表面有8个α螺旋,结构中有4个具有特定位置的保守基序。保守基序Ⅰ位于β3上,序列为KXX(V/L/I)A(V/L)GGW。保守基序Ⅱ位于β4上,序列为FDG(L/F)DLDWE(Y/F)P,包含重要的催化氨基酸谷氨酸,在水解反应中作为质子供体。保守基序Ⅲ[MXYDL(R/H)G]和保守基序Ⅳ[GAM(T/V)WA(I/L)DMDD]分别位于β6和β8上。对亚洲玉米螟Ⅰ分支几丁质酶晶体结构的研究发现,其具有一条长且深的两端开放的底物结合裂缝,该裂缝含有一系列芳香族氨基酸,可能参与底物糖环的结合。此外,在底物结合裂缝的还原端由4个芳香族氨基酸形成1个疏水平面,对这些氨基酸单位点或多位点突变都会影响酶对高聚晶态底物的活性(但不影响寡糖底物)以及结合力,说明这些氨基酸参与高聚晶态底物的结合(Chen et al.,2020)。

大多数昆虫都含有多个几丁质酶,数量从1个到超过20个不等。根据系统发育分析、基因表达模式和蛋白结构域组成,昆虫几丁质酶和类几丁质酶可分为11个分支(Tetreau et al.,2015)。主要结构域包括催化结构域、几丁质结合结构域、富含丝氨酸-苏氨酸的糖基化结构域等,所有分支几丁质酶都具有至少一个催化域,虽然其中一些不具有几丁质酶活性（第Ⅴ分支几丁质酶）。几乎所有几丁质酶都有信号肽，这些信号肽在内质网中被切除，剩余部分通过分泌囊泡被运输到细胞外空间，但是Ⅲ分支和Ⅷ分支几丁质酶具有跨膜区，因此预测它们将锚定在细胞膜上，其催化域朝向细胞外空间。综上，昆虫几丁质酶具有不同的结构域组成、组织和发育时期表达模式、催化性质和底物偏好性，因此它们具有不同的功能。其中一些酶参与蜕皮过程中几丁质的降解，而另一些酶可能具有表皮和围食膜重塑、消化和免疫等功能，或作为生长因子发挥其他功能。

（1）Ⅰ家族几丁质酶

大多数昆虫仅含有一个Ⅰ家族几丁质酶（ChtⅠ）编码基因，这类酶由 4 个区域组成，包括 N 端信号肽、催化域、连接域和 C 端几丁质结合域（CBD，属于 CBM14 家族）。但是在冈比亚按蚊基因组中有 4～5 个编码 ChtⅠ的基因（Zhang et al.，2011），东亚飞蝗（*Locusta migratoria*）也有两个编码 ChtⅠ的基因，其中一个缺失 CBD，尽管这两个 ChtⅠ基因的表达模式相似，并且都受 20 -羟基蜕皮酮的调控，但只有一个真正参与昆虫蜕皮过程（Li et al.，2015）。褐飞虱中也存在类似的情况，虽然含有多个 ChtⅠ基因，但只有含 CBD 的几丁质酶真正参与昆虫蜕皮，且只在雄虫生殖组织和相关腺体中表达（Xi et al.，2015）。通常 ChtⅠ基因在昆虫所有发育阶段都有表达，且在蛹期会上调表达，说明 ChtⅠ在成虫羽化过程中发挥关键作用。

已有学者通过 RNAi 抑制特定几丁质酶基因的表达，在包括赤拟谷盗、黑腹果蝇、褐飞虱、甜菜夜蛾、斜纹夜蛾等多种昆虫中分析了不同分支几丁质酶的功能。在赤拟谷盗和褐飞虱中，抑制几丁质酶Ⅰ家族（ChtⅠ）会破坏幼虫到成虫的蜕皮过程，在甜菜夜蛾、小菜蛾、美国白蛾和东亚飞蝗中，抑制 ChtⅠ则会导致幼虫至蛹和蛹至成虫阶段的蜕皮异常。抑制东方黏虫 ChtⅠ的表达，会导致幼虫生长迟缓以及死亡率增加（Ganbaatar et al.，2017）。

（2）Ⅱ家族几丁质酶

Ⅱ家族几丁质酶（ChtⅡ）结构域组成复杂，一般含有 N 端信号肽、4 个或更多的催化域和多个几丁质结合域。其中靠近 N 端的一个或两个催化域作为质子供体的关键谷氨酸发生了突变，因此认为这些催化域具有底物结合能力而没有催化活性；而靠近 C 端的两个或两个以上的催化域含有保守催化基序，被认为具有催化活性。Chen 等在酵母细胞中重组表达亚洲玉米螟 ChtⅡ的两个具有活性的催化域，并分离纯化和结晶，研究表明这两个催化域具有内切几丁质酶活性，但两者的作用为叠加而非协同（彩图 5.2）（Chen et al.，2018a）。

RNAi 沉默赤拟谷盗中 ChtⅡ基因的表达，导致卵孵化抑制以及各个发育阶段的蜕皮停止，但不影响新表皮的生成（Zhu et al.，2008）。在其他昆虫包括水稻二化螟（Su et al.，2016）和亚洲玉米螟（He et al.，2013）中，ChtⅡ基因转录的下调也会导致蜕皮障碍，包括双重表皮、蛹表皮不能褪去和死亡。抑制小地老虎Ⅱ家族的几丁质酶（CHT10）会造成新表皮合成及化蛹异常（Li et al.，2022）。抑制烟粉虱（Peng et al.，2021）、柑橘木虱（Wu et al.，2022）Ⅱ家族的几丁质酶（CHT10）也会造成蜕皮困难。抑制烟粉虱Ⅱ家族的几丁质酶（CHT10）导致体型较小，抑制Ⅲ家族的几丁质酶（CHT 4）导致蜕皮失败。由于在多种昆虫中，ChtⅡ基因在 RNAi 后会出现蜕皮障碍，因此 ChtⅡ可能在昆虫蜕皮过程中发挥了与 ChtⅠ不同的关键作用。Qu 等（2014）在蜕皮液组成分析中也发现了 ChtⅡ蛋白碎片，说明 ChtⅡ被分泌到蜕皮液中发挥功能，推测 ChtⅡ可能与 ChtⅠ互补并且是表皮降解所必需的，ChtⅡ首先将高聚晶态 α-几丁质打散，然后与 ChtⅠ一起进行水解。

（3）Ⅲ家族几丁质酶

Ⅲ家族几丁质酶（ChtⅢ）包含 N 端跨膜域、两个催化域和 C 端几丁质结合域。在所有昆虫和一些节肢动物中都发现了具有相同结构域组成的 ChtⅢ，说明 ChtⅢ在进化上是一种古老的几丁质酶。ChtⅢ的每个催化域都具有 GH18 家族几丁质酶典型 $(α/β)_8$-桶状结构特征，两个催化域之间通过一个间隔域连接。ChtⅢ被认为锚定在细胞膜上，在杆状病毒系统中重组表达 ChtⅢ的结果也证明了这一观点（Noh et al.，2018a，b）。然而，透射电镜观察发现 ChtⅢ蛋白也定位于表皮的远端（如外表皮层），说明 ChtⅢ在锚定在膜上之后还会被释放。ChtⅢ的两个催化域均具有内切几丁质酶性质，而且两个催化域之间没有协同作用（Liu et al.，2018）。ChtⅢ偏好水解单链几丁质底物，对高聚晶态几丁质无催化活性。

研究者们利用 RNAi 技术对不同昆虫的 ChtⅢ基因的生理功能进行了研究。研究发现，干扰赤拟谷盗 ChtⅢ基因对昆虫蜕皮无影响，但在蛹期出现了腹部收缩及前翅扩张异常、腿折叠功能缺陷、前胸背板不能完全伸展等表型。而在预蛹期进行 RNAi 时，化蛹正常，但成虫的鞘翅明显较短、后翅折叠异常、鞘翅外观粗糙且布满皱纹。进一步研究发现，这些成虫的翅和腿明显较短，尽管活动自如，但经常翻倒且很难恢复正常（Zhu et al.，2008）。干扰白背飞虱（*Sogatella furcifera*）的 ChtⅢ基因，造成蜕皮和翅膀发育异常，导致了"蜂腰"成虫、远端翅褶延长和胸腹连接处变薄等多种异常表型（Chen et al.，2017）。同样，水稻二化螟（*Chilo suppresalis*）的 ChtⅢ基因沉默导致了翅膀卷曲，不能正常展开。抑制小菜蛾的Ⅲ家族几丁质酶（CHT7）

会造成孵化异常（Su et al.，2016）。

研究者们对赤拟谷盗 ChtⅢ 基因沉默后的幼虫体壁或蛹原表皮进行透射电镜分析，发现其电子致密层和透明层的交替结构缺失，造成相邻表皮层边界模糊，孔道不规则（Noh et al.，2018a，2018b）。成虫表皮也存在超微结构缺陷，片层结构变得不致密，孔道发育不全且无长孔道纤维，其他组织如腿部和腹部的表皮也有缺损。免疫定位研究表明，尽管 ChtⅢ 蛋白预测含有跨膜区，但 ChtⅢ 被发现在前表皮有分布，甚至达到了上表皮附近，并且在中表皮和成虫翅鞘内表皮也有分布。ChtⅢ 基因沉默后，成虫蜕皮后新表皮异常且含有无定形纤维状结构。ChtⅢ 不仅在坚硬表皮形成中发挥功能，而且在软表皮形成中同样重要。由于重组表达的 ChtⅢ 催化域蛋白只对可溶性几丁质具有水解活性，而对固体几丁质没有催化活性，因此 ChtⅢ 被认为不参与昆虫蜕皮过程中几丁质降解，而是参与表皮几丁质沉积和孔道形成过程中的新生几丁质链的成熟。C 端几丁质结合域和两个串联催化域的组成表明 ChtⅢ 作用于同一新生几丁质链的两个区域，生成均匀大小的几丁质片段，这可能有助于形成反平行的几丁质束和高度有序的含几丁质结构（Liu et al.，2018）。

（4）Ⅳ 家族几丁质酶

与 ChtⅠ、ChtⅡ 和 ChtⅢ 只存在一个编码基因（除了一些明显的例外）不同的是，Ⅳ 家族几丁质酶（ChtⅣ）在许多昆虫中具有多个编码基因，推测是由多次基因复制事件产生的，这些基因在昆虫基因组中以基因簇形式存在。ChtⅣ 通常在幼虫和成虫阶段的中肠组织中表达，它们一般只有一个单独的催化域，并且缺少 CBD，但它们都有信号肽，可能被分泌到肠腔中。黑腹果蝇的两个 ChtⅣ（其中一个具有CBD，另一个不具有 CBD）通过昆虫细胞重组表达和分离纯化后发现都具有催化活性，而且催化效率与 ChtⅠ 相当，但对高聚底物的亲和力低于 ChtⅠ。ChtⅣ 具有 18家族几丁质酶的 4 个保守基序，其中保守基序 Ⅱ（FDGLDWEYP）包含作为质子供体的催化关键氨基酸残基谷氨酸（Zhu et al.，2008）。亚洲玉米螟的中肠中特异性表达的几丁质酶 ChtⅣ 的晶体结构得到解析，OfChtⅣ 由一个（α/β）$_8$-桶状结构核心域和一个几丁质酶插入域组成。结构表面存在多个糖基化位点，糖基化的存在可能遮挡了酶切位点，从而保护 OfChtⅣ 不被中肠中的蛋白酶降解。ChtⅣ 没有 C 端几丁质结合结构域或几丁质结合平面，底物结合裂隙中芳香族残基溶剂暴露更少，在结构上更类似于植物抗真菌几丁质酶。ChtⅣ 具有抗真菌活性，其机制涉及菌丝体的降解。由于植物病原真菌经常入侵玉米，Ⅳ 组几丁质酶可能在昆虫免疫系统中发挥作用（Liu et al.，2020）。

Cht IV对昆虫生长发育具有重要作用，但是对其基因沉默却产生不同的结果。赤拟谷盗 Cht IV基因的单独沉默不会产生任何显著表型或蜕皮缺陷，也不会影响幼虫的存活，几个 Cht IV基因的组合沉默也没有产生任何表型，这可能由于 Cht IV基因冗余，不同基因能够补偿沉默基因的功能（Zhu et al.，2008）。然而，黑腹果蝇的 Cht IV基因沉默导致了幼虫的死亡以及原表皮变薄（Pesch et al.，2016a，2016b）。欧洲玉米螟一组 Cht IV基因沉默导致围食膜中几丁质含量升高以及虫体重量减轻（Khajuria et al.，2010）。棉铃虫 Cht IV基因沉默也导致围食膜中几丁质含量升高，围食膜表面多孔。水稻二化螟的两个主要在幼虫中肠表达的 Cht IV基因沉默导致超过 2/3 的幼虫死亡，有趣的是其中一个 Cht IV蛋白的保守基序 II 具有质子供体谷氨酸，但在另一个 Cht IV蛋白中，谷氨酸突变成了天冬氨酸。这些数据表明 Cht IV在围食膜几丁质重塑中发挥功能，有些研究还报道了 Cht IV对昆虫蜕皮也有影响（Su et al.，2016），但这些结果仍有待深入研究。

（5） V家族几丁质酶

V家族几丁质酶（Cht V）最初是在黑腹果蝇的成翅盘细胞中发现的一种生长因子。黑腹果蝇中共鉴定出 6 个 Cht V蛋白，它们均具有信号肽，只有一个 GH18 催化域，没有 CBD 或其他结构域。其中一个 Cht V蛋白（DmIDGF2）已有晶体结构（Varela et al.，2002），它具有 GH18 家族水解酶典型的 $(\alpha/\beta)_8$-桶状结构，还包含两个插入区，一个插入区位于 β4 和 α4 之间，另一个插入区位于 β7 和 α7 之间。第一个插入区在 Cht V 中高度保守，并具有保守序列，即 KPRKVGXX（L/I）GSXWKFKKXF（T/S）GDXVVDE，但该插入区在晶体结构中未能被解析。根据保守序列分析，该插入区被预测是暴露在溶液中的 loop 结构，与其他细胞组分相互作用。DmIDGF2 中该预测的 loop 结构在 F 和 T 残基之间会被蛋白酶切割，但不影响 DmIDGF2 在细胞增殖中的功能。有一些证据表明，赤拟谷盗的 IDGF4 也存在类似的蛋白酶切割位点。DmDS47（类 Cht V蛋白）和 TcIDGF2 都能与胶体几丁质结合（Zhu et al.，2008）。第二个插入区长度各不相同，是决定细菌几丁质酶的内切和外切特异性区域，并与几丁质酶的进程性相关。

Cht V的另一个显著特征是其保守基序 II 含有一个或多个氨基酸位点突变。一些（但不是全部）Cht V缺失质子供体谷氨酸，因此不具有催化活性，甚至一些保有谷氨酸的 IDGF 也缺少酶活性（Zhu et al.，2008）。所有 Cht V蛋白的两个插入区中的一个紧挨着保守序列 II，因此这个插入区可能影响谷氨酸的底物结合或催化功能，由于一些 Cht V蛋白能与胶体几丁质结合，但不具有催化活性，因此插入区影响谷氨酸催化功能的可能性更大。

类 Cht V 蛋白在昆虫所有发育阶段均有表达，RNAi 研究表明其中一些具有重要的生理功能。在赤拟谷盗中，TcIDGF4 不影响蛹的形成，但影响成虫羽化，具体影响哪一生理过程尚不明确（Zhu et al.，2008）。在黑腹果蝇中，4 个 IDGF 敲除导致了幼虫蜕皮障碍，幼虫的头壳和后气孔出现了"双表皮"表型，但在蛹期未发现蜕皮障碍（Pesch et al.，2016a，2016b）。一些 IDGF 被认为参与表皮维持和防御。黑腹果蝇胚胎期时，IDGF 在表皮、后气孔和气管等组织中均有表达，不同 IDGF 间的表达存在差异，除了 IDGF5 在三龄幼虫和成虫期表达量较高，所有 IDGF 在幼虫期和蛹期表达水平相对较低。DmIDGF 基因的 RNAi 也导致了表皮变薄。在赤拟谷盗中，TcIDGF4 基因的 RNAi 导致蛹发育异常和死亡，而 TcIDGF2 的 RNAi 没有产生任何异常表型。在褐飞虱中，IDGF 在脂肪体和雌性生殖器官中高表达，但基因沉默对褐飞虱的蜕皮、存活或繁殖力没有产生影响（Xi et al.，2015）。在一些昆虫中，IDGF 的组织表达特异性（如蛹或成虫的气管）尚不明确。

（6）Ⅵ家族几丁质酶

在几丁质酶早期分类中，Ⅵ家族几丁质酶（Cht Ⅵ）未被定义为独立分支，但在后期研究中 Cht Ⅵ 被划分为独立的分支。Cht Ⅵ 虽然具有其他家族几丁质酶的共性，但其具有独特的性质，Cht Ⅵ 由 N 端信号肽、保守的 GH18 催化域、CBM14 家族 CBD 和 C 端的富含丝氨酸、苏氨酸、脯氨酸和谷氨酸的长区域（称为 PEST 结构域）组成，其中 PEST 结构域类似于黏蛋白结构域，因此一些 Cht Ⅵ 蛋白被认为是黏蛋白或酸性几丁质酶。在一些昆虫的 Cht Ⅵ 中，C 端还有第二个 CBD。Cht Ⅵ 蛋白被认为是高度 O-糖基化的，它们在赤拟谷盗的所有发育阶段和大部分组织中具有恒定的表达水平，但在中肠前部和后部表达水平较低（Zhu et al.，2008）。

（7）h 家族几丁质酶

h 家族几丁质酶（Chi-h）是一种细菌型几丁质酶，由鳞翅目昆虫通过细菌或杆状病毒的基因水平转移获得。Chi-h 的直系同源物仅在鳞翅目昆虫中发现，而在其他目昆虫物种中没有发现。来自亚洲玉米螟的 Chi-h 是目前唯一已知晶体结构的 Chi-h。OfChi-h 拥有狭长的底物结合口袋，结构域Ⅰ是纤连蛋白Ⅲ结构域，是一个包含 8 条 β 链的免疫球蛋白样 β-三明治结构域，而结构域Ⅱ是催化结构域，它是一个（α/β）$_8$-桶状结构。结构域Ⅱ中的残基 437～509 是一个几丁质酶插入结构域（CID），由 5 条反平行的 β 链组成，两侧是两个 α-螺旋。芳香残基排列在凹槽中，从结构域Ⅰ的远端开始，到结构域Ⅱ的底物结合裂缝的远端结束。比较 OfChi-h 和

OfCht I 之间底物结合位点结构的差异以及介于 Chi－h 和人几丁质酶（HsCht）之间的差异，为选择性抑制剂的设计提供基础。首先，OfChi－h 中的芳烃残基相对于酶裂解位点呈不对称分布，而 OfCht I 和 HsCht 中的芳香残基呈对称分布。其次，在 Chi－h 的底物结合裂缝的壁上观察到一种独特的结构元件（残基 188～214），这增加了裂缝的深度并使底物结合裂缝变窄。此外，在该结构元件和保守残基 W160 之间形成了一个潜在的口袋，这为选择性抑制剂的设计提供了思路（Lu et al.，2023）。

OfChi－h 是进程性的几丁质外切酶。与昆虫中具有内切活性的几丁质酶 OfCht I 相比，OfChi－h 对于固态底物有更高的水解活性，而 OfCht I 则更倾向于水解可溶底物聚乙二醇几丁质。酶学研究与高速原子力显微镜证明了来自亚洲玉米螟的 Chi－h 与 Cht I 具有协同作用，且 Cht I/Cht II 增加了 Chi－h 与底物的结合（Qu et al.，2020）。

有研究报道抑制东方黏虫（*Mythimna separata*）的 h 家族几丁质酶（也称为 Chi2）会导致其体重下降（Ganbaatar et al.，2017）。甜菜夜蛾（*Spodoptera exigua*）（Zhang et al.，2012）及沙蚕（*Hyblaea puera*）（Kottaipalayam－Somasundaram et al.，2022）的 Chi－h 基因沉默导致部分幼虫死亡。Chi－h 是鳞翅目昆虫几丁质降解系统中的关键酶之一，沉默 Chi－h 编码基因会导致昆虫死亡。此外，Chi－h 的结构与人类和其他昆虫几丁质酶的结构明显不同。Chi－h 是开发鳞翅目昆虫特异性杀虫剂的理想靶标。

5.3.5　N－乙酰己糖胺酶

β－N－乙酰己糖胺酶（Hex，EC 3.2.1.52）属于糖基水解酶 20 家族（GH20），负责水解位于各种寡糖及糖复合物非还原端的以 β-糖苷键连接的 GlcNAc 和 β－N－乙酰－D-半乳糖胺（GalNAc）。Hex 在昆虫体内参与多个生理过程，包括几丁质降解、糖蛋白 N-糖基化修饰、糖复合物降解以及配子识别等（Liu et al.，2018）。昆虫有 3～7 个基因编码 Hex，通过分子进化分析分属于 4 个系统发育家族（I 家族到 IV 家族），其中 I 家族 Hex 表达最为丰富，并且在几丁质代谢中发挥重要作用。酶学研究发现，I 家族 Hex 能够专一性水解以 β-1,4-糖苷键连接的几丁质寡糖底物，而不能水解以其他形式连接的底物，是专一性地参与几丁质水解的 β－N－乙酰己糖胺酶。II 家族 Hex 能够水解释放几丁质寡糖、糖复合物等底物中的乙酰己糖胺，具有广泛的底物谱。II 家族 Hex 的功能可能与人类酶的功能类似，参与糖复合物的水解。III 家族 Hex 能够水解几丁质寡糖底物，但活性较弱，说明可能参与几丁质的水解。

Ⅳ家族昆虫 β-N-乙酰己糖胺酶（FDL）参与糖蛋白上 N-糖基化修饰，该酶也是造成昆虫 N-糖基化与哺乳动物 N-糖基化结构不同的主要原因之一。该酶具有严格的底物选择性，能够从 N-糖链底物 GnGn 的 α3 分支上而不能从 α6 分支上水解 β-1,2-糖苷键连接的 GlcNAc，而且不能水解几丁质寡糖。

与其他内切几丁质酶一样，Hex 也被分泌到昆虫蜕皮液中，将几丁质完全水解为单糖，N-乙酰葡萄糖胺单体经 UDP 激活后可以被新几丁质合成所利用（Qu et al.，2014）。目前已经从包括昆虫蜕皮液、血淋巴、表皮和中肠在内的多个组织中提纯了天然的 N-乙酰己糖胺酶。Hex 通常从非还原端水解并释放 N-乙酰葡萄糖胺或 N-乙酰半乳糖胺，且更倾向于水解生成 N-乙酰葡萄糖胺，但并无绝对的产物偏好性。

有研究者解析了亚洲玉米螟 Hex1（为 TcNAG1 的同源体）的晶体结构，从蛋白结构角度提供了关于 N-乙酰己糖胺酶的很多信息（Liu et al.，2011）。亚洲玉米螟 Hex1 的整体结构为对称的二聚体，Asn164 和 Asn375 位点存在 N-糖基化修饰。每个单体有两个可识别结构域，N 端信号肽后为结构域Ⅰ，长约 200 个氨基酸，由 6 个二硫键稳定，包含保守的 6 个反平行 β 链，在 N 端有一个 α 螺旋和一个 β 链，与二聚化有关。结构域Ⅱ由大约 300 个氨基酸组成，为典型的（α/β）₈-桶状结构，具有 GH20 家族的独特结构特征。活性位点含有催化水分子和保守的催化三联体（Asp249、His303 和 Glu368），两侧为 3 个色氨酸、1 个天冬氨酸和酪氨酸，这些氨基酸与底物类似物（TMG-chitotriomycin）形成多个氢键相互作用。Hex1 催化机理为底物辅助保留机理，在催化过程中，底物分子非还原端 N-乙酰葡萄糖胺的乙酰基团的羰基作用于 β-糖苷键，形成含碳正离子过渡态，即在 GH18 几丁质酶中形成的噁唑啉中间体。该基因在蜕裂蛹期的表皮中高表达，但在末龄幼虫中期和蜕裂蛹期的中肠中具有较低表达水平，表明该基因可能在蜕皮和几丁质重塑过程中发挥重要作用。在末龄幼虫的取食期注射 dsRNA 并不影响化蛹，但蛹的不同发育期均出现死亡，并在蜕去旧蛹表皮的程度上产生了不同的表型（Liu et al.，2011）。

OfHex1 对昆虫的生长发育至关重要，可能是一个新农药开发的潜在靶标。Hex1 只参与几丁质降解，与糖基化等生理过程无关；Hex1 在昆虫化蛹过程中集中于体壁组织转录水平上调，说明参与化蛹过程中的几丁质降解；RNAi 抑制Ⅰ家族 Hex 会导致严重的蜕皮缺陷。抑制暗黑鳃金龟的Ⅰ家族 Hex 会降低表皮厚度并降低几丁质含量（Zhao et al.，2022）。

5.3.6 裂解性多糖单加氧酶

除了上述与几丁质相互作用的酶和结合蛋白外，还有其他几丁质修饰蛋白参与几丁质重塑过程，其中最著名的是裂解性多糖单加氧酶（LPMO）。LPMO 通过氧化的方式切断糖苷键，因此能够与糖基水解酶实现协同作用，该酶在本书第 7 章将做详细介绍。此外，转谷氨酰胺酶、漆酶等可能参与表皮蛋白和几丁质交联的蛋白在本章并未进行详细介绍。

5.4 以几丁质和几丁质相关酶及蛋白为靶点的害虫防治

5.4.1 几丁质合成抑制剂

几丁质合成抑制剂包括 8 类化合物（Merzendorfer，2013），其中苯甲酰脲类化合物（BPU）是目前最常用的农药。20 世纪 70 年代，二氟脲被开发为杀虫剂，随后，更多的苯甲酰脲类衍生产品被开发，全球 15 个 BPU 得以商品化，估计每年全球市场价值 50 万美元（Sun et al.，2015）。

几丁质合成抑制剂对昆虫的毒力一般表现为几丁质含量的降低以及围食膜或表皮的畸形，从而抑制昆虫蜕皮或孵化（Merzendorfer，2013）。不同的几丁质合成抑制剂针对几丁质合成途径中的不同位点。几丁质合成抑制剂嘧啶核苷肽（PNP）和噻酰亚胺通过靶向 CHS 的催化位点破坏几丁质形成，而 BPU、噁唑啉类和噻唑啉酮类抑制剂阻断了几丁质合成的后催化步骤。与 PNP 相反，研究者认为 BPU 和噁唑啉间接干扰了几丁质合成的催化反应，因为这些几丁质合成抑制剂在无细胞体系中没有抑制活性。几丁质合成抑制剂的作用靶点和机制还有待进一步研究。然而，昆虫对这些杀虫剂的抗药性被发现与几丁质合成酶 C 端跨膜域的突变有关，这表明这些几丁质合成抑制剂与 CHS 存在直接的相互作用，并以此影响 CHS 的活性（Tian et al.，2017）。因此，几丁质合成抑制剂对昆虫几丁质合成的靶点可能存在差异，但具体机制尚未阐明。

由于几丁质合成抑制剂对多种害虫具有较强的杀灭作用，且对高等动物和捕食性昆虫的影响相对较小，因此人们已将几丁质合成抑制剂用作杀虫剂（Sun et al.，

2015）。由于几丁质合成抑制剂破坏了几丁质结构及其功能，其可以潜在地协同细菌和病毒病原体感染昆虫（Tetreau et al.，2019）。在实际应用中，几丁质合成抑制剂与微生物杀虫剂的联合应用可以提高微生物病原体对昆虫的防治效果。

5.4.2　几丁质水解酶抑制剂

对于动态调节昆虫几丁质的结构和功能方面，几丁质酶发挥着至关重要的作用。昆虫几丁质酶抑制剂可干扰其对几丁质结构的调控，从而影响昆虫的正常生理活动。一系列几丁质酶抑制剂已被鉴定，其特性也被研究（Chen et al.，2020）。

几丁质酶抑制剂主要来自微生物和海绵，包括来自链霉菌属的 allosamidin、来自海绵的嘌呤脲类、来自假单胞菌属的 Cl-4（cyclo-L-Arg-D-Pro）以及来自真菌的环五肽 argadin 与 argifin。2017 年，研究者在蓝状菌属中分离得到一种几丁质酶抑制剂 phlegmacin B_1（Chen et al.，2017）。从海洋细菌中分离的 Lynamicin B 2021 年被发现选择性抑制鳞翅目昆虫的 h 家族几丁质酶。春雷霉素也首次被发现抑制细菌、昆虫和人类 GH18 家族几丁质酶活性（Qi et al.，2021）。2022 年，研究者基于精氨酸的结构特征设计了一系列氮杂环内酯类化合物，对细菌和昆虫的几丁质酶（h 家族，ChiB）具有很高的抑制活性（Zhao et al.，2022）。有趣的是，植物源化合物也被鉴定具有几丁质酶抑制活性，研究者发现植物来源的甲基黄嘌呤衍生物 theophylline、caffeine 和 pentoxifylline 对几丁质酶具有抑制作用，而且具有抗真菌活性，植物来源的小檗碱及其衍生物同样具有对 GH18 家族（CHT1）和 GH20 家族（Hex）几丁质酶的抑制活性（Duan et al.，2018）。作为次生代谢物而广泛存在于植物、细菌和真菌中的香豆素及其衍生物，也被发现具有几丁质酶（CHT1 和 ChiB）抑制活性（Sharma et al.，2020）。从黑胡椒中分离出的天然酰胺化合物胡椒碱对 CHT1 具有抑制活性（Han et al.，2021）。通过高通量筛选发现植物化学物质（萘醌类和黄酮类）具有 GH18 家族和 GH20 家族几丁质酶抑制活性（Li et al.，2021）。由植物来源的活性物质 tschimganin 作为底物得到的 ZQ-8 也可以竞争性抑制 CHT2 和内切几丁质酶（Yang et al.，2022）。植物来源的喜树碱及其衍生物对Ⅱ家族和 h 家族几丁质酶具有抑制活性。通过机器学习及分子对接组合策略虚拟筛选发现一些植物来源的化合物，如 γ-倒捻子素和 3,5-二-O-咖啡酰奎宁酸（3,5-CQA）具有对 GH18 家族（CHT1、CHT2 和 Chi-h）和 GH20 家族（Hex1）几丁质酶的抑制活性（Ding et al.，2023）。

此外，二吡啶-嘧啶衍生物（DP）、哌啶-噻吩吡啶衍生物（PT）和萘酰亚胺衍生物（NI）也对几丁质酶（CHT1、AMcase、ChiB、Chi-h）有一定的抑制作用（Chen et al.，2019；Jiang et al.，2020a）。噻唑腙衍生物也具有几丁质酶（Hex1和Chi-h）抑制活性（Yang et al.，2018）。虚拟筛选得到的苯甲酰胺类化合物、联苯磺胺类化合物对 Hex1 具有良好的抑制作用（Dong et al.，2020；Chen et al.，2018b）。糖基三唑、萘酰亚胺和喹啉衍生物也被用于设计为 Hex1 的抑制剂（Dong et al.，2019a；Yang et al.，2018）。硫代糖基-萘二甲酰亚胺杂化分子可实现对 Hex 几丁质酶的选择性抑制（Shen et al.，2019）。基于结构的虚拟筛选发现两个系列化合物呋喃-喹啉（FQ）和噻吩-吡啶（TP），FQ 系列特异性抑制 CHT1，TP 系列对昆虫、人类、真菌和细菌的几丁质酶具有广泛的抑制活性（Jiang et al.，2016）。基于苯并噻唑衍生物开发出有效的 CHT1 抑制剂（Dong et al.，2019b）。新型七环吡唑胺衍生物不仅抑制蜕皮激素受体，还具有对几丁质酶 CHT1 的抑制活性（Jiang et al.，2020b）。

在已知的几丁质酶抑制剂及其衍生物中，有一些已证实具有杀虫活性。Allosamidin 及其衍生物对昆虫几丁质酶具有较强的抑制活性，并通过抑制蜕皮过程对鳞翅目昆虫幼虫表现出杀虫活性。Argifin 和 argadin 对铜绿蝇的几丁质酶具有抑制作用，还可抑制美洲大蠊的蜕皮过程并造成死亡。通过筛选获得的细菌来源的 phlegmacin B₁，通过喂食或注射的方法，被证实对亚洲玉米螟的几丁质酶具有抑制活性。Lynamicin B 对各种鳞翅目害虫表现出显著的杀虫活性，但对这些害虫的膜翅目天敌影响不大。氮杂环内酯类化合物也对黏虫和小菜蛾表现较高的杀虫活性。同样的，小檗碱及其衍生物被证实会抑制亚洲玉米螟幼虫的生长发育，并导致其死亡。基于胡椒碱的化合物也显示出对亚洲玉米螟中等的杀虫活性。双靶点的七环吡唑胺衍生物也对小菜蛾具有良好的杀虫活性。汉黄芩素和紫草素对鳞翅目昆虫都有明显的生长调节活性，且汉黄芩素对黏虫具有较高的杀虫活性。ZQ-8 对棉铃虫的生长和发育有强烈的影响。喜树碱对鳞翅目昆虫表现出中等杀虫活性，但对直翅目害虫东亚飞蝗具有较强的杀虫活性。γ-倒捻子素和 3,5-CQA 可减缓鳞翅目昆虫的生长和发育，且 3,5-CQA 具有中等杀虫活性。虽然几丁质酶抑制剂还没有应用于害虫防治，但一些几丁质酶抑制剂对昆虫生长发育的抑制和干扰，并最终导致昆虫死亡的效果已经得到了很好的证明。

随着杀虫剂的广泛使用，昆虫对杀虫剂产生的抗性也引起人们的关注。由于复杂的生理网络和环节调控，干预其中一个靶点或环节往往不能改变整体状态。多靶点抑制剂可能实现对昆虫的综合调控。参与昆虫表皮降解的主要有 3 种 GH18 家族糖苷水解酶和 1 种 GH20 家族糖苷水解酶 Hex1。这 4 种几丁质水解酶催化域的整体结构较为相近，核心域为典型的 $(\alpha/\beta)_8$-桶状结构，底物结合裂缝排列许多芳香族氨基酸。GH18 几丁质酶和 GH20 家族 Hex1 都采用"底物辅助保留"催化机理，主要通过疏水作用和氢键实现与底物的稳定与结合。共同的底物辅助机理以及相似的底物结合模式，使针对几丁质水解酶的多靶点抑制剂的设计成为可能。已发现靶向多个几丁质水解酶的化合物，如生物碱、黄酮类、萘醌类等化合物（彩图 5.3）。对几丁质酶抑制剂的不断鉴定和深入了解，将为开发以几丁质酶抑制剂为基础的新型杀虫剂提供必要的基础。

5.4.3　几丁质酶作为杀虫蛋白

几丁质酶可降解几丁质，并广泛存在于昆虫、甲壳类动物和真菌等含几丁质的有机体中，也存在于细菌、植物和人类等不含几丁质的有机体中。以昆虫几丁质为靶点，人们研究了不同来源的几丁质酶作为杀虫酶的作用。昆虫病原真菌分泌几丁质酶，降解昆虫表皮，从而进入昆虫宿主体内。在微生物的几丁质酶中，昆虫病原真菌的几丁质酶在昆虫防治应用中的研究最为广泛。植物来源的几丁质酶，尤其是真菌感染或食草动物攻击后过表达的几丁质酶，也可用于植物抵抗病原体和害虫的有效候选物。昆虫同样也是几丁质酶的丰富来源，其多样性以不同的系统发育群为特征。几丁质酶具有不同的生物化学活性，其表达较为复杂。几丁质水解活性通常由多个动态表达的几丁质酶协同作用。科研人员需要继续鉴定和了解各种来源的几丁质酶，为开发以几丁质酶为基础的害虫防治生物技术提供全面的几丁质酶资源以及必要的知识（Oyeleye and Normi，2018）。

许多植物过表达几丁质酶以增强对食草性昆虫的抗性。几丁质酶基因来源广泛（包括真菌、昆虫、植物和病毒），几丁质酶基因可通过转基因技术，进入烟草、番茄和玉米等植株中，以研究其对食草性昆虫的抗性。第一个被报道表达几丁质酶的转基因植物是烟草，其可组成型表达来源于烟草天蛾的糖基水解酶 18 家族（GH18）的 I 家族几丁质酶，烟草植株中几丁质酶的表达似乎受到一定的限制，但仍可观察到几丁质酶活性。烟芽夜蛾与锯谷盗的幼虫在喂食了表达几丁质酶的烟草植株后，其生长受到强烈抑制（Wang et al.，1996）。类似地，高粱蛀茎夜蛾幼虫在喂食了表达棉贪夜蛾几丁质酶的转基因玉米植株后，导致了 50% 的致死率（Osman et al.，2015）。棉铃虫在喂食了表达几丁质酶的转基因烟叶时，导致了 93％～100％ 的死亡率（Mahmood et al.，2022）。茶叶害虫茶尺蠖和茶小绿叶蝉在喂食来自茶树的几丁质酶 CHT19（GH19；Ⅰ家族）后，影响其生长和存活（Lu et al.，2020）。这些报道表明，昆虫的Ⅰ家族几丁质酶在植物中表达时，具有杀虫活性。其他类型的昆虫几丁质酶在转基因植物中的表达和活性尚未报道。

植物来源的几丁质酶也已在转基因植物中表达，以测试对昆虫的抗性。来源于杨树的几丁质酶 WIN6（GH19；Ⅰ家族）在番茄中进行表达，以验证转基因番茄对马铃薯甲虫的抵抗能力，结果显示转基因番茄显著抑制了马铃薯甲虫的生长及发育（Lawrence et al.，2006）。番茄植株同时表达大豆几丁质酶 BCH（GH19；Ⅰ家族）以及雪莲的凝集素蛋白，会抑制桃蚜的生长，并降低其繁殖力（Gatehouse et al.，1996），但几丁质酶与凝集素的共表达是否具有杀虫活性尚未可知。

将一种来自杆状病毒核型多角体病毒（MNPV）的 GH18 家族几丁质酶在烟草中进行表达，当烟草夜蛾幼虫在喂食了表达 MNPV 几丁质酶的烟草植株之后，出现了较高的致死率。在植物中表达的杆状病毒几丁质酶对鳞翅目幼虫有毒杀活性，但对吸吮类型的昆虫似乎无效，表达 MNPV 几丁质酶的烟草植株对桃蚜幼虫没有任何影响（Corrado et al.，2008）。春尺蠖核型多角体病毒的几丁质酶蛋白对甜菜夜蛾、美国白蛾、棉铃虫和舞毒蛾具有较强的杀虫活性。棉叶虫核型多角体病毒的几丁质酶基因（*ChiA*）表达，显示对两种不同真菌（腐皮镰刀菌和尖孢镰刀菌）的体外生长抑制，证明 ChiA 蛋白作为增效剂在农业真菌和害虫防治中的潜在作用（Yasser et al.，2021）。

同时也有研究报道了几丁质酶基因与其他杀虫基因在植物体内的叠加效应。在欧洲油菜中表达烟草天蛾几丁质酶基因与东亚钳蝎的蝎毒素基因，发现其对小菜蛾有很强的抵御作用（Wang et al.，2005）。基因堆叠策略也被用来表达一个几丁质酶基因与其他基因，赋予植物对昆虫和对植物病害的抗性。在烟草中表达真菌的几丁质酶基因以及两个蛋白酶抑制因子基因，赋予了烟草对鳞翅目害虫甜菜夜蛾和斜纹夜蛾以及对叶斑病和软腐病的抗性（Chen et al.，2014）。同样，在水稻中过表达编码一个几丁质酶、一个细菌毒素和细胞膜受体 Xa21 的基因，可以保护水稻免受黄色茎蛀虫三化螟以及细菌和真菌的侵染（Datta et al.，2002）。在转基因水稻植株中共同表达了一个改造的玉米核糖体失活蛋白基因 *MOD1* 和一个水稻碱性几丁质酶基因 *RCH10*，两个基因的协同作用可对抗病原真菌（Kim et al.，2003）。水稻植株中表达水稻几丁质酶基因 *CHT11* 和拟南芥 NPR 基因 *NPR1*，协同作用增强了水稻抗鞘枯病能力

（Karmakar et al.，2017）。伊朗商业棉花中成功转移和堆叠植物隐花色素基因 *CrylAb* 和几丁质酶基因 *CHT* 用于抵抗棉铃虫和黄萎病。

　　昆虫中肠是微生物入侵的重要渠道。中肠的屏障是由含几丁质结构的围食膜构成的，围食膜几丁质若被几丁质酶降解，可能会导致围食膜保护功能丧失。据报道，几丁质酶分别与苏云金杆菌（Bt）和病毒性病原 MNPV 共给药，可提高 Bt 和病毒对昆虫的毒力（Kramer et al.，1997）。对棉贪夜蛾幼虫同时喂食几丁质酶与 Bt 毒蛋白，可使 Bt 毒蛋白穿透围食膜，进而增加毒性作用（Regev et al.，1996）。因此，在 Bt 菌株中引入几丁质酶基因，可以提高 Bt 的杀虫活性。

5.4.4　以几丁质结合蛋白为靶点破坏几丁质结构

　　昆虫的几丁质结构依赖几丁质结合蛋白（CBP）的结构和功能。因此，以 CBP 或 CBP 与几丁质的结合体为靶点，破坏几丁质结构，是开发昆虫防治技术的一种途径（Tetreau et al.，2019）。特别的是，围食膜的几丁质结构依赖于 CBP 与几丁质纤维的非共价结合，因此，围食膜中的 CBP 以及围食膜的 CBP 与几丁质的结合体，可能是破坏昆虫围食膜重要结构的首要目标。以昆虫的中肠 CBP 或 CBP 的结合体为靶点，抑制中肠生长或破坏中肠防御系统，已被证实对防治昆虫是有效的。

　　在昆虫体内，包括 PMP 和 CPAP 在内的 CBP 具有相似的分子结构，在不同种类的昆虫体内都有几丁质结合域（CBD）的串联重复序列。使用抗体靶向铜绿蝇特异的 CBP，已被证明可有效抑制铜绿蝇幼虫的生长，并且通过此方法防治该害虫是切实可行的（Casu et al.，1997）。虽然，以抗体为基础，靶向昆虫中肠 CBP 对昆虫生长的有效抑制作用仅在食血昆虫中得到证实，但该方法被认为在植食性昆虫中具有相同的应用潜力。目标特异性抗体可以在植物中充分产生，并已成功用于产生抗病植物（Cillo et al.，2014），因此，尽管 CBP 在昆虫体内具有相似的结构域和整体结构，但不同昆虫体内的 CBP 可能可以特异性地抑制特定的目标昆虫。此外，RNAi 靶向 CBP 可能会特异性干扰围食膜和表皮层组织，因此，CBP 基因的 RNAi 可能是进一步探索昆虫防治技术的潜在策略。

　　昆虫肠道黏液素（IIM）是围食膜几丁质结合蛋白的一种。IIM 是含有高度糖基化的黏液素结构域的围食膜蛋白，是围食膜结构和功能的重要组成部分。已从杆状病毒中鉴定出 IIM 特异性金属蛋白酶，即杆状病毒增强素（Hashimoto et al.，1991）。粉纹夜蛾颗粒病毒（GV）的增强素通过破坏围食膜的结构，可以有效降解幼虫的中肠，从而增加幼虫对杆状病毒感染的敏感性（Wang et al.，1997）。

围食膜结构基本由 CBP 与几丁质的非共价结合形成，因此，阻断 CBP 与几丁质的结合或破坏 CBP 的几丁质结合活性以抑制围食膜结构的形成，被认为是一种潜在的昆虫防治方法（Konno et al.，2019）。在粉纹夜蛾的围食膜中，CBP 与几丁质微丝具有很高的亲和力，通过还原 CBP 中几丁质结合结构域（CBD）的分子间二硫键，可有效破坏 CBP 的结合能力。其他几丁质结合分子与围食膜几丁质的竞争性结合同样会破坏围食膜结构，这在粉纹夜蛾中已被证实，几丁质结合分子可以通过阻断 CBP 与几丁质的结合，使昆虫体内的 CBP 从围食膜结构中溶解，并抑制围食膜结构的形成（Wang et al.，2000）。

凝集素 WGA 的杀虫活性早已为人所知，WGA 通过与围食膜几丁质结合而达到杀虫效果（Roy et al.，2021）。20 世纪 90 年代初，研究者发现一组荧光增白剂，可以显著增加鳞翅目幼虫对杆状病毒感染的敏感性（Shapiro et al.，1992）。对其机制的研究发现荧光增白剂如 Calcofluor，通过竞争性地结合几丁质来破坏 CBP 与几丁质纤维的结合，从而抑制围食膜的形成（Wang et al.，2000）。因此，几丁质结合蛋白和干扰几丁质结合的化合物，都有可能被用于破坏昆虫的围食膜结构，并被开发为防治害虫的产品。

5.4.5 RNAi 破坏几丁质结构

通过 RNAi 靶向昆虫的几丁质结构，为昆虫控制技术的发展提供了新的方法。RNAi 对昆虫 CHS 表达的抑制作用对昆虫的几丁质结构具有很强的影响，会导致昆虫发育缓慢且死亡率增加。以甜菜夜蛾的 CHS1 为 RNAi 靶点，不仅会造成昆虫死亡率提高，同时增加了昆虫对真菌致病菌白僵菌的敏感性（Lee et al.，2017）。同样，用靶向 CHS1 基因的 dsRNAs 喂养马铃薯块茎蛾幼虫，会导致幼虫不同程度的畸形和死亡率的增加（Mohammed et al.，2017）。

RNAi 抑制 CDA 基因的表达，尤其是Ⅰ家族和Ⅳ家族 CDA 基因，可导致昆虫不同发育阶段的表皮层组织改变、生长异常、身体畸形和蜕皮中断（Luschnig et al.，2006；Arakane et al.，2009）。RNAi 已被成功用于下调昆虫体内各种 CHT 的表达。RNAi 而产生昆虫的表型，包括增加昆虫的死亡率（干扰Ⅰ、Ⅱ、Ⅲ家族 CHT）、蜕皮受损（干扰Ⅰ、Ⅱ、Ⅲ家族 CHT）、孵化率降低（干扰Ⅱ家族 CHT）、翅发育异常（干扰Ⅲ家族 CHT）以及破坏几丁质纤维组织（干扰Ⅲ家族 CHT）（Li et al.，2015；

Chen et al.，2017；Ganbaatar et al.，2017；Noh et al.，2018）。然而，Ⅳ家族 CHT 对不同昆虫存活的重要性不同，抑制赤拟谷盗个别Ⅳ家族几丁质酶，未影响昆虫蜕皮和存活，但是抑制亚洲玉米螟的 ChtⅣ表达后，观察到了幼虫的体重降低和几丁质含量的升高（Zhu et al.，2008；Khajuria et al.，2010）。抑制Ⅴ家族 CHT，会影响蛹的发育，导致蜕皮缺陷（Pesch et al.，2016）。也有报道称，RNAi 抑制 Hex 可能导致昆虫严重的蜕皮缺陷（Hogenkamp et al.，2008）。

　　RNAi 抑制昆虫几丁质结合蛋白表达的生理效应也已被报道。RNAi 抑制昆虫 PMP 的表达，会导致生长缓慢和蜕皮受损，而抑制大多数 CPAP 的表达，会导致蜕皮中断、生长延长、发育受损和翅形成缺陷，最终导致死亡率增加（Jasrapuria et al.，2012；Petkau et al.，2012）。RNAi 抑制 CPR 的表达，也导致了成虫表皮层的不稳定，这是由于几丁质含量、表皮层组织和力学性质异常引起的（Xu et al.，2022）。同样，RNAi 昆虫 Tweedle 蛋白，会造成昆虫蜕皮过程中几丁质纤维的无组织化，进而导致较高的死亡率（Song et al.，2016）。

　　已报道的几丁质相关蛋白基因的 RNAi 效应表明，RNAi 在以几丁质相关蛋白为靶点的昆虫防治方面，具有潜在的应用前景。研究者还报道了利用 RNAi 技术，对几丁质相关酶基因进行基因工程改造的转基因植物，并对其抗虫性进行了测试，对棉铃虫幼虫喂食针对棉铃虫 CHT 基因表达 miRNA 的转基因烟草植株，会造成对幼虫蜕皮的抑制作用，最终导致幼虫死亡。针对棉铃虫 CHT（Ⅰ家族）表达 dsRNA 的转基因烟草与番茄，被棉铃虫幼虫食用后均会诱导幼虫畸形，并且会导致生长抑制和死亡率增加。针对黏虫的 CHT 基因特异性表达 siRNA 的烟草植株，喂食黏虫幼虫后，会出现昆虫生长抑制。用以 CHT 为靶标的 dsRNA 直接饲喂黏虫幼虫，证实了 RNAi 对昆虫幼虫生长的抑制作用（Ganbaatar et al.，2017）。

　　研究者们以昆虫 CHS 为靶标生产 dsRNA 的转基因植物，研究其是否对昆虫 CHS 实现 RNAi 作用。例如，使用针对棉铃虫 CHS2 基因的 dsRNA 的转基因烟草喂食棉铃虫幼虫，可显著抑制幼虫生长（Jin et al.，2015）。使用表达褐飞虱 CHS1 的菌株，产生的 dsRNA 会干扰褐飞虱对该基因的转录，从而增强了真菌对宿主昆虫褐飞虱的毒性（Hu et al.，2022）。

　　几丁质结构是昆虫特有的生理必需结构，是害虫防治的潜在靶点。昆虫几丁质结构均由几丁质和蛋白组成，但其结构特殊且组成多样，同时，其合成和调控机制复杂。基于几丁质的独特结构和成分，以及生物合成和调控途径，可以识别潜在的分子靶点，从而开发破坏昆虫几丁质结构的方法。以破坏昆虫几丁质结构为策略，从而开发出具有破坏昆虫几丁质结构特性的化合物作为杀虫剂。然而，在几丁质结构中，可被用于害虫防治的分子靶点，在很大程度上并没有完全被探索，因此，目前仍有许多机会去发掘破坏昆虫几丁质结构的方法，以控制害虫。

参考文献

Agrawal A，Rajamani V，Reddy V S，et al.，2015. Transgenic plants over‐expressing insect‐specific microRNA acquire insecticidal activity against Helicoverpa armigera：an altern ative to Bt‐toxin technology. Transgenic Research，24：791‐801.

Arakane Y，Dixit R，Begum K，et al.，2009. Analysis of functions of the chitin deacetylase gene family in *Tribolium castaneum*. Insect Biochem Mol Biol，39：355‐365.

Balabanidou V，Grigoraki L，Vontas J，2018. Insect cuticle：a critical determinant of insecticide resistance. Current Opinion in Insect Science，27：68‐74.

Bao W，Cao B，Zhang Y，et al.，2016. Silencing of *Mythimna separata* chitinase genes via oral delivery of in planta‐expressed RNAi effectors from a recombinant plant virus. Biotechnology Letters，38：1961‐1966.

Barbakadze N，Enders S，Gorb S，et al.，2006. Local mechanical properties of the head articulation cuticle in the beetle *Pachnoda marginata*（Coleoptera，Scarabaeidae）. Journal of Experimental Biology，209（4）：722‐730.

Barbehenn RV，2001. Roles of peritrophic membranes in protecting herbivorous insects from ingested plant allelochemicals. Arch Insect Biochem Physiol，47：86‐99.

Bolognesi R，Ribeiro A F，Terra W R，et al.，2001. The peritrophic membrane of *Spodoptera frugiperda*：secretion of peritrophins and role in immobilization and recycling digestive enzymes. Archives of Insect Biochemistry and Physiology：Collaboration with the Entomological Society of America，47（2）：62‐75.

Bouligand Y，1972. Twisted fibrous arrangements in biological materials and cholesteric mesophases. Tissue and Cell，4：189‐217.

Brusca R C，2000. Unraveling the history of arthropod biodiversification. Annals of the Missouri Botanical Garden：13‐25.

Casu R，Eisemann C，Pearson R，et al.，1997. Antibody‐mediated inhibition of the growth of larvae from an insect causing cutaneous myiasis in a mammalian host. Proc Natl Acad Sci，94：8939‐8944.

Chang Y，Wang Y，Yan Y，et al.，2022. RNA interference of chitin synthase 2 gene in *Liriomyza trifolii* through immersion in double‐stranded RNA. Insects，13（9）：832.

Chaudhari S S，Arakane Y，Specht C A，et al.，2011. Knickkopf protein protects and organizes chitin in the newly synthesized insect exoskeleton. Proc Natl Acad Sci，108：17028‐17033.

Chaudhari S S，Arakane Y，Specht C A，et al.，2013. Retroactive maintains cuticle integrity by promoting the trafficking of knickkopf into the procuticle of *Tribolium castaneum*. PLoS Genetics，9（1）：e1003268.

Chaudhari S S，Moussian B，Specht C A，et al.，2014. Functional specialization among members of Knickkopf family of proteins in insect cuticle organization. PLoS Genet，10：e1 004537.

Chen C，Yang H，Tang B，et al.，2017. Identification and functional analysis of chitinase 7 gene in white‐backed planthopper，*Sogatella furcifera*. Comparative Biochemistry and Physiology Part B：Biochemistry and Molecular Biology，208：19‐28.

Chen J，Zou X，Zhu W，et al.，2022. Fatty acid binding protein is required for chitin biosynthesis in the wing of *Drosophila melanogaster*. Insect Biochemistry and Molecular Biology，149：103845.

Chen L，Liu T，Duan Y，et al.，2017. Microbial secondary metabolite，phlegmacin B_1，as a novel inhibitor of insect chitinolytic enzymes. Journal of Agricultural and Food Chemistry，65（19）：3851‐3857.

Chen L，Liu T，Zhou Y，et al.，2014. Structural characteristics of an insect group I chitinase，an enzyme indispensable to moulting. Acta Crystallogr D，70：932‐942.

Chen L，Shao F，Chen K，et al.，2024. Organized assembly of chitosan into mechanically strong bio‐composite by introducing a recombinant insect structural protein OfCPH‐1. Carbohydrate Polymers，334：122044.

Chen P J，Senthilkumar R，Jane W N，et al.，2014. Transplastomic *Nicotiana benthamiana* plants expressing multiple defence genes encoding protease inhibitors and chitinase display broad‐spectrum resistance against insects，pathogens and abiotic stresses. Plant Biotechnol J，12：503‐515.

Chen W，Cao P，Liu Y，et al.，2022. Structural basis for directional chitin biosynthesis. Nature，610（7931）：402‐408.

Chen W，Jiang X，Yang Q，2020. Glycoside hydrolase family 18 chitinases：the known and the unknown. Biotechnology Advances，43：107553.

Chen W，Qu M，Zhou Y，et al.，2018a. Structural analysis of group Ⅱ chitinase（Cht Ⅱ）catalysis completes the puzzle of chitin hydrolysis in insects. Journal of Biological Chemistry，293：2652－2660.

Chen W，Shen S，Dong L，et al.，2018b. Selective inhibition of β－N－acetylhexosaminidases by thioglycosyl－naphthalimide hybrid molecules. Bioorganic and Medicinal Chemistry，26（2）：394－400.

Chen W，Zhou Y，Yang Q，2019. Structural dissection reveals a general mechanistic principle for group Ⅱ chitinase（Cht Ⅱ）inhibition. Journal of Biological Chemistry，294（24）：9358－9364.

Cillo F，Palukaitis P，2014. Transgenic resistance，Advances in virus research. Elsevier：35－146.

Corrado G，Arciello S，Fanti P，et al.，2008. The Chitinase A from the baculovirus AcMNPV enhances resistance to both fungi and herbivorous pests in tobacco. Transgenic Research，17：557－571.

Culliney T W，2014. Crop losses to arthropods. Integrated Pest Management：Pesticide Problems，3：201－225.

Datta K，Baisakh N，Maung Thet K，et al.，2002. Pyramiding transgenes for multiple resistance in rice against bacterial blight，yellow stem borer and sheath blight. Theoretical and applied genetics，106：1－8.

Ding X，Gopalakrishnan B，Johnson L B，et al.，1998. Insect resistance of transgenic tobacco expressing an insect chitinase gene. Transgenic Research，7：77－84.

Ding Y，Chen S，Liu H，et al.，2023. Discovery of multitarget inhibitors against insect chitinolytic enzymes via machine learning－based virtual screening. Journal of Agricultural and Food Chemistry，71（23）：8769－8777.

Dixit R，Arakane Y，Specht C A，et al.，2008. Domain organization and phylogenetic analysis of proteins from the chitin deacetylase gene family of *Tribolium castaneum* and three other species of insects. Insect Biochem Mol Biol，38：440－451.

Dong B，Miao G，Hayashi S，2014. A fat body－derived apical extracellular matrix enzyme is transported to the tracheal lumen and is required for tube morphogenesis in *Drosophila*. Development，141（21）：4104－4109.

Dong L，Shen S，Chen W，et al.，2019a. Glycosyl triazoles as novel insect β－N－acetylhexosaminidase OfHex1 inhibitors：Design，synthesis，molecular docking and MD simulations. Bioorganic and Medicinal Chemistry, 27 (12): 2315 - 2322.

Dong Y, Hu S, Jiang X, et al. , 2019b. Pocket - based lead optimization strategy for the design and synthesis of chitinase inhibitors. Journal of Agricultural and Food Chemistry, 67 (13): 3575 - 3582.

Dong Y, Hu S, Zhao X, et al. , 2020. Virtual screening, synthesis, and bioactivity evaluation for the discovery of β - N - acetyl - D - hexosaminidase inhibitors. Pest Management Science, 76 (9): 3030 - 3037.

Dorfmueller H C, Ferenbach A T, Borodkin V S, et al. , 2014. A structural and biochemical model of processive chitin synthesis. Journal of Biological Chemistry, 289 (33): 23020 - 23028.

Duan Y, Liu T, Zhou Y, et al. , 2018. Glycoside hydrolase family 18 and 20 enzymes are novel targets of the traditional medicine berberine. Journal of Biological Chemistry, 293 (40): 15429 - 15438.

Duan Y, Zhu W, Zhao X, et al. , 2022. Choline transporter - like protein 2 interacts with chitin synthase 1 and is involved in insect cuticle development. Insect Biochemistry and Molecular Biology, 141: 103718.

Fabritius H O, Sachs C, Triguero P R, et al. , 2009. Influence of structural principles on the mechanics of a biological fiber - based composite material with hierarchical organization: the exoskeleton of the lobster Homarus americanus. Advanced Materials, 21: 391 - 400.

Gallai N, Salles J M, Settele J, et al. , 2009. Economic valuation of the vulnerability of world agriculture confronted with pollinator decline. Ecological economics, 68: 810 - 821.

Ganbaatar O, Cao B, Zhang Y, et al. , 2017. Knockdown of Mythimna separata chitinase genes via bacterial expression and oral delivery of RNAi effectors. BMC biotechnology, 7: 1 - 11.

Gatehouse A M, Down R E, Powell K S, et al. , 1996. Transgenic potato plants with enhanced resistance to the peach - potato aphid Myzus persicae. Entomol Exp Appl, 79: 295 - 307.

Gohlke S, Muthukrishnan S, Merzendorfer H, 2017. In Vitro and In Vivo studies on the structural organization of Chs3 from Saccharomyces cerevisiae. International Journal of Molecular Sciences, 18: E702.

Gong Q, Chen L, Wang J, et al. , 2022. Coassembly of a new insect cuticular protein and chitosan via liquid - liquid phase separation. Biomacromolecules, 23 (6): 2562 - 2571.

Grifoll - Romero L, Pascual S, Aragunde H, et al. , 2018. Chitin deacetylases: Structures, specificities, and biotech applications. Polymers, 10 (4): 352.

Guan X, Middlebrooks B W, Alexander S, et al. , 2006. Mutation of TweedleD, a member of an unconventional cuticle protein family, alters body shape in *Drosophila*. Proc Natl Acad Sci, 103: 16794 – 16799.

Guo P L, Guo Z Q, Liu X D, 2022. Cuticular protein genes involve heat acclimation of insect larvae under global warming. Insect Mol Biol, 31: 519 – 532.

Guo P, Guo Z, Liu X, 2022. Cuticular protein genes involve heat acclimation of insect larvae under global warming. Insect Molecular Biology, 31 (4): 519 – 532.

Hamodrakas S J, Willis J H, Iconomidou V A, 2005. A structural model of the chitin – binding domain of cuticle proteins. Insect Biochemistry and Molecular Biology, 32 (11): 1577 – 1583.

Han Q, Wu N, Li H, et al., 2021. A piperine – based scaffold as a novel starting point to develop inhibitors against the potent molecular target OfChtI. Journal of Agricultural and Food Chemistry, 69 (27): 7534 – 7544.

Hashimoto Y, Corsaro B G, Granados R R, 1991. Location and nucleotide sequence of the gene encoding the viral enhancing factor of the Trichoplusiani granulosis virus. J Gen Virol, 72: 2645 – 2651.

He B, Chu Y, Yin M, et al., 2013. Fluorescent nanoparticle delivered dsRNA toward gen etic control of insect pests. Adv Mater, 25: 4580 – 4584.

Hegedus D, Erlandson M, Gillott C, et al., 2009. New insights into peritrophic matrix synthesis, architecture, and function. Annu Rev Entomol, 54: 285 – 302.

Henrissat B, 1991. A classification of glycosyl hydrolases based on amino acid sequence similarities. Biochem J, 280: 309 – 316.

Hogenkamp D G, Arakane Y, Kramer K J, et al., 2008. Characterization and expression of the β – N – acetylhexosaminidase gene family of *Triboliumcastaneum*. Insect Biochem Mol Biol, 38: 478 – 489.

Hou Q, Chen E, Dou W, et al., 2021. Knockdown of specific cuticular proteins analogous to peritrophin 3 genes disrupt larval and ovarian development in *Bactrocera dorsalis* (Diptera: Tephritidae). Insect Science, 28 (5): 1326 – 1337.

Hu J, Cui H, Hong M, et al., 2022. The *Metarhizium anisopliae* strains expressing dsRNA of the NlCHSA enhance virulence to the brown planthopper *Nilaparvata lugens*. Agriculture, 12 (9): 1393.

Iyer L M, Anantharaman V, Aravind L, 2007. The DOMON domains are involved in heme and sugar recognition. Bioinformatics, 23: 2660 – 2664.

Jakubowska A K, Caccia S, Gordon K H, et al., 2010. Downregulation of a chitin deacety lase –

like protein in response to baculovirus infection and its application for improving baculovirus infectivity. J Virol，84：2547－2555.

Jasrapuria S，Specht C A，Kramer K J，et al.，2012. Gene families of cuticular proteins an alogous to peritrophins（CPAPs）in *Tribolium castaneum* have diverse functions. PLoS One，7：e49844.

Jasrapuria S，Specht C A，Kramer K J，et al.，2012. Gene families of cuticular proteins analogous to peritrophins（CPAPs）in *Tribolium castaneum* have diverse functions. PLoS One，7（11）：e49844.

Jiang B，Jin X，Dong Y，et al.，2020. Design，synthesis，and biological activity of novel heptacyclic pyrazolamide derivatives：a new candidate of dual－target insect growth regulators. Journal of Agricultural and Food Chemistry，68（23）：6347－6354.

Jiang X，Kumar A，Liu T，et al.，2016. A novel scaffold for developing specific or broad－spectrum chitinase inhibitors. Journal of Chemical Information and Modeling，56（12）：2413－2420.

Jiang X，Kumar A，Motomura Y，et al.，2020. A series of compounds bearing a dipyrido－pyrimidine scaffold acting as novel human and insect pest chitinase inhibitors. Journal of Medicinal Chemistry，63（3）：987－1001.

Jin S，Singh N D，Li L，et al.，2015. Engineered chloroplast dsRNA silences cytochrome p450 monooxygenase，V－ATPase and chitin synthase genes in the insect gut and disrupts *Helicoverpa armigera* larval development and pupation. Plant Biotechnology Journal，13（3）：435－446.

Karmakar S，Molla K A，Das K，et al.，2017. Dual gene expression cassette is superior than single gene cassette for enhancing sheath blight tolerance in transgenic rice. Scientific Reports，7（1）：1－15.

Kato N，Mueller C R，Fuchs J F，et al.，2006. Regulatory mechanisms of chitin biosynthesis and roles of chitin in peritrophic matrix formation in the midgut of adult *Aedes aegypti*. Insect Biochem Mol Biol，36：1－9.

Khajuria C，Buschman L L，Chen M S，et al.，2010. A gut－specific chitinase gene essential for regulation of chitin content of a peritrophic matrix and growth of *Ostrinia nubilalis* larvae. Insect Biochem Mol Biol，40：621－629.

Khajuria C，Buschman L L，Chen M S，et al.，2010. A gut－specific chitinase gene essential for regulation of chitin content of peritrophic matrix and growth of *Ostrinia nubilalis* larvae. Insect Biochem Mol Biol，40：621－629.

Kim J K，Jang I C，Wu R，et al.，2003. Co－expression of a modified maize ribosome－

inactivating protein and a rice basic chitinase gene in transgenic rice plants confers enhanced resistance to sheath blight. Transgenic Research, 12: 475 - 484.

Konno K, Mitsuhashi W, 2019. The peritrophic membrane as a target of proteins that play important roles in plant defense and microbial attack. Journal of Insect Physiology, 117: 103912.

Kottaipalayam - Somasundaram S R, Jacob J P, Aiyar B, et al., 2022. Chitin metabolism as a potential target for RNAi - based control of the forestry pest *Hyblaea puera* Cramer (Lepidoptera: Hyblaeidae). Pest Manag Sci, 78: 296 - 303.

Kramer K J, Hopkins T L, Schaefer J, 1995. Applications of solids NMR to the analysis of insect sclerotized structures. Insect Biochem Mol Biol, 25: 1067 - 1080.

Kramer K J, Muthukrishnan S, 1997. Insect chitinases: molecular biology and potential use as biopesticides. Insect Biochem Mol Biol, 27: 887 - 900.

Lawrence S D, Novak N G, 2006. Expression of poplar chitinase in tomato leads to inhibition of development in Colorado potato beetle. Biotechnology Letters, 28: 593 - 599.

Lee J B, Kim H S, Park Y, 2017. Down - regulation of a chitin synthase a gene by RNA interference enhances pathogenicity of *Beauveria bassiana* ANU1 against *Spodoptera exigua* (HüBNER). Archives of Insect Biochemistry and Physiology, 94 (2): e21371.

Li D, Zhang J, Wang Y, et al., 2015. Two chitinase 5 genes from *Locusta migratoria*: molecular characteristics and functional differentiation. Insect Biochem Mol Biol, 58: 46 - 54.

Li D, Zhang J, Yang Y, et al., 2022. Identification and RNAi - based functional analysis of chitinase family genes in *Agrotis ipsilon*. Pest Manag Sci, 78: 4278 - 4287.

Li K, Zhang X, Zuo Y, et al., 2017. Timed Knickkopf function is essential for wing cuticle formation in *Drosophila melanogaster*. Insect Biochem Mol Biol, 89: 1 - 10.

Li W, Ding Y, Qi H, et al., 2021. Discovery of natural products as multitarget inhibitors of insect chitinolytic enzymes through high - throughput screening. Journal of Agricultural and Food Chemistry, 69 (37): 10830 - 10837.

Liang J, Wang T, Xiang Z, et al., 2015. Tweedle cuticular protein BmCPT1 is involved in innate immunity by participating in recognition of *Escherichia coli*. Insect Biochem Mol Biol, 58: 76 - 88.

Liu L, Zhou Y, Qu M, et al., 2019. Structural and biochemical insights into the catalytic mechanisms of two insect chitin deacetylases of the carbohydrate esterase 4 family. Journal of Biological Chemistry, 294 (15): 5774 - 5783.

Liu T, Duan Y, Yang Q, 2018. Revisiting glycoside hydrolase family 20 beta - N - acetyl - d -

hexosaminidases: Crystal structures, physiological substrates and specific inhibitors. Biotechnol Adv, 36: 1127 – 1138.

Liu T, Guo X, Bu Y, et al., 2020. Structural and biochemical insights into an insect gut – specific chitinase with antifungal activity. Insect Biochemistry and Molecular Biology, 119: 103326.

Liu T, Zhang H, Liu F, et al., 2011. Structural determinants of an insect β – N – acetyl – D – hexosaminidase specialized as a chitinolytic enzyme. Journal of Biological Chemistry, 286 (6): 4049 – 4058.

Liu T, Zhu W, Wang J, et al., 2018. The deduced role of a chitinase containing two non – synergistic catalytic domains. Acta Crystallographica Section D: Structural Biology, 74 (1): 30 – 40.

Liu X, Cooper A M, Zhang J, et al., 2019. Biosynthesis, modifications and degradation of chitin in the formation and turnover of peritrophic matrix in insects. J Insect Physiol, 114: 109 – 115.

Liu Z, Gay L M, Tuveng T R, et al., 2017. Structure and function of a broad – specificity chitin deacetylase from *Aspergillus nidulans* FGSC A4. Sci Rep, 7: 1746.

Lu Q, Xie H, Qu M, et al., 2023. Group h chitinase: A molecular target for the development of Lepidopteran – specific insecticides. Journal of Agricultural and Food Chemistry, 71 (15): 5944 – 5952.

Lu Q, Zhou Y, Ding Y, et al., 2024. Structure and inhibition of insect UDP – N – acetylglucosamine pyrophosphorylase: A key enzyme in the hexosamine biosynthesis pathway. Journal of Agricultural and Food Chemistry.

Lu X, Wang B, Cai X, et al., 2020. Feeding on tea GH19 chitinase enhances tea defenseresponses induced by regurgitant derived from *Ectropis grisescens*. Physiologia plantarum, 169: 529 – 543.

Luschnig S, Batz T, Armbruster K, et al., 2006. serpentine and vermiform encode matrix proteins with chitin binding and deacetylation domains that limit tracheal tube length in *Drosophila*. Curr Biol, 16: 186 – 194.

Luschnig S, Bätz T, Armbruster K, et al., 2006. Serpentine and vermiform encode matrix proteins with chitin binding and deacetylation domains that limit tracheal tube length in *Drosophila*. Current Biology, 16: 186 – 194.

Mahmood S, Kumari P, Kisku A V, et al., 2022. Ectopic expression of *Xenorhabdus nematophila* chitinase in tobacco confers resistance against *Helicoverpa armigera*. Plant Cell,

Tissue and Organ Culture (PCTOC), 151 (3): 593 – 604.

Mamta Reddy K R K, Rajam M V, 2015. Targeting chitinase gene of *Helicoverpa armigera* by host – induced RNA interference confers insect resistance in tobacco and tomato. Plant Molecular Biology, 90 (3): 281 – 292.

Mamta Reddy K, Rajam M, 2016. Targeting chitinase gene of *Helicoverpa armigera* by host – induced RNA interference confers insect resistance in tobacco and tomato. Plant Molecular Biology, 90: 281 – 292.

Mamta S, Kelkenberg M, Begum K, et al., 2014. Two essential peritrophic matrix proteins mediate matrix barrier functions in the insect midgut. Insect Biochemistry and Molecular Biology, 49: 24 – 34.

Merzendorfer H, 2013. Chitin synthesis inhibitors: old molecules and new developments. Insect Science, 20 (2): 121 – 138.

Mohammed A M, Diab M R, Abdelsattar M, et al., 2017. Characterization and RNAi – mediated knockdown of Chitin Synthase A in the potato tuber moth, *Phthorimaea operculella*. Sci Rep, 7: 9502.

Morgan J L, McNamara J T, Fischer M, et al., 2016. Observing cellulose biosynthesis and membrane translocation in crystallo. Nature, 531: 329 – 334.

Moussian B, Letizia A, Martínez – Corrales G, et al., 2015. Deciphering the genetic programme triggering timely and spatially – regulated chitin deposition. PLoS Genetics, 11 (1): e1004939.

Moussian B, Tang E, Tonning A, et al., 2006. *Drosophila* Knickkopf and Retroactive are needed for epithelial tube growth and cuticle differentiation through their specific requir ement for chitin filament organization. Development, 133: 163 – 171.

Moussian B, Tang E, Tonning A, et al., 2006. *Drosophila* Knickkopf and Retroactive are needed for epithelial tube growth and cuticle differentiation through their specific requir ement for chitin filament organization. Development, 133: 163 – 171.

Mun S, Noh M Y, Dittmer N T, et al., 2015. Cuticular protein with a low complexity sequence becomes cross – linked during insect cuticle sclerotization and is required for the adult molt. Sci Rep, 5: 10484.

Muthukrishnan S, Merzendorfer H, Arakane Y, et al., 2012. Chitin metabolism in insects// Gilbert L I. Insect molecular biology and biochemistry. San Diego: Academic Press: 193 – 235.

Noh M Y, Kramer K J, Muthukrishnan S, et al., 2014. Two major cuticular proteins are required for assembly of horizontal laminae and vertical pore canals in rigid cuticle of *Tribolium castaneum*. Insect Biochemistry and Molecular Biology，53：22 − 29.

Noh M Y，Muthukrishnan S，Kramer K J，et al.，2015. *Tribolium castaneum* RR − 1 cuticular protein TcCPR4 is required for formation of pore canals in rigid cuticle. PLoS Genetics，11 (2)：e1004963.

Noh M Y，Muthukrishnan S，Kramer K J，et al.，2018a. A chitinase with two catalytic domains is required for organization of the cuticular extracellular matrix of a beetle. PLoS Genetics，14 (3)：e1007307.

Noh M Y，Muthukrishnan S，Kramer K J，et al.，2018b. Group I chitin deacetylases are essential for higher order organization of chitin fibers in beetle cuticle. Journal of Biological Chemistry，293：6985 − 6995.

Osman G H，Assem S K，Alreedy R M，et al.，2015. Development of insect resistant maize plants expressing a chitinase gene from the cotton leaf worm，*Spodoptera littoralis*. Sci Rep，5：18067.

Ostrowski S，Dierick H A，Bejsovec A，2002. Genetic control of cuticle formation during embryonic development of *Drosophila melanogaster*. Genetics，161：171 − 182.

Oyeleye A，Normi Y M，2018. Chitinase：diversity，limitations，and trends in engineering for suitable applications. Bioscience Reports，38 (4)：BSR2018032300.

Pan P，Ye Y，Lou Y，et al.，2018. A comprehensive omics analysis and functional survey of cuticular proteins in the brown planthopper. Proceedings of the National Academy of Sciences，115 (20)：5175 − 5180.

Peng Z，Ren J，Su Q，et al.，2021. Genome − Wide Identification and Analysis of Chitinas e − Like Gene Family in *Bemisia tabaci* (Hemiptera：Aleyrodidae) . Insects：12.

Pesch Y，Riedel D，Behr M，2015. Obstructor A organizes matrix assembly at the apical cell surface to promote enzymatic cuticle maturation in Drosophila. Journal of Biological Chemistry，290 (16)：10071 − 10082.

Pesch Y，Riedel D，Loch G，et al.，2016a. Drosophila chitinase 2 is expressed in chitin producing organs for cuticle formation. Arthropod Structure and Development，46：4 − 12.

Pesch Y，Riedel D，Patil K R，et al.，2016b. Chitinases and imaginal disc growth factors organize the extracellular matrix formation at barrier tissues in insects. Scientific Reports，6 (1)：18340.

Peters W，2012. Peritrophic membranes. Springer Science & Business Media.

Petkau G, Wingen C, Jussen L C, et al., 2012. Obstructor - A is required for epithelial extracellular matrix dynamics, exoskeleton function, and tubulogenesis. J Biol Chem, 287: 21396 - 21405.

Qi H, Ding Y, Teng Y, et al., 2023. A core structural protein that builds the locust mandible with a mechanical gradient. ACS Nano, 17 (24): 25311 - 25321.

Qi H, Jiang X, Ding Y, et al., 2021. Discovery of kasugamycin as a potent inhibitor of glycoside hydrolase family 18 chitinases. Frontiers in Molecular Biosciences, 8: 640356.

Qi H, Teng Y, Chen S, et al., 2024. Major structural protein in locust mandible capable of forming extraordinarily stiff materials via hierarchical self - assembly. Matter, 7 (3): 1314 - 1329.

Qu M, Ma L, Chen P, et al., 2014. Proteomic analysis of insect molting fluid with a focus on enzymes involved in chitin degradation. J Proteome Res, 13: 2931 - 2940.

Qu M, Ma L, Chen P, et al., 2014. Proteomic analysis of insect molting fluid with a focus on enzymes involved in chitin degradation. Journal of Proteome Research, 13: 2931 - 2940.

Qu M, Watanabe - Nakayama T, Sun S, et al., 2020. High - speed atomic force microscopy reveals factors affecting the processivity of chitinases during interfacial enzymatic hydrolysis of crystalline chitin. ACS Catalysis, 10: 13606 - 13615.

Qu M, Watanabe - Nakayama T, Sun S, et al., 2022. High - speed atomic force microscopy reveals factors affecting the processivity of chitinases during interfacial enzymatic hydrolysis of crystalline chitin. ACS Catalysis, 10 (22): 13606 - 13615.

Qu M, Yang Q, 2011. A novel alternative splicing site of class A chitin synthase from the insect *O. furnacalis* - Gene organization, expression pattern and physiological significance. Insect Biochemistry and Molecular Biology, 41: 923 - 931.

Regev A, Keller M, Strizhov N, et al., 1996. Synergistic activity of a *Bacillus thuringiensis* delta - endotoxin and a bacterial endochitinase against *Spodoptera littoralis* larvae. Appl Environ Microbiol, 62: 3581 - 3586.

Regier J C, Shultz J W, Zwick A, et al., 2010. Arthropod relationships revealed by phylo genomic analysis of nuclear protein - coding sequences. Nature, 463: 1079 - 1083.

Roy A, Chakraborty A, 2021. Natural Insecticidal Proteins and Their Potential in Future IPM// Plant - Pest Interactions: From Molecular Mechanisms to Chemical Ecology. Singapore: Springer: 265 - 303.

Saxena S, Reddy K R K, Rajam M V, 2022. dsRNA - mediated silencing of chitin synthase A

（CHSA）affects growth and development of *Leucinodes orbonalis* brinjal fruit，shoot borer. Journal of Asia - Pacific Entomology，25（2）：101908.

Shao L，Devenport M，Jacobs - Lorena M，2001. The peritrophic matrix of hematophago us insects. Arch Insect Biochem Physiol，47：119 - 125.

Shaoya L，Zhao D，Li J，et al.，2016. Response of CDA 5 in *Hyphantria cunea* to Bt toxin ingestion and knockdown in transfected Sf9 cells. Journal of Applied Entomology，141（4）：308 - 314.

Shapiro M，Robertson J，1992. Enhancement of gypsy moth（Lepidoptera：Lymantriidae）baculovirus activity by optical brighteners. J Econ Entomol，85：1120 - 1124.

Sharma R K，Singh V，Tiwari N，et al.，2020. Synthesis，antimicrobial and chitinase inhibitory activities of 3 - amidocoumarins. Bioorganic Chemistry，98：103700.

Shen S，Dong L，Chen W，et al.，2019. Synthesis，optimization，and evaluation of glycosylated naphthalimide derivatives as efficient and selective insect β - *N* - acetylhexosaminidase OfHex1 inhibitors. Journal of Agricultural and Food Chemistry，67（22）：6387 - 6396.

Shirk P D，Perera O P，Shelby K S，et al.，2015. Unique synteny and alternate splicing of the chitin synthases in closely related heliothine moths. Gene，574：121 - 139.

Song T Q，Yang M L，Wang Y L，et al.，2016. Cuticular protein LmTwdl1 is involved in molt development of the migratory locust. Insect Sci，23：520 - 530.

Song T，Yang M，Wang Y，et al.，2016. Cuticular protein LmTwdl1 is involved in molt development of the migratory locust. Insect Science，23（4）：520 - 530.

Su C，Tu G，Huang S，et al.，2016. Genome - wide analysis of chitinase genes and their varied functions in larval moult，pupation and eclosion in the rice striped stem borer，*Chilo suppressalis*. Insect Mol Biol，25：401 - 412.

Sun R，Liu C，Zhang H，et al.，2015. Benzoylurea chitin synthesis inhibitors. Journal of Agricultural and Food Chemistry，63（31）：6847 - 6865.

Tajiri R，Ogawa N，Fujiwara H，et al.，2017. Mechanical control of whole body shape by a single cuticular protein Obstructor - E in *Drosophila melanogaster*. PLoS Genetics，13：e1006548.

Tetreau G，Dittmer N T，Cao X，et al.，2015. Analysis of chitin - binding proteins from *Manduca sexta* provides new insights into evolution of peritrophin A - type chitin - binding domains in insects. Insect Biochemistry and Molecular Biology，62：127 - 141.

Tetreau G，Wang P，2019. Chitinous structures as potential targets for insect pest control.

Advances in Experimental Medicine and Biology，1142：273 - 292.

Tian X，Zhang C，Xu Q，et al.，2017. Azobenzene - benzoylphenylureas as photoswitchable chitin synthesis inhibitors. Organic and Biomolecular Chemistry，15（15）：3320 - 3323.

Varela P F，Llera A S，Mariuzza R A，et al.，2002. Crystal structure of imaginal disc growth factor - 2. Journal of Biological Chemistry，277：13229 - 13236.

Wang J，Chen Z，Du J，et al.，2005. Novel insect resistance in *Brassica napus* developed by transformation of chitinase and scorpion toxin genes. Plant cell reports，24：549 - 555.

Wang P，Granados R R，1997. An intestinal mucin is the target substrate for a baculovirus enhancin. Proc Natl Acad Sci，94：6977 - 6982.

Wang P，Granados R R，2000. Calcofluor disrupts the midgut defense system in insects. Insect Biochem Mol Biol，30：135 - 143.

Wang X，Ding X，Gopalakrishnan B，et al.，1996. Characterization of a 46 kDa insect chitinase from transgenic tobacco. Insect Biochem Mol Biol，26：1055 - 1064.

Wang Y，Cheng J，Luo M，et al.，2020. Identifying and characterizing a novel peritrophic matrix protein（Md PM - 17）associated with antibacterial response from the Housefly，*Musca domestica*（Diptera：Muscidae）. Journal of Insect Science，20（6）：34.

Wu J，Chen Z，Wang Y，et al.，2018. Silencing chitin deacetylase 2 impairs larval - pupal and pupal -adult molts in *Leptinotarsa decemlineata*. Insect Molecular Biology，28（1）：52 - 64.

Wu N，Lin Q，Shao F，et al.，Insect cuticle - inspired design of sustainably sourced composite bioplastics with enhanced strength，toughness and stretch - strengthening behavior. Carbohydrate Polymers，333：121970.

Wu Z Z，Zhang W Y，Lin Y Z，et al.，2022. Genome - wide identification，characterization and functional analysis of the chitianse and chitinase - like gene family in *Diaphorina citri*. Pest Manag Sci，78：1740 - 1748.

Xi Y，Pan P，Ye Y，et al.，2015. Chitinase - like gene family in the brown planthopper，*Nilaparvata lugens*. Insect Molecular Biology，24（1）：29 - 40.

Xie J，Peng G，Wang M，et al.，2022. RR - 1 cuticular protein TcCPR69 is required for growth and metamorphosis in *Tribolium castaneum*. Insect Science，29（6）：1612 - 1628.

Xu G，Zhang J，Lyu H，et al.，2017. BmCHSA - 2b，a Lepidoptera specific alternative splicing variant of epidermal chitin synthase，is required for pupal wing development in *Bombyx mori*. Insect Biochemistry and Molecular Biology，87：117 - 126.

Xu Y，Xu J，Zhou Y，et al.，2022. CPR63 promotes pyrethroid resistance by increasing cuticle thickness in *Culex pipiens pallens*. Parasite Vector，15 (1)：1－7.

Yang H，Liu T，Qi H，et al.，2018. Design and synthesis of thiazolylhydrazone derivatives as inhibitors of chitinolytic *N* － acetyl － β － D － hexosaminidase. Bioorganic & Medicinal Chemistry，26 (20)：5420－5426.

Yang L，Chen M，Han X，et al.，2022. Discovery of ZQ－8，a novel starting point to develop inhibitors against the potent molecular target chitinase. Journal of Agricultural and Food Chemistry，70 (36)：11314－11323.

Yasser N，Salem R，Alkhazindar M，et al.，2021. Molecular Cloning，Protein Expression，and Regulatory Mechanisms of the Chitinase Gene from *Spodoptera littoralis* Nucleopolyhedrovirus. Microbiol Biotechnology Letters，49 (3)：305－315.

Yu R，Liu W，Li D，et al.，2016. Helicoidal organization of chitin in the cuticle of the migratory locust requires the function of the chitin deacetylase 2 enzyme (LmCDA2). Journal of Biological Chemistry，291：24353－24363.

Yu R，Zhang R，Liu W，et al.，2022. The DOMON domain protein LmKnk contributes to correct chitin content，pore canal formation and lipid deposition in the cuticle of *Locusta migratoria* during moulting. Insect Molecular Biology，31 (2)：127－138.

Zhang D，Chen J，Yao Q，et al.，2012. Functional analysis of two chitinase genes during the pupation and eclosion stages of the beet armyworm *Spodoptera exigua* by RNA interference. Arch Insect Biochem Physiol，79：220－234.

Zhang J，Zhang X，Arakane Y，et al.，2011. Identification and characterization of a novel chitinase － like gene cluster (AgCht5) possibly derived from tandem duplications in the African malaria mosquito，*Anopheles gambiae*. Insect Biochem Mol Biol，41：521－528.

Zhang R，Zhao X，Liu X，et al. 2020. Effect of RNAi － mediated silencing of two Knickkopf family genes (LmKnk2 and LmKnk3) on cuticle formation and insecticide susceptibility in *Locusta migratoria*. Pest Manag Sci，76 (9)：2907－2917.

Zhao D，Liu X，Liu Z，et al.，2022. Identification and functional analysis of two potential RNAi targets for chitin degradation in *Holotrichia parallela* Motschulsky (Insecta Coleoptera). Pestic Biochem Phys，188：105257.

Zhao X，Yang J，Xin G，et al.，2021. Cuticular protein gene LmACP8 is involved in wing morphogenesis in the migratory locust，*Locusta migratoria*. Journal of Integrative Agriculture，20 (6)：1596－1606.

Zhao Z，Xu Q，Chen W，et al.，2022. Rational design，synthesis，and biological investigations of *N* - methylcarbamoylguanidinyl azamacrolides as a novel chitinase inhibitor. Journal of Agricultural and Food Chemistry, 70 (16): 4889 - 4898.

Zhou Y, Badgett M J, Bowen J H, et al., 2016. Distribution of cuticular proteins in different structures of adult *Anopheles gambiae*. Insect Biochemistry and Molecular Biology, 75: 45 - 57.

Zhu K, Merzendorfer H, Zhang W, et al., 2016. Biosynthesis, turnover, and functions of chitin in insects. Annual Review of Entomology, 61: 177 - 196.

Zhu Q, Arakane Y, Beeman R W, et al., 2008. Characterization of recombinant chitinase - like proteins of *Drosophila melanogaster* and *Tribolium castaneum*. Insect Biochem Mol Biol, 38: 467 - 477.

Zhu Q, Arakane Y, Beeman R W, et al., 2008. Characterization of recombinant chitinase - like proteins of *Drosophila melanogaster* and *Tribolium castaneum*. Insect Biochemistry and Molecular Biology, 38: 467 - 477.

Zhu Q, Arakane Y, Beeman R W, et al., 2008. Functional specialization among insect chitinase family genes revealed by RNA interference. Proc Natl Acad Sci, 105: 6650 - 6655.

Zhu Q, Arakane Y, Beeman RW, et al., 2008. Characterization of recombinant chitinase - like proteins of *Drosophila melanogaster* and *Tribolium castaneum*. Insect Biochem Mol Biol, 38: 467 - 477.

Zhu Q, Arakane Y, Beeman RW, et al., 2008. Functional specialization among insect chitinase family genes revealed by RNA interference. Proc Natl Acad Sci, 105: 6650 - 6655.

Zhu W, Duan Y, Chen J, et al., 2022. SERCA interacts with chitin synthase and participates in cuticular chitin biogenesis in Drosophila. Insect Biochemistry and Molecular Biology, 145: 103783.

Zuber R, Wang Y, Gehring N, et al., 2020. Tweedle proteins form extracellular two - dimensional structures defining body and cell shape in *Drosophila melanogaster*. Open Biology, 10 (12): 200214.

第 *6* 章

哺乳动物几丁质系统

6.1 哺乳动物对几丁质的识别

　　真菌、线虫和节肢动物等含有几丁质的生物，是哺乳动物的潜在病原体。真菌细胞壁和节肢动物外骨骼中的几丁质在宿主的防御反应中作为重要的识别物质，并且是研究宿主-病原体相互作用以开发针对病原体感染的新治疗策略的理想靶标（Tada et al.，2013）。宿主表达多种受体、细胞因子以及几丁质酶以感知并最终消除这些含几丁质的病原体（Di Rosa et al.，2016）。

　　宿主对入侵病原体的识别依赖于可以结合病原相关分子模式（PAMP，pathogen‐associated molecular pattern）的模式识别受体（PRR，pattern‐recognition receptor），其中高度保守的分子对于微生物的存活而言至关重要（Bryant et al.，2015）。由于哺乳动物不含内源性几丁质，因此，病原体的几丁质可以被看作是一种免疫刺激物（Lee et al.，2011）。宿主对病原体的识别与促炎细胞因子的释放可以诱导嗜中性粒细胞和巨噬细胞分泌几丁质酶。人类表达酸性哺乳动物几丁质酶（AMCase）和壳三糖酶（Cht1）对外源性几丁质的尺寸进行修饰，以便于 PRR 的识别。多项研究表明哺乳动物细胞表面受体对几丁质的先天性免疫和适应性免疫反应具有尺寸依赖性，例如 toll 样受体 2（TLR2）、树突状细胞相关 C 型凝集素 - 1（dectin - 1）、甘露糖受体、含纤维蛋白原 C 结构域蛋白 1（FIBCD1）（Schlosser et al.，2009）、杀伤细胞凝集素样受体亚家族 B 成员 1（NKR - P1）（Semenuk et al.，2001）和 Reg Ⅲ γ（Cash et al.，2006）在募集和激活免疫细胞、诱导细胞因子表达和趋化因子产生的过程中均表现出了几丁质尺寸依赖性（彩图 6.1）。目前这些受体已被鉴定为哺乳动物几丁质结合受体。

6.1.1　TLR2、dectin - 1 和甘露糖受体

TLR2（依赖于二聚化结合病原体表面分子的受体）、dectin - 1（介导辅助性 T 细胞 17 的发育和后续中性粒细胞募集物质）和甘露糖受体（结合甘露聚糖和甘露糖蛋白）参与介导对几丁质的免疫反应（Dong et al.，2014）。当 dectin - 1 与颗粒状几丁质结合后，产生的信号传导引起多种细胞因子和趋化因子的产生，例如肿瘤坏死因子（TNF，tumor necrosid factor）、趋化因子配体 2（CXCL2）、白细胞介素 2（IL - 2）、白细胞介素 10（IL - 10）和白细胞介素 12（IL - 12），同时引起呼吸爆发和通过吞噬作用摄取配体（Da Silva et al.，2009）。Dectin - 1 介导的信号传导依赖于其胞内域部分，由类似于免疫受体酪氨酸激活基序（ITAM，immunoreceptor tyrosine - based activation motif）的基序构成。当配体与 dectin - 1 的胞外域结合，ITAM 样基序的酪氨酸就会被磷酸化，并且会结合一对脾酪氨酸激酶（Syks，spleen tyrosine kinase）（Becker et al.，2016）。

在树突细胞中，胱天蛋白酶募集结构域家族 9（CARD9，caspase recruitment domain family 9）参与激活 dectin - 1/Syk 的活化，和依赖 B 细胞淋巴瘤因子 10/黏液膜相关淋巴组织淋巴瘤转运蛋白 1（Bcl - 10/MALT1）的转录因子 NF - κB 活化，诱导细胞因子的产生（彩图 6.1）。在几丁质诱导的巨噬细胞中，TLR - 2/髓样分化因子（MyD88）途径和 dectin - 1/TLR2 途径分别介导 IL - 17A 和 TNF - α 的分泌，巨噬细胞中 dectin - 1 的激活促进吞噬作用、炎症细胞因子和活性氧（ROS）的产生。

6.1.2　FIBCD1

FIBCD1 是一种 55 ku 的同型四聚体 Ⅱ 型跨膜蛋白，在胃肠道中表达量较高（Thomsen et al.，2011）。FIBCD1 的胞外域包含卷曲螺旋区、聚阳离子区和碳端纤维蛋白原相关结构域，并通过二硫键组装成四聚体。根据功能分析，纤维蛋白原区域是钙依赖性结构域，以高亲和力结合乙酰化组分，配体的筛选显示 FIBCD1 是几丁质和几丁质片段的高亲和力受体。FIBCD1 促进乙酰化组分的内吞作用并引导它们进入内体降解，此外，FIBCD1 可能在控制几丁质和几丁质片段的暴露中发挥重要作用，这对于寄生虫和真菌的免疫防御以及调节免疫应答非常重要（Schlosser et al.，2009）。

6.1.3　NKR－P1

NKR－P1 蛋白属于动物 C－型凝集素超家族，是一种重要的激活受体，位于大鼠自然杀伤细胞表面（Giorda et al.，1990）。经鉴定，几丁质寡聚体和 GlcNAc 在体外和体内均是 NKR－P1 蛋白的强活化配体，且它们的聚集可使其对 NKR－P1 的结合亲和力增加 3～6 倍（Semenuk et al.，2001）。

6.1.4　RegⅢγ

RegⅢγ 在肠上皮细胞中表达，属于分泌 C－型凝集素。RegⅢγ 能够结合肠道细菌，但其缺乏其他种类的可与微生物结合功能的哺乳动物 C－型凝集素的补体募集结构域。当黏膜表面微生物与上皮细胞接触增加时能够诱发 RegⅢγ 的表达。RegⅢγ 及其人类对应物 HIP/PAP 是直接作用的抗微生物蛋白，其通过与几丁质和肽聚糖的相互作用结合其细菌靶点。

6.2　哺乳动物对含几丁质病原体的免疫应答

先天免疫细胞通过特异性膜结合受体感知作为 PAMP 的几丁质后，触发各种分子信号级联,改变细胞因子谱和细胞表型(Klauser et al.,2013)。在这里,我们将介绍感知几丁质后肺上皮细胞、巨噬细胞、角质形成细胞和脾细胞的免疫反应(彩图 6.2)。

6.2.1 肺上皮细胞

肺部的外源几丁质促使肺上皮细胞表达趋化因子配体 2(CCL2)、IL-25、IL-33和胸腺基质淋巴细胞生成素(TLSP),并诱导 2 型固有淋巴样细胞(Van Dyken et al.,2014)(ILC2)分泌细胞因子 IL-5 和 IL-13,这对于嗜酸性粒细胞和替代性活化巨噬细胞的积累是必不可少的。当含有几丁质的寄生线虫如委内瑞拉圆线虫(*Strongyloides venezuelensis*)感染寄主肺部时,Ⅱ型肺泡上皮细胞(ATII)通过分化为肺泡上皮Ⅰ型细胞修复受损肺泡(Roy et al.,2012),并表达 IL-33 来诱导 ILC2 增殖和表达 IL-5 和 IL-13。此外,肥大细胞和巨噬细胞释放前列腺素 D2(PGD2)和白三烯 D4(LTD4)也刺激 ILC2 细胞的增殖。IL-5 引起嗜酸性粒细胞活化并维持其活性,而 IL-13 诱导气道高敏反应,并与 IL-9 一起促进黏液产生(Lund et al.,2013)。

6.2.2 巨噬细胞

在巨噬细胞感受到几丁质后,会表达精氨酸酶 1(Arg1)、几丁质酶样分子 3(Ym1)、炎症区域因子 1(Fizz1,found in inflammatory zone 1)、甘露糖受体、TNF-α、IL-10、IL-12、IL-18、趋化因子 CCL17 和 CCL24,以及嗜酸性粒细胞化学引诱剂白三烯 B4(Satoh et al.,2010)。

几丁质还介导巨噬细胞的替代性激活并增强 T 细胞的功能、NK 细胞活性和 IFN-γ的产生。Reese 等(2007)的研究发现,在感染巴西钩虫(*Nippostrongylus brasiliensis*)9 d 后的小鼠肺部和腹膜中存在大量的替代性激活巨噬细胞(M2),即 CD11b[+]、CD11c[-] 和 Gr1[-] 巨噬细胞。几丁质暴露可诱导体内 M2 极化,然而,在体外实验中巨噬细胞未表现出 M2 表型。Roy 等(2012)证明 CCL2 是由 CD326[+] 呼吸道上皮细胞响应几丁质而分泌的,是参与体内巨噬细胞的替代性激活和过敏性炎症的关键因子。

6.2.3　角质形成细胞

几丁质存在于许多引起皮肤过敏反应的微生物中，角质形成细胞-几丁质相互作用在调节表皮免疫中扮演重要的角色。Koller 等（2011）研究了角质形成细胞对几丁质片段的免疫反应，研究表明几丁质诱导角质形成细胞分泌 CXCL8、IL－6 和 TSLP。TLR2 敲除的角质形成细胞减少了由几丁质诱导的炎症细胞因子的产生（Da Silva et al.，2008）。Shibata 等（1997）发现小的几丁质颗粒（1～10 μm）引起过敏性炎症的程度较低。

6.2.4　脾细胞

几丁质能够刺激小鼠脾细胞产生 IFN－γ 和 IL－10 而不产生 IL－4 或 IL－5，引起辅助性 T 细胞向 Th1 型转变。经过几丁质处理的小鼠显著降低了 IgE 水平并抑制支气管周围组织、血管周围组织和肺部的炎症（Shibata et al.，2000），如 Wagener 等（2014）的研究所示，白色念珠菌来源的几丁质可以被甘露糖受体 NOD2 和 TLR9 识别，其通过分泌细胞因子 IL－10 来参与介导抗炎反应。

6.3　人类几丁质酶及几丁质酶样蛋白

尽管人体既不含有几丁质，也不以几丁质作为营养来源，但是人体仍表达 AMCase 和 Cht1 两种几丁质酶，它们均属于 GH18 家族几丁质内切酶。除此之外，人类也表达几丁质酶样蛋白（CLP）或几丁质酶样凝集素（Chi－lectin），如几丁质酶 3 样蛋白 1（CHI3L1 或 YKL－40）、几丁质酶 3 样蛋白 2（CHI3L2 或 YKL－39）、几丁质酶结构域内含蛋白 1（CHID1）、stabilin－1 相互作用几丁质酶样蛋白（SI－CLP）（Kzhyshkowska et al.，2006）和输卵管糖蛋白-1（OVGP1）（Bussink et al.，2007）。此外，Ym1（Chang et al.，2001）和 Ym2 仅在小鼠中被发现，在真菌或寄生虫感染后由巨噬细胞产生。这些蛋白的活性位点催化氨基酸突变，因此不具有几丁质酶活性，但保留了（α/β）$_8$-桶状结构和活性位点的糖基结合活性（Houston et al.，2002）。大部分哺乳动物几丁质酶属于 GH18 家族（Li et al.，2010），具有（α/β）$_8$-

桶状结构（Lombard et al.，2014）。

Cht1 是在人体内被发现的首个几丁质酶（Boot et al.，1995），研究发现其编码基因存在于所有哺乳动物的基因组中。Cht1 在多种组织中表达，例如肺、脾、肝、胸腺和泪腺（Ohno et al.，2013）。Cht1 主要在先天免疫细胞中表达，例如活化的巨噬细胞（Rao et al.，2003）和嗜中性粒细胞（Malaguarnera et al.，2006）。Cht1 由巨噬细胞和嗜中性粒细胞表达，以响应促炎信号。AMCase 是人体内鉴定的第二种能够降解几丁质底物的酶（Boot et al.，2005）。AMCase 主要在胃和肠道中表达，在肺中也被检测到，其通过上皮细胞、杯状细胞和 2 型肺泡细胞分泌到呼吸道中。据报道，AMCase 是呼吸道黏液中的主要内切几丁质酶（Fitz et al.，2012；Van Dyken et al.，2017）。AMCase 在胃和肠道中的存在，表明其在消化过程中用于降解含有几丁质的食物（Boot et al.，2001；Chou et al.，2006；Ohno et al.，2012），而在肺中的表达则暗示它在防御含几丁质的病原体中起作用。

AMCase 基因位于 1q13.1-21.3 染色体上，由 12 个外显子组成，而 Cht1 位于 1q31-32 染色体上，含有 12 个外显子。染色体 1 中两个基因的位置、序列和结构相似，内含子-外显子边界保守，表明这两个基因可能是由于基因复制而产生的，人们认为其发生在有下颌和无颌鱼进化过程中（Hussain et al.，2013）。后期活性丧失的突变和基因复制可能导致了 CLP 的出现。部分 CLP 具有物种特异性，而其余 CLP 在所有哺乳动物中均存在。AMCase 和 Cht1 都是分泌蛋白，分子量约为 50 ku（Boot et al.，2001）。AMCase 与 Cht1 具有约 51% 的序列一致性和 66% 的序列相似性。与其他 GH18 家族成员一样，AMCase 含有几丁质催化域和几丁质结合域，两个结构域通过短链彼此连接（Renkema et al.，1998）。尽管 AMCase 与 Cht1 序列和结构相似，但它们在酸性 pH 下的酶促表现不同。AMCase 在酸性 pH 下非常稳定，在 pH 2 时活性最高。AMCase 的命名即源自该酶的这种特性。另一方面，Cht1 的最适 pH 为 5 左右（Zheng et al.，2005），并且在低 pH 下无活性。

人们发现 Cht1 以两种类型存在：仅含有催化域（约 39 ku）的 Cht1 和全长 Cht1（约 50 ku）。全长 Cht1 由较大的催化结构域和相对较小的几丁质结合结构域组成，两个结构域通过富含脯氨酸的铰链连接。其单独催化域的 apo 结构和抑制剂复合物结构已被解析（Fadel et al.，2015；Fusetti et al.，2002；Rao et al.，2005a）。Cht1 的催化结构域核心由（α/β）$_8$-桶状结构组成，其类似于 AMCase 和其他的 GH18 家族几丁质酶。Cht1 在 β4 末端含有 DxxDxDxE 基序，其中 Glu140 为催化残基。在第 7 个 α-螺旋和第 7 个 β-股之间存在额外的 α/β 结构域，该结构域由 6 个 β-折叠和 1 个 α-螺旋组成，为活性位点提供了类似凹槽的结构特征（Fusetti et al.，2002）。Cht1 活性位点排列着一系列芳香族氨基酸残基，形成糖单元结合疏水平面。第一部分的芳香族氨基酸残基位于−6 至−1 位点，包括 Trp31、Tyr34、Trp71 和 Trp358，第二部分芳香族残基位于＋1 和＋2 位点，包括 Trp99 和 Trp218，这些氨基酸残基在所有 GH18 家族中高度保守，其中，Trp358 对于催化至关重要。一些研究表明，Trp358 的突变会导致几丁质酶活性的丧失。

　　Cht1 水解底物的机制与其他 GH18 家族蛋白相似，该机制已经通过 X 射线晶体学和 QM/MM 研究被阐明（van Aalten et al.，2001）。底物断裂发生在−1 和＋1 位点之间，DxxDxDxE 基序中 Asp136、Asp138 和 Glu140 氨基酸残基组成催化三联体，位于−1 位点的底部，底物的结合取代了活性位点的水分子，并引起质子由 Asp138 向 Glu140 的转移。之后，吡喃糖环变为船式构象，Glu140 促进糖苷键裂解位点的 O 原子质子化，形成氧鎓离子中间体。随后，糖基被进入活性位点的水分子取代，Asp138 从 Asp136 接收质子，并转向 Glu140，Glu140 又与−1 位 N-乙酰葡萄糖胺的 N-乙酰胺基氮原子形成氢键。被 Asp213 活化后的水分子可能会对氧鎓离子中间体的异头碳原子进行亲核攻击，形成保留原始构型的−1 位 N-乙酰葡萄糖胺。

　　Fadel 等（2016）报道了 Cht1 的全长结构，揭示了几丁质结合域的结构特征。全长 Cht1 结构催化域结构与其他 Cht1 基本相同。Cht1 的几丁质结合结构域属于 CBM14 家族，与细菌和植物几丁质结合域结构不同（Akagi et al.，2006；Ikegami et al.，2000）。细菌和植物的几丁质结合域为球形结构，而 Cht1 的几丁质结合结构域延长，由扭曲的 β-夹层折叠组成，包含 3 个 N 端反平行 β-链和 2 个 C 端反平行 β-链。Cht1 几丁质结合域通过一段富含脯氨酸的区域与催化结构域连接。全长 Cht1 和其他细菌几丁质酶之间的主要差异在于结构域的排列方式。在黏质沙雷菌几丁质酶 ChiA 和 ChiB 中，几丁质结合域与催化域刚性连接，导致几丁质结合结构域与催化结构域具有完全不同的朝向（van Aalten et al.，2000）。通过一段芳香族氨基酸残基，几丁质结合域与几丁质底物相互作用，这些氨基酸大多数暴露在表面，尤其是保守氨基酸 Trp465，具有较强的几丁质底物结合能力。Cht1 底物结合裂缝处含有 9 个 N-乙酰葡萄糖胺结合位点（−6 至＋3 位点）。最初研究者认为 Cht1 是几丁质外切酶，因为它能够水解几丁三糖，然而，结构生物学和生物化学研究证明 Cht1 是几丁质内切酶（Kuusk et al.，2017）。

AMCase 催化域的 apo 结构以及抑制剂复合物的结构已被解析，包括阿洛安菌素的衍生物甲基阿洛安菌素（Olland et al.，2009）、bisdionin C 和 bisdionin F（Sutherland et al.，2011），以及来自虚拟筛选、高通量筛选和碎片筛选的抑制剂（Cole et al.，2010）。到目前为止，没有获得 AMCase 全长结构。AMCase 催化域与 Cht1 具有约57％的序列一致性，并且两者结构非常相似（Rao et al.，2005b；Rao et al.，2003），均具有（α/β）$_8$-桶状结构。AMCase 和 Cht1 结构之间最显著的差异是活性位点附近的 3 个残基（Arg145、His208 和 His269），其中 His208 和 His269 在 Cht1 中不保守，但在人及其他物种的AMCase中保守。这三个氨基酸残基与活性位点内的其他保守氨基酸残基相互作用，通过影响催化残基 Asp138 和 Glu140 的 pKa，进而改变 AMCase 的最适 pH。AMCase 的 His269 等同于 Cht1 的 Arg269，其导致了 AMCase 活性位点存在较高负电荷，并降低了最适 pH。

CLP 蛋白（如 YKL‑40、YKL‑39、CHID1、SI‑CLP、OVGP1、Ym1 和 Ym2）具有物种特异性。在人和小鼠中，它们在免疫和结构细胞中表达，如巨噬细胞、嗜中性粒细胞、上皮细胞、树突细胞和软骨细胞（Sutherland，2018）。CLP 在结构上与 GH18 家族几丁质酶相关，包括人类几丁质酶 AMCase 和 Cht1。CLP 包含约 39 ku 的（α/β）$_8$-桶状结构，类似于具有活性的几丁质酶催化域结构。然而，大多数 CLP 缺乏几丁质结合域，但目前已被解析的几种人或小鼠 CLP 晶体结构，清楚地表明 CLP 可以与几丁寡糖结合（Meng et al.，2010；Ranok et al.，2015；Schimpl et al.，2012；Tsai et al.，2004）。虽然 CLP 保留了对几丁寡糖较高的亲和力，但由于 DxxDxDxE 基序中关键的催化谷氨酸被亮氨酸、异亮氨酸或色氨酸取代，导致其缺乏几丁质酶活性。此外，有证据表明上述位点若突变为具有催化活性的氨基酸残基，可以恢复 CLP 的几丁质酶活性。

6.4 人类几丁质酶在抵抗疾病中的作用

哺乳动物几丁质酶通过降解胶体几丁质以及病原体细胞壁几丁质，以抵御含几丁质的病原体入侵，发挥保护作用。除了通过降解几丁质以防御病原体之外，哺乳动物几丁质酶作为针对真菌、细菌和其他病原体的先天免疫应答的关键参与者，越来越受到关注。

一些研究指出两种人几丁质酶 Cht1 和 AMCase 参与与引起炎症相关的疾病。在几种疾病的过敏患者和小鼠模型研究中，AMCase 的表达水平在Ⅱ型炎症反应期间显著升高（Shen et al.，2015；Zhu et al.，2004）。慢性呼吸道疾病（如哮喘）是气道炎症，哮喘的特征在于嗜酸性粒细胞向肺组织的流入、黏液化生、高反应性和气流阻塞。有可信的证据表明，辅助 T 细胞 2（Th2）通过诱导和维持炎症，参与哮喘过程。通过生物标志物研究，表明几丁质酶 AMCase 在哮喘中发挥作用，AMCase 在哮喘患者的肺组织和哮喘动物模型中高度表达。此外，在卵清蛋白（OVA）致敏小鼠的肺上皮和肺泡巨噬细胞中发现了 AMCase 更高水平的表达（Yang et al.，2009）。施用 AMCase 抗血清或几丁质酶抑制剂阿洛氨菌素，可减少 OVA 致敏小鼠肺部灌洗液中的炎症细胞，从而缓解哮喘症状。此外，用几丁质酶抑制剂阿洛氨菌素（allosamidin）或甲基阿洛氨菌素（demethylallosamidin）处理被过敏原攻击的小鼠，可显著减少嗜酸性粒细胞增多症，而嗜酸性粒细胞增多症是过敏性炎症的标志（Matsumoto et al.，2009）。使用 AMCase 选择性抑制剂 Bisdionin F 治疗被过敏原攻击的小鼠，可减轻过敏性炎症。另外，在室尘螨（HDM）诱导的小鼠过敏性气道炎症中，给予高效 AMCase 抑制剂化合物 3（表 6.1），显示出显著的抗炎作用（Mazur et al.，2018）。这些研究表明，抑制 AMCase 是开发针对过敏性气道炎症相关疾病治疗剂的良好策略。

然而，其他一些研究表现出相反的结果。过表达 AMCase 的转基因小鼠肺功能正常，没有炎症迹象（Reese et al.，2007）。事实上，在过表达 AMCase 的小鼠中，几丁质攻击后产生的Ⅱ型炎症得到了改善。此外，AMCase 缺陷小鼠研究表明，该酶在 HDM 小鼠模型或 OVA 诱导的肺过敏中不发挥作用（Fitz et al.，2012）。另一项研究报道，与小鼠肺不同，人肺部表达的 AMCase 大部分是无活性的（Seibold et al.，2008）。此外，AMCase 缺陷型小鼠随着几丁质的积累和促纤维化细胞因子的表达，会出现死亡情况，这些小鼠会发展为肺纤维化，但通过恢复 AMCase 活性会得到改善（van Dyken et al.，2017）。这些近期的研究结果表明，AMCase 具有保护作用，但可能不是针对Ⅱ型炎症相关病症（如哮喘）的良好药物靶标。

许多研究发现，在过敏患者与小鼠模型的Ⅱ型炎症反应期间，另一种人几丁质酶 Cht1 的表达水平也较高。据报道，Cht1 与哮喘和气道高反应性有关（Gavala et al.，2013）。在过敏原激发后，观察到 Cht1 活性和表达水平升高，其表达水平与炎性细胞、T 细胞趋化因子和其他促纤维化因子的水平相关。同时，研究者还发现 Cht1 与

表 6.1 对人类几丁质酶具有抑制活性的部分抑制剂

化合物类别	化合物名称	结构	活性	
			AMCase	Cht1
阿洛氨菌素及其衍生物	阿洛氨菌素		$IC_{50}=0.4\ \mu mol/L$	$IC_{50}=40\ nmol/L$
	甲基阿洛氨菌素		NA	$IC_{50}=1.9\ nmol/L$
环五肽类	argadin		$IC_{50}=1.2\ \mu mol/L$	$IC_{50}=13\ nmol/L$
	argifin		$IC_{50}=0.2\ \mu mol/L$	$K_i=4.5\ \mu mol/L$

（续）

化合物类别	化合物名称	结构	活性 AMCase	活性 Cht1
其他天然产物	小檗碱		$K_i = 65\ \mu mol/L$	$K_i = 19\ \mu mol/L$
	芬氏唐松草定碱		$K_i = 55\ \mu mol/L$	$K_i = 15\ \mu mol/L$
	巴马汀		$K_i = 70\ \mu mol/L$	$K_i = 15\ \mu mol/L$
脱乙酰基几丁寡糖	(GlcNAc)$_6$		NA	$IC_{50} = 69.5\ \mu mol/L$
	(GlcNAc)$_7$		NA	$IC_{50} = 37.8\ \mu mol/L$

（续）

化合物类别	化合物名称	结构	活性 AMCase	活性 Cht1
甲基黄嘌呤类	茶碱		NA	$IC_{50} \geqslant 500\ \mu mol/L$
	咖啡因		NA	$IC_{50} = 257\ \mu mol/L$
	己酮可可碱		NA	$IC_{50} = 98\ \mu mol/L$
Bisdionins	bisdionin B		$IC_{50} = 90\ \mu mol/L$	$IC_{50} = 110\ \mu mol/L$
	bisdionin C		$IC_{50} = 3.4\ \mu mol/L$	$IC_{50} = 8.3\ \mu mol/L$

（续）

化合物类别	化合物名称	结构	活性	
			AMCase	Cht1
Bisdionins	bisdionin F		$IC_{50}=0.92\ \mu mol/L$	$IC_{50}=17.1\ \mu mol/L$
氨基三唑类	1		$IC_{50}=0.21\ \mu mol/L$	$IC_{50}=4.23\ \mu mol/L$
	2		$IC_{50}=14.2\ nmol/L$	$IC_{50}=232\ nmol/L$
	3		mAMCase $IC_{50}=4\,170\ nmol/L$	mCht1 $IC_{50}=29\ nmol/L$

（续）

化合物类别	化合物名称	结构	活性 AMCase	活性 Cht1
	4		$IC_{50} = 0.7\ \mu mol/L$	$IC_{50} = 1.34\ \mu mol/L$
其他种类	5		NA	$IC_{50} = 54.6\ \mu mol/L$
	6		NA	$IC_{50} = 67.6\ \mu mol/L$
	7		$K_i = 3.96\ \mu mol/L$	$K_i = 0.049\ \mu mol/L$

人肺部的几丁质酶活性有关（Seibold et al.，2008）。另一项研究报道了 Cht1 的 24 对碱基的重复等位基因在严重哮喘患者中的普遍性，另有报道该等位基因会降低 Cht1 活性（Livnat et al.，2014）。然而，许多研究也表明 Cht1 与气道疾病之间没有关联（Shuhui et al.，2009）。HDM 或 OVA 攻击后，Cht1 无义突变体小鼠的Ⅱ型炎症反应显著升高。此外，该研究表明 Cht1 通过调控 TGF 的表达，在过敏性气道反应中起保护作用（Hong et al.，2018）。

虽然各种研究试图阐明几丁质酶在炎性疾病中的作用，但是几丁质酶在炎症中是否起保护作用或不利作用尚不清楚。近年来的研究开始将炎症反应的差异与几丁质降解和识别联系起来。由于几丁质不是哺乳动物合成的内源产物，因此人们认为它是哺乳动物免疫系统的靶标。一项研究显示几丁质直接参与过敏反应（Reese et al.，2007），在表达绿色荧光蛋白（GFP）增强型 IL-4 的小鼠肺中施用几丁质微球，导致 GFP 阳性嗜碱性粒细胞和嗜酸性粒细胞被募集，研究表明巨噬细胞活化是募集这些细胞的关键步骤。此外，将几丁质颗粒通过鼻腔给药，可以激活肺泡巨噬细胞，以表达细胞因子，包括 IL-12、肿瘤坏死因子-α（TNF-α）和 IL-18（Shibata et al.，1997）。目前已经鉴定了几种可以识别和结合几丁质的受体蛋白质，包括 FIBCD1、NKR-P1 和 RegⅢc（Semeňuk et al.，2001；Thomsen et al.，2011；Bueter et al.，2013）。此外，toll 样受体 2、dectin-1 和甘露糖受体也参与几丁质的免疫应答（Elieh Ali Komi et al.，2018；Fuchs et al.，2018）。这些几丁质受体存在于巨噬细胞的表面，与几丁质相互作用后，这些受体刺激细胞因子和介质如 IL-17、IL-18、IL-23 和 TNF-α 的产生，从而刺激几丁质酶和 CLP 的产生（Da Silva et al.，2009；Amarsaiknan et al.，2015）。几丁质的暴露增加了肺上皮细胞中 IL-25、IL-33、TLSP 和 CCL2 的表达。这些因子诱导Ⅱ型先天淋巴细胞分泌 IL-5 和 IL-13 细胞因子，这些细胞因子对嗜酸性粒细胞和巨噬细胞的积累至关重要（van Dyken et al.，2014）。几丁质酶调节体内几丁质的局部和/或循环浓度，从而调节对几丁质的免疫应答。然而，免疫应答刺激的机制尚不清楚，目前有两种假设。其中一种假设认为，几丁质酶可以降解从真菌或 HDM 等来源的外源几丁质，从而阻止几丁质刺激免疫反应。在没有几丁质酶的情况下，几丁质可能在组织中积聚，激活先天免疫细胞，从而引发过度的炎症反应。另一个假设认为，几丁质片段的大小很重要，因为大片段通常是惰性的，而几丁质酶水解产生的较小片段则会引发炎症反应（Alvarez，2014）。越来越多的证据表明，几丁质暴露的免疫反应和炎症细胞募集，会受几丁质颗粒大小、颗粒形状、暴露组织和暴露持续时间等影响。在一项研究中，当向小鼠鼻内和腹膜内施用几丁质时，在两种给药途径中都观察到巨噬细胞活化和嗜酸性粒细胞迁移。然而，在腹膜内攻击的情况下，仅观察到瞬时中性粒细胞反应（Reese et al.，2007）。同样，大小为 $40\sim70\,\mu m$ 的几丁质颗粒能够刺激 TNF-α 的产生和抗炎反应，而高度纯化的几丁质则不能（Da Silva et al.，2009）。$1\sim10\,\mu m$ 大小的几丁质颗粒可诱导抗炎和 Th1 保护反应。约 $0.2\,\mu m$ 大小的几丁质颗粒不具有免疫原性。最近的一项研究发现，6 个 N-乙酰葡萄糖胺组成的几丁质链是最小的免疫原性单位（Fuchs et al.，2018）。他们进一步证明了在人和小鼠免疫细胞中，Toll 样受体 2 是主要的真菌几丁质传感器，几丁质寡聚体与 toll 样受体 2 结合，具有纳摩尔范围的亲和力。几丁质降解的程度由气道中的几丁质酶活性决定，进一步影响免疫应答（Roy et al.，2012）。不同颗粒或片段大小引起的炎症反应的差异，可能是由于激活不同信号传导途径中不同几丁质受体导致的。事实上，一些研究已经报道了在几丁质攻击时刺激多种信号传导途径的证据（Reese et al.，2007；van Dyken et al.，2014）。

AMCase 和 Cht1 与其他几种疾病有关，如戈谢病、特发性肺纤维化、结节病、慢性阻塞性肺病（COPD）和阿尔茨海默病，但作用机制尚不清楚。大多数证据来自生物标志物研究，在患者或动物模型中观察到 AMCase 或 Cht1 不仅表达水平较高，而且活性也较高。戈谢病是一种溶酶体贮积症，由于常染色体隐性遗传，引起 β-葡萄糖苷酶缺乏，进而导致巨噬细胞中葡糖脑苷脂的积累（Grabowski，2012）。这些受影响的巨噬细胞被称为戈谢细胞，而不是骨髓和内脏器官中的正常细胞，最终导致器官功能障碍、骨骼病变、血小板减少等。戈谢细胞在血液中分泌生物标志物，而 Cht1 就是用于戈谢病（van Dussen et al.，2014）和鞘磷脂沉积病（Wajner et al.，2004）诊断的生物标志物之一。与健康人相比，戈谢病患者的 Cht1 循环水平增加了 1 000 倍，结节病患者血清中 Cht1 浓度也高于正常人。与健康人相比，慢性阻塞性肺病（COPD）患者气道中的 Cht1 活性增加。大量证据表明，炎症与阿尔茨海默病的发病机制有关（Heppner et al.，2015），与健康人相比，阿尔茨海默病患者的脑脊液中 Cht1 活性显著增加，然而，Cht1 参与阿尔茨海默病的确切机制尚不清楚。有研究表明 Cht1 通过增强 TGFβ1 介导的清除淀粉样蛋白 β 而发挥保护作用（Wang et al.，2018）。

除 AMCase 和 Cht1 外，在 Th2 型炎症中，CLP（如 YKL-40）的表达增加（Komi et al.，2016）。此外，与健康人相比，哮喘患者的血清和肺中 YKL-40 表达水平增加。此外，有证据表明 YKL-40 是 Th2 炎症反应的中心组分。在 BRP-39（小鼠中

YKL-40 的同源物）缺失的小鼠中，Ⅱ 型免疫应答在 OVA 施用后下降。然而，这些免疫反应可以在 YKL-40 过表达后得到恢复，YKL-40 的缺失会减轻 IL-13 依赖性纤维化，表明其在 Th2 炎症中发挥关键作用。研究者在特发性肺纤维化患者的肺中也发现了 YKL-40 具有较高表达水平。其他 CLP，如 Ym1 和 Ym2 也被鉴定为小鼠过敏模型中的过敏相关蛋白。在特发性肺纤维化患者的肺样品中，研究者发现有更多表达 YKL-40 的上皮细胞和巨噬细胞，此外，与正常细胞相比，在各种癌细胞中 YKL-40 的表达量也升高。一些研究还报道了 YKL-40 与癌症转移的关系（Ma et al.，2015）。研究表明敲除 YKL-40 会导致小鼠肺组织和人癌细胞转移减少（Kim et al.，2018）。在阿尔茨海默病患者的脑脊液中，YKL-40 水平也有所升高（Janelidze et al.，2016）。

尽管上述研究为几丁质、人几丁质酶和 CLP 在炎症和各种炎性疾病发展中的作用提供了线索，但是它们的特定作用仍需进一步阐明。此外，它们调节炎症和免疫反应的明确机制也需进一步研究。目前，它们是否在炎症中发挥保护作用或不利作用仍然存在争议。由于炎症是一个非常复杂的过程，具有多种触发因素、效应物和机制，实验方式和监测的"标志物"将直接影响观察到的结果（促炎症）。研究表明，几丁质颗粒的大小和形状、给药剂量、暴露组织和暴露持续时间会以不同方式影响炎症反应。由于几丁质酶水解而产生的具有不同大小的几丁质颗粒可以与不同的细胞表面受体相互作用，并且可以刺激巨噬细胞表达激活不同信号级联的不同效应分子。活化的巨噬细胞可以分泌促炎性细胞因子（如 TNF-α、IL-12 和 IL-18），它们募集嗜酸性粒细胞、嗜中性粒细胞和嗜碱性粒细胞。这些细胞通过分泌 Th2 细胞因子（如 IL-4、IL-5 和 IL-13）产生 Ⅱ 型炎症反应。几丁质还可以激活巨噬细胞，以产生 Ⅰ 型细胞因子，抑制 Ⅱ 型炎症反应。此外，研究表明几丁质酶和 CLP 不仅可以通过降解几丁质发挥直接保护作用，还可能参与增强针对几丁质和其他过敏原的免疫应答。

6.5 人类几丁质酶抑制剂开发的现状

大约 30 年前，从链霉菌属菌丝体中发现了第一种几丁质酶抑制剂——阿洛氨菌素（Sakuda et al.，1987）。阿洛氨菌素具有假糖基结构，由一分子环戊醇衍生物和两分子N-乙酰基-D-异丝氨酸组成（表 6.1），其结构恰好模拟了几丁质水解过程的中间物。阿洛氨菌素可有效抑制所有 GH18 家族几丁质酶（Berecibar et al.，1999），然而，它并不能抑制 GH19 家族几丁质酶。GH18 家族几丁质酶通过底物辅助机制水解几丁质，产生噁唑鎓离子中间体，阿洛氨菌素中的环戊醇衍生物部分结构与噁唑鎓离子中间体相似，而不同于 GH18 家族几丁质酶、GH19 家族几丁质酶采用折叠-反应底物辅助机制（Monzingo et al.，1996）。目前，人们已经发现了 7 种天然存在的阿洛氨菌素及其衍生物（allosamidin、methylallosamidin、demethylallosamidin、glucoallosamidin A、glucoallosamidin B、methyl－N－demethylallosamidin 和 didemethylallosamidin）。其中，对于 allosamidin 的研究最为广泛，allosamidin 对 AMCase 和 Cht1 的抑制率如表 6.1 所示。Allosamidin 还被用作化学探针，以证明 AMCase 与哮喘之间的关联，研究结果表明在过敏原或 IL－13 诱发的肺炎中，AMCase 的表达量升高，并且随着 AMCase 抑制剂 allosamidin 或 demethylallosamidin 的施用，可以抑制小鼠哮喘模型中过敏原诱导的嗜酸性粒细胞增多症（Matsumoto et al.，2009）。Allosamidin 和 demethylallosamidin 均可以抑制体内几丁质酶的活性，然而，仅有 demethylallosamidin 可降低过敏原或 IL－13 诱发的气道高反应。

还有一类 GH18 家族几丁质酶抑制剂，包括可以模拟蛋白质-碳水化合物相互作用的肽样化合物，如含环状脯氨酸的二肽、环状五肽 argadin（Arai et al.，2000）和 argifin（Omura et al.，2000）（表 6.1）。其中，环状脯氨酸的二肽是从海洋细菌培养基中分离出来的，而环状五肽是从 *Clonostachys* sp. FO－7314 和 *Gliocladium* sp. FTD－0668 中分离出来的。据报道，argadin 和 argifin 均可以抑制两种人几丁质酶。以人和鼠源 AMCase 为模式蛋白，研究者评估了 argadin 和 argifin 对 AMCase 的抑制活性（Goedken et al.，2011），该研究表明 argadin 和 argifin 对 AMCase 的抑制活性有轻微差异，可能是由于人和小鼠 AMCase 的纯化或表达方法不同而引起的。同时该研究发现 argifin 对人和小鼠 AMCase 的抑制效果更加明显（表 6.1）。Argadin 和 argifin 还可抑制 OVA 攻击后小鼠肺部灌洗液中的几丁质酶活性，并与对重组酶的抑制效果相似。尽管 argadin 和 argifin 均表现出对人 Cht1 的抑制活性，但研究者发现 argadin 比 argifin 更有效。小檗碱（berberine）及其类似物构成了一类几丁质酶抑制剂（Duan et al.，2018）（表 6.1），这些化合物是 GH18 家族几丁质酶和 GH20 家族 β－N－乙酰-D-氨基己糖苷酶的竞争性抑制剂。小檗碱及其两种类似物以中等效力抑制 AMCase 和 Cht1，对任一种酶均无选择性。脱乙酰壳寡糖代表一类人几丁质酶抑制剂，有研究表明脱乙酰壳寡糖 $(GlcN)_{2\sim7}$ 会抑制 Cht1 活性，且随着 GlcN 单位的添加，抑制效果随之增加，$(GlcN)_7$ 的抑制效果最强，而 $(GlcN)_2$ 最弱（Chen et al.，2014）（表 6.1）。

　　上述一些天然产物是 AMCase 和 Cht1 的有效抑制剂，但它们的高分子量、复杂的立体异构性、来源受限、化学结构复杂和合成困难的属性，限制了它们在药物发现中作为关键分子。为了开发类似药物的几丁质酶抑制剂，几个研究团队报道了不同化学类别的类药化合物。黄嘌呤衍生物是最早报道的通过筛选市售药物分子库鉴定的人几丁质酶的类药抑制剂之一。筛选鉴定出 3 个具有 1,3-二甲基黄嘌呤亚结构的化合物（茶碱、咖啡碱和己酮可可碱），然而，它们对 Cht1 和 AMCase 仅有较弱的抑制作用（表 6.1）。茶碱、咖啡因和己酮可可碱与 AfChiB1 的晶体学分析揭示了模拟 allosamidin 的相互作用模式。尽管这些甲基黄嘌呤衍生物的抑制率不是很高，但它们代表了易获取、分子量低、成本低且通常认为是比较安全的化合物类别。此外，它们与 AfChiB1 的结合模式促进了对其他类药抑制剂的开发。在一项研究中，以约 510 万个市售化合物数据库，筛选 3-甲基黄嘌呤亚结构（Schuttelkopf et al.，2006），利用分子对接和肉眼观察进一步确定命中化合物的优先次序，然后评估它们对 AfChiB1 的抑制活性，鉴定出两个连接的咖啡因分子化合物 bisdionin B。Bisdionin B 还表现出对 Cht1 和鼠源 AMCase 的中度抑制效果。与其母体化合物相比，bisdionin B 与 AfChiB1 的复合晶体结构，揭示了该化合物在结合袋内的应变几何形状。研究者合成了具有可变接头长度的几种双咖啡因支架衍生物（命名为 bisdionins），以减轻配体负担，合成出抑制效力改善的人几丁质酶抑制化合物（表 6.1）。值得注意的是，bisdionin C 表现出对 AMCase 和 Cht1 的低微摩尔级别的抑制效果，尽管 bisdionin C 具有合理的效力和较好的类药特性，但它不具有选择性，对两种人几丁质酶具有相似的抑制效果。具有选择性的抑制剂对于理解 AMCase 和 Cht1 的功能差异非常重要，因此，根据 bisdionin C 与 AMCase 复合物的晶体结构，合成了 bisdionin F。晶体结构表明，bisdionin C 占据 AMCase 的-1、-2 和-3 结合亚位点，黄嘌呤环 N7 位的甲基对 AMCase 口袋残基 Asp138 构成不利的构象。Bisdionin F 是通过从黄嘌呤支架上除去这个甲基而合成的，与 bisdionin C 相比，这种结构导向优化，使 bisdionin F 对 AMCase 的抑制活性提高了一个数量级（Sutherland et al.，2011）（表 6.1）。Bisdionin F 与 AMCase 的共结晶结构显示，Asp138 在 N7 位置通过额外的氢键与化合物相互作用，具有良好的构象。此外，由于 bisdionin F 仅对 AMCase 的抑制效果有改善，而对 Cht1 的抑制效果没有改善，因此获得了 20 倍的 AMCase 选择性 bisdionin F 在体内评估时也表现出类似的效果，用其处理不仅减弱几丁质酶活性，同时也减轻了包括嗜酸性粒细胞增多症在内的一些过敏性炎症反应。

也有研究采用高通量筛选、基于片段的药物设计和计算机筛选相结合的方法，鉴定出几种 AMCase 和 Cht1 的类药抑制剂（Cole et al.，2010）。虽然这些报道的化合物中有一些是高效的 AMCase 和 Cht1 抑制剂（化合物 1 和 4），但大多数都缺乏对这两种酶的选择性（表 6.1）。报道的最有效的 AMCase 抑制剂（化合物 1）具有口服活性，可以降低用 HDM 和蟑螂过敏原联合作用的小鼠肺部灌洗液中的几丁质酶活性。化合物与酶的共结晶结构的获得，促进了对更有效和更具有选择性的人几丁质酶抑制剂的开发研究。相比于化合物 1 和化合物 4，另一种类药抑制剂来自天然产物几丁质酶抑制剂 argifin。Argifin 的氨基-（3-甲基脲基）-甲烷基官能团作为查询点以鉴定结构上类似的化合物，所得的化合物通过分子对接进一步优化结构，并测定所选化合物对 AMCase 的抑制活性。7 种测试化合物显示 IC_{50} 值≤100 μM（Wakasugi et al.，2013），但这些化合物对 Cht1 的抑制活性尚未报道。为了追求农用化学品的发展，研究者还确定了两种新的化学合成类化合物，这些化合物对破坏农作物害虫亚洲玉米螟（*Ostrinia furnacalis*）的几丁质酶具有活性。这两种化合物骨架是通过分层虚拟筛选方法（Kumar et al.，2015）鉴定的，其中采用形状相似性和分子对接的组合来筛选约 400 万个市售化合物的数据库。化合物 5 和 6 表现出针对各种几丁质酶的广谱活性，对 Cht1 具有中等抑制活性（Jiang et al.，2016）。此外，通过对几丁质酶底物的结构相似性筛选，发现了化合物 7 对 Cht1 具有极高的抑制活性，其抑制常数为 49 nM。化合物 7 在 AMCase 和 Cht1 之间具有 80 倍的选择性，是理想的探究 Cht1 生理功能的分子工具。在博来霉素诱导的早期肺部纤维化小鼠模型中，Cht1 活性的抑制将引起炎症细胞数量增加，炎症相关细胞因子表达量的升高，表明 Cht1 在早期肺部纤维化中起到保护免疫稳态的作用（Jiang et al.，2020）。

如前文所述，关于 AMCase/Cht1 在疾病发展中的作用，通过不同实验进行了对比研究，研究结果促使研究者开发对 AMCase 和/或 Cht1 具有更强有效性和高选择性，并适合动物研究的具有良好药代动力学特征的抑制剂。在一项此类研究中，上文提及的化合物 1（Cole et al.，2010）被选为开发更有效和选择性的 AMCase 抑制剂的起点（Mazur et al.，2018）。虽然 wyeth1 对 AMCase 的作用相对较弱且无选择性（表 6.1），但由于其类药特征和共晶结构（PDB 编号 3RM4）的可用性，它也是一个合适的起点。通过基于结构的设计和针对人和鼠源 AMCase 和 Cht1 的几丁质酶活性评估，引导了化学合成一系列具有高 AMCase 和 Cht1 抑制活性的氨基三唑。人们也发现几种化合物对 AMCase 有一定抑制效果，且 IC_{50} 在低纳摩尔范围内，对 Cht1 具有一定的选择性。化合物 2 作为 AMCase 抑制剂也引起研究者的高度关注，归因于其具有高效、高特异性和良好的药代动力学特性（表 6.1）。化合物 2 还可以使 HDM 诱导的过敏性气道炎症模型中的炎症显著减少，其中 AMCase 活性的降低与肺部灌洗液中的炎性细胞流入高度相关。然而，由于存在多巴胺受体脱靶活性和对安全性的潜在担忧，化合物 2 未得到进一步开发研究。使用化合物 1 支架作为起始点，同一研究组还报道了化合物 3，其对小鼠 Cht1 的选择性高于 AMCase，达 143 倍（表 6.1）。

参考文献

Akagi K，Watanabe J，Hara M，et al.，2006. Identification of the substrate interaction region of the chitin - binding domain of *Streptomyces griseus* chitinase C. Journal of Biochemistry，139（3）：483 - 493.

Alvarez F J，2014. The effect of chitin size，shape，source and purification method on immune recognition. Molecules，19：4433 - 4451.

Amarsaikhan N，Templeton S P，2015. Co - recognition of β - glucan and chitin and progr amming of adaptive immunity to *Aspergillus fumigatus*. Frontiers in microbiology，6：344

Arai N，Shiomi K，Yamaguchi Y，et al.，2000. Argadin，a new chitinase inhibitor，produced by *Clonostachys* sp. FO - 7314. Chemical & Pharmaceutical Bulletin（Tokyo），48（10）：1442 - 1446.

Becker K L，Aimanianda V，Wang X，et al.，2016. Aspergillus cell wall chitin induces anti - and proinflammatory cytokines in human PBMCs via the Fc - gamma Receptor/Syk/PI3K Pathway. mBio，7（3）：e01823 - 15.

Berecibar A，Grandjean C，Siriwardena A，1999. Synthesis and biological activity of natural aminocyclopentitol glycosidase inhibitors：mannostatins，trehazolin，allosamidins，and their Analogues. Chemical Reviews，99（3）：779 - 844.

Boot R G，Blommaart E F，Swart E，et al.，2001. Identification of a novel acidic mammalian chitinase distinct from chitotriosidase. Journal of Biological Chemistry，276（9）：6770 - 6778.

Boot R G，Bussink A P，Verhoek M，et al.，2005. Marked differences in tissue - specific expression of chitinases in mouse and man. Journal of Histochemistry & Cytochemistry，53（10）：1283 - 1292.

Boot R G，Renkema G H，Strijland A，et al.，1995. Cloning of a cDNA encoding chitotriosidase，a human chitinase produced by macrophages. Journal of Biological Chemistry，270（44）：26252 – 26256.

Bryant C E，Orr S，Ferguson B，et al.，2015. International union of basic and clinical pharmacology. XCVI. Pattern recognition receptors in health and disease. Pharmacological Review，67（2）：462 – 504.

Bueter C L，Specht C A，Levitz S M，2013. Innate sensing of chitin and chitosan. PLoS pathogens，9：e1003080.

Bussink A P，Speijer D，Aerts J M，et al.，2007. Evolution of mammalian chitinase（– like）members of family 18 glycosyl hydrolases. Genetics，177（2）：959 – 970.

Cash H L，Whitham C V，Behrendt C L，et al.，2006. Symbiotic bacteria direct expression of an intestinal bactericidal lectin. Science，313（5790）：1126 – 1130.

Chang N C，Hung S I，Hwa K Y，et al.，2001. A macrophage protein，Yml，transiently expressed during inflammation is a novel mammalian lectin. Journal of Biological Chemistry，276（20）：17497 – 17506.

Chen L，Zhou Y，Qu M，et al.，2014. Fully deacetylated chitooligosaccharides act as efficient glycoside hydrolase family 18 chitinase inhibitors. Journal of Biological Chemistry，289（25）：17932 – 17940.

Chou Y T，Yao S，Czerwinski R，et al.，2006. Kinetic characterization of recombinant human acidic mammalian chitinase. Biochemistry，45（14）：4444 – 4454.

Cole D C，Olland A M，Jacob J，et al.，2010. Identification and characterization of acidic mammalian chitinase inhibitors. Journal of Medicinal Chemistry，53（16）：6122 – 6128.

Da Silva C A，Chalouni C，Williams A，et al.，2009. Chitin is a size – dependent regulator of macrophage TNF and IL – 10 production. Journal of Immunology，182（6）：3573 – 3582.

Da Silva C A，Hartl D，Liu W，et al.，2008. TLR – 2 and IL – 17A in chitin – induced macrophage activation and acute inflammation. Journal of Immunology，181（6）：4279 – 4286.

Di Rosa M，Distefano G，Zorena K，et al.，2016. Chitinases and immunity：Ancestral molecules with new functions. Immunobiology，221（3）：399 – 411.

Dong B，Li D，Li R，et al.，2014. A chitin – like component on sclerotic cells of *Fonsecaea pedrosoi* inhibits Dectin – 1 – mediated murine Th17 development by masking beta – glucans. PLoS One，9（12）：e114113.

Duan Y，Liu T，Zhou Y，et al.，2018. Glycoside hydrolase family 18 and 20 enzymes are novel targets of the traditional medicine berberine. Journal of Biological Chemistry, 293 (40): 15429 – 15438.

Elieh Ali Komi D, Sharma L, Dela Cruz C S, 2018. Chitin and its effects on inflammatory and immune responses. Clin Rev Allerg Immu, 54: 213 – 223.

Fadel F, Zhao Y, Cachau R, et al., 2015. New insights into the enzymatic mechanism of human chitotriosidase (CHIT1) catalytic domain by atomic resolution X – ray diffraction and hybrid QM/MM. Acta Crystallographica. Section D: Biological Crystallography, 71 (Pt 7): 1455 – 1470.

Fadel F, Zhao Y, Cousido – Siah A, et al., 2016. X – Ray crystal structure of the full length human chitotriosidase (CHIT1) reveals features of its chitin binding domain. PLoS One, 11 (4): e0154190.

Fitz L J, DeClercq C, Brooks J, et al., 2012. Acidic mammalian chitinase is not a critical target for allergic airway disease. American Journal of Respiratory Cell and Molecular Biology, 46 (1): 71 – 79.

Fuchs K, Cardona Gloria Y, Wolz O O, et al., 2018. The fungal ligand chitin directly binds TLR 2 and triggers inflammation dependent on oligomer size. EMBO reports, 19: e46065.

Fusetti F, von Moeller H, Houston D, et al., 2002. Structure of human chitotriosidase. Implications for specific inhibitor design and function of mammalian chitinase – like lectins. Journal of Biological Chemistry, 277 (28): 25537 – 25544.

Gavala M L, Kelly E A, Esnault S, et al., 2013. Segmental allergen challenge enhances chitinase activity and levels of CCL 18 in mild atopic asthma. Clinical & Experimental Allergy, 43: 187 – 197.

Giorda R, Rudert W A, Vavassori C, et al., 1990. NKR – P1, a signal transduction molecule on natural killer cells. Science, 249 (4974): 1298 – 1300.

Goedken E R, O'Brien R F, Xiang T, et al., 2011. Functional comparison of recombinant acidic mammalian chitinase with enzyme from murine bronchoalveolar lavage. Protein Expression and Purification, 75 (1): 55 – 62.

Grabowski G A, 2012. Gaucher disease and other storage disorders. Hematology – American Society of Hematology Education Program: 13 – 18.

Heppner F L, Ransohoff R M, Becher B, 2015. Immune attack: the role of inflammation in Alzheimer disease. Nature Reviews Neuroscience, 16 (6): 358 – 372.

Hong J Y, Kim M, Sol IS, et al., 2018. Chitotriosidase inhibits allergic asthmatic airways via regulation of TGF－β expression and Foxp3＋Treg cells. Allergy，73：1686－1699.

Houston D R，Eggleston I，Synstad B，et al.，2002. The cyclic dipeptide CI－4［cyclo－(1－Arg－d－Pro)］inhibits family 18 chitinases by structural mimicry of a reaction intermediate. Biochemical Journal，368（Pt 1）：23－27.

Hussain M，Wilson J B，2013. New paralogues and revised time line in the expansion of the vertebrate GH18 family. Journal of Molecular Evolution，76（4）：240－260.

Ikegami T，Okada T，Hashimoto M，et al.，2000. Solution structure of the chitin－binding domain of *Bacillus circulans* WL－12 chitinase A1. Journal of Biological Chemistry，275（18）：13654－13661.

Janelidze S，Hertze J，Zetterberg H，et al.，2016. Cerebrospinal fluid neurogranin and YKL－40 as biomarkers of Alzheimer's disease. Annals of Clinical and Translational Neurology，3（1）：12－20.

Jiang X，Kumar A，Liu T，et al.，2016. A novel scaffold for developing specific or broad－spectrum chitinase inhibitors. Journal of Chemical Information and Modeling，56（12）：2413－2420.

Jiang X，Kumar A，Motomura Y，et al.，2020. A series of compounds bearing a dipyrido－pyrimidine scaffold acting as novel human and insect pest chitinase inhibitors. Journal of Medicinal Chemistry，63（3）：987－1001.

Kim K C，Yun J，Son D J，et al.，2018. Suppression of metastasis through inhibition of chitinase 3－like 1 expression by miR－125a－3p－mediated up－regulation of USF1. Theranostics，8（16）：4409－4428.

Klauser D，Flury P，Boller T，et al.，2013. Several MAMPs，including chitin fragments，enhance AtPep－triggered oxidative burst independently of wounding. Plant Signaling & Behavior，8（9）：e25346.

Koller B，Muller－Wiefel A S，Rupec R，et al.，2011. Chitin modulates innate immune responses of keratinocytes. PLoS One，6（2）：e16594.

Komi D E，Kazemi T，Bussink A P，2016. New insights into the relationship between chitinase－3－like－1 and asthma. Current Allergy and Asthma Reports，16（8）：1－10.

Kumar A，Zhang K Y，2015. Hierarchical virtual screening approaches in small molecule drug discovery. Methods，71：26－37.

Kuusk S，Sorlie M，Valjamae P，2017. Human chitotriosidase is an endo－processive enzyme. PLoS One，12（1）：e0171042.

Kzhyshkowska J, Mamidi S, Gratchev A, et al., 2006. Novel stabilin‑1 interacting chitinase‑like protein (SI‑CLP) is up‑regulated in alternatively activated macrophages and secreted via lysosomal pathway. Blood, 107 (8): 3221‑3228.

Lee C G, Da Silva C A, Dela Cruz C S, et al., 2011. Role of chitin and chitinase/chitinase‑like proteins in inflammation, tissue remodeling, and injury. Annual Review of Physiology, 73: 479‑501.

Li H, Greene L H, 2010. Sequence and structural analysis of the chitinase insertion domain reveals two conserved motifs involved in chitin‑binding. PLoS One, 5 (1): e8654.

Livnat G, Bar‑Yoseph R, Mory A, et al., 2014. Duplication in CHIT1 gene and the risk for Aspergillus lung disease in CF patients. Pediatric Pulmonology, 49: 21‑27.

Lombard V, Golaconda Ramulu H, Drula E, et al., 2014. The carbohydrate‑active enzymes database (CAZy) in 2013. Nucleic Acids Research, 42: 490‑495.

Lund S, Walford H H, Doherty T A, 2013. Type 2 innate lymphoid cells in allergic disease. Current Immunological Reviews, 9 (4): 214‑221.

Ma B, Herzog E L, Lee C G, et al., 2015. Role of chitinase 3‑like‑1 and semaphorin 7a in pulmonary melanoma metastasis. Cancer Research, 75 (3): 487‑496.

Malaguarnera L, Di Rosa M, Zambito A M, et al., 2006. Chitotriosidase gene expression in Kupffer cells from patients with non‑alcoholic fatty liver disease. Gut, 55 (9): 1313‑1320.

Matsumoto T, Inoue H, Sato Y, et al., 2009. Demethylallosamidin, a chitinase inhibitor, suppresses airway inflammation and hyperresponsiveness. Biochemical and Biophysical Research Communications, 390 (1): 103‑108.

Mazur M, Olczak J, Olejniczak S, et al., 2018. Targeting acidic mammalian chitinase is effective in animal model of asthma. Journal of Medicinal Chemistry, 61 (3): 695‑710.

Meng G, Zhao Y, Bai X, et al., 2010. Structure of human stabilin‑1 interacting chitinase‑like protein (SI‑CLP) reveals a saccharide‑binding cleft with lower sugar‑binding selectivity. Journal of Biological Chemistry, 285 (51): 39898‑39904.

Monzingo A F, Marcotte E M, Hart P J, et al., 1996. Chitinases, chitosanases, and lysozymes can be divided into procaryotic and eucaryotic families sharing a conserved core. Nature Structural Biology, 3 (2): 133‑140.

Ohno M, Togashi Y, Tsuda K, et al., 2013. Quantification of chitinase mrna levels in human and mouse tissues by real‑time pcr: species‑specific expression of acidic mammalian chitinase in stomach tissues. PLoS One, 8 (6): e67399.

Ohno M, Tsuda K, Sakaguchi M, et al. , 2012. Chitinase mRNA levels by quantitative PCR using the single standard DNA: acidic mammalian chitinase is a major transcript in the mouse stomach. PLoS One, 7 (11): e50381.

Olland A M, Strand J, Presman E, et al. , 2009. Triad of polar residues implicated in pH specificity of acidic mammalian chitinase. Protein Science, 18 (3): 569 – 578.

Omura S, Arai N, Yamaguchi Y, et al. , 2000. Argifin, a new chitinase inhibitor, produced by *Gliocladium* sp. FTD – 0668. I. Taxonomy, fermentation, and biological activities. Journal of Antibiotics (Tokyo), 53 (6): 603 – 608.

Ranok A, Wongsantichon J, Robinson R C, et al. , 2015. Structural and thermodynamic insights into chitooligosaccharide binding to human cartilage chitinase 3 – like protein 2 (CHI3L2 or YKL – 39). Journal of Biological Chemistry, 290 (5): 2617 – 2629.

Rao F V, Andersen O A, Vora K A, et al. , 2005a. Methylxanthine drugs are chitinase inhibitors: investigation of inhibition and binding modes. Chemical Biology, 12 (9): 973 – 980.

Rao F V, Houston D R, Boot R G, et al. , 2003. Crystal structures of allosamidin derivatives in complex with human macrophage chitinase. Journal of Biological Chemistry, 278 (22): 20110 – 20116.

Rao F V, Houston D R, Boot R G, et al. , 2005b. Specificity and affinity of natural product cyclopentapeptide inhibitors against A. fumigatus, human, and bacterial chitinases. Chemical Biology, 12 (1): 65 – 76.

Reese T A, Liang H E, Tager A M, et al. , 2007. Chitin induces accumulation in tissue of innate immune cells associated with allergy. Nature, 447 (7140): 92 – 96.

Renkema G H, Boot R G, Au F L, et al. , 1998. Chitotriosidase, a chitinase, and the 39 – kDa human cartilage glycoprotein, a chitin – binding lectin, are homologues of family 18 glycosyl hydrolases secreted by human macrophages. European Journal of Biochemistry, 251 (1 – 2): 504 – 509.

Roy R M, Wuthrich M, Klein B S, 2012. Chitin elicits CCL2 from airway epithelial cells and induces CCR2 – dependent innate allergic inflammation in the lung. Journal of Immunology, 189 (5): 2545 – 2552.

Sakuda S, Isogai A, Matsumoto S, et al. , 1987. Search for microbial insect growth regulators. II. Allosamidin, a novel insect chitinase inhibitor. Journal of Antibiotics (Tokyo), 40 (3): 296 – 300.

Satoh T, Takeuchi O, Vandenbon A, et al. , 2010. The Jmjd3 – Irf4 axis regulates M2 macrophage polarization and host responses against helminth infection. Nature Immunology,

11 (10): 936 - 944.

Schimpl M, Rush C L, Betou M, et al. , 2012. Human YKL - 39 is a pseudo - chitinase with retained chitooligosaccharide - binding properties. Biochemical Journal, 446 (1): 149 - 157.

Schlosser A, Thomsen T, Moeller J B, et al. , 2009. Characterization of FIBCD1 as an acetyl group - binding receptor that binds chitin. Journal of Immunology, 183 (6): 3800 - 3809.

Schuttelkopf A W, Andersen O A, Rao F V, et al. , 2006. Screening - based discovery and structural dissection of a novel family 18 chitinase inhibitor. Journal of Biological Chemistry, 281 (37): 27278 - 27285.

Seibold M A, Donnelly S, Solon M, et al. , 2008. Chitotriosidase is the primary active chitinase in the human lung and is modulated by genotype and smoking habit. Journal of Allergy and Clinical Immunology, 122 (5): 944 - 950.

Semeňuk T, Krist P, Pavlíček J, et al. , 2001. Synthesis of chitooligomer - based glycoconjugates and their binding to the rat natural killer cell activation receptor NKR - P1. Glycoconjugate J, 18: 817 - 826.

Shen C R, Juang H H, Chen H S, et al. , 2015. The correlation between chitin and acidic mammalian chitinase in animal models of allergic asthma. International Journal of Molecular Sciences, 16 (11): 27371 - 27377.

Shibata Y, Foster L A, Bradfield J F, et al. , 2000. Oral administration of chitin down - regulates serum IgE levels and lung eosinophilia in the allergic mouse. Journal of Immunology, 164 (3): 1314 - 1321.

Shibata Y, Metzger W J, Myrvik Q N, 1997. Chitin particle - induced cell - mediated immunity is inhibited by soluble mannan: mannose receptor - mediated phagocytosis initiates IL - 12 production. Journal of immunology (Baltimore, Md. : 1950), 159: 2462 - 2467.

Shuhui L, Mok Y K, Wong W S, 2009. Role of mammalian chitinases in asthma. International Archives of Allergy and Immunology, 149 (4): 369 - 377.

Sutherland T E, 2018. Chitinase - like proteins as regulators of innate immunity and tissue repair: helpful lessons for asthma? Biochemical Society Transactions, 46 (1): 141 - 151.

Sutherland T E, Andersen O A, Betou M, et al. , 2011. Analyzing airway inflammation with chemical biology: dissection of acidic mammalian chitinase function with a selective drug - like inhibitor. Chemical Biology, 18 (5): 569 - 579.

Tada R, Latge J P, Aimanianda V, 2013. Undressing the fungal cell wall/cell membrane—the antifungal drug targets. Current Pharmaceutical Design, 19 (20): 3738 - 3747.

Thomsen T, Schlosser A, Holmskov U, et al., 2011. Ficolins and FIBCD1: soluble and membrane bound pattern recognition molecules with acetyl group selectivity. Molecular Immunology, 48 (4): 369 – 381.

Tsai M L, Liaw S H, Chang N C, 2004. The crystal structure of Ym1 at 1. 31A resolution. Journal of Structural Biology, 148 (3): 290 – 296.

van Aalten D M, Komander D, Synstad B, et al., 2001. Structural insights into the catalytic mechanism of a family 18 exo – chitinase. Proceedings of the National Academy of Sciences of the United States of America, 98 (16): 8979 – 8984.

van Aalten D M, Synstad B, Brurberg M B, et al., 2000. Structure of a two – domain chitotriosidase from *Serratia marcescens* at 1. 9 – Å resolution. Proceedings of the National Academy of Sciences of the United States of America, 97 (11): 5842 – 5847.

van Dussen L, Hendriks E J, Groener J E, et al., 2014. Value of plasma chitotriosidase to assess non – neuronopathic Gaucher disease severity and progression in the era of enzyme replacement therapy. Journal of Inherited Metabolic Disease, 37 (6): 991 – 1001.

van Dyken S J, Liang H E, Naikawadi R P, et al., 2017. Spontaneous chitin accumulation in airways and age – related fibrotic lung disease. Cell, 169: 497 – 509. e413.

van Dyken S J, Mohapatra A, Nussbaum J C, et al., 2014. Chitin activates parallel immune modules that direct distinct inflammatory responses via innate lymphoid type 2 and gammadelta T cells. Immunity, 40 (3): 414 – 424.

Wagener J, Malireddi R K, Lenardon M D, et al., 2014. Fungal chitin dampens inflammation through IL – 10 induction mediated by NOD2 and TLR9 activation. Plos Pathogens, 10 (4): e1004050.

Wajner A, Michelin K, Burin M G, et al., 2004. Biochemical characterization of chitotriosidase enzyme: comparison between normal individuals and patients with Gaucher and with Niemann – Pick diseases. Clinical Biochemistry, 37 (10): 893 – 897.

Wakasugi M, Gouda H, Hirose T, et al., 2013. Human acidic mammalian chitinase as a novel target for anti – asthma drug design using in silico screening. Bioorganic & Medicinal Chemistry, 21 (11): 3214 – 3220.

Wang X, Yu W, Fu X, et al., 2018. Chitotriosidase enhances TGFbeta – Smad signaling and uptake of beta – amyloid in N9 microglia. Neuroscience Letters, 687: 99 – 103.

Yang C J, Liu Y K, Liu C L, et al., 2009. Inhibition of acidic mammalian chitinase by RNA interference suppresses ovalbumin – sensitized allergic asthma. Human Gene Therapy, 20

（12）：1597 - 1606.

Zheng T，Rabach M，Chen N Y，et al.，2005. Molecular cloning and functional characterization of mouse chitotriosidase. Gene，357（1）：37 - 46.

Zhu Z，Zheng T，Homer R J，et al.，2004. Acidic mammalian chitinase in asthmatic Th2 inflammation and IL - 13 pathway activation. Science，304（5677）：1678 - 1682.

第7章
具有几丁质降解活性的裂解性多糖单加氧酶

7.1　裂解性多糖单加氧酶简介

多数碳水化合物活性酶（CAZymes）是能够通过酸碱催化反应水解糖苷键的糖苷水解酶（GH）。比如，黏质沙雷菌（*Serratia marcescens*）是一种能够高效降解几丁质的微生物，能够产生 4 种参与几丁质降解的糖苷水解酶。其中 ChiA 和 ChiB 属于 GH18 家族外切几丁质酶，它们能够持续性的从几丁质链的一端开始降解几丁质，产生几丁二糖产物（diGlcNAc）（Igarashi et al.，2014）。ChiC 属于 GH18 家族内切糖苷酶，具有两个额外的结构域 FnⅢ 和 CBM12，其能够随机水解几丁质链无定型区域的糖苷键。几丁二糖酶 Chitobiase 属于 GH20 家族糖基水解酶，能够将几丁二糖水解成 N-乙酰葡萄糖胺单体（Vaaje-Kolstad et al.，2013）。然而，这些糖基水解酶对结晶态底物的水解活性比对可溶糖链的水解活性低（Vermaas et al.，2015），一种可能的解释是水解作用本身降解结晶态的几丁质底物效率较低，其原因在于结晶态几丁质纤维具有高度组装的氢键网络，能够阻止水分子的渗透。而且，可供酶结合的链端和无定型区域在晶态几丁质底物上很少，这些不溶几丁质的特点是糖基水解酶高效降解几丁质的屏障。

裂解性多糖单加氧酶（LPMO）发现于 2010 年，它克服了糖基水解酶面临的挑战，为晶态多糖底物的降解提供了一个新的模式（Vaaje‐Kolstad et al.，2005；2010）。LPMO 是铜依赖的酶，通过氧化方式破坏糖苷键，从而降解多糖。有趣的是，糖苷水解酶和 LPMO 的混合能够在多糖降解过程中表现出具有比单独任何一种酶更高的活性。这种协同作用可以解释为 LPMO 结合并切割结晶区域的糖苷键，其作用产生的新的链端导致了氧化位点周围的结晶度降低，进而产生了新的糖苷酶作用位点，因此显著提高了混合酶的水解效果（Vaaje‐Kolstad et al.，2005，2010；Vermaas et al.，2015）（彩图 7.1）。

目前，LPMO 已经在细菌、真菌和昆虫中被发现，能够作用于多种 1,4‐连接的多糖底物，例如纤维素（Quinlan et al.，2011）、几丁质（Vaaje‐Kolstad et al.，2010）、纤维素多糖（Frandsen et al.，2016）、木葡聚糖（Agger et al.，2014）、木聚糖（Couturier et al.，2018；Frommhagen et al.，2015）、淀粉（Lo Leggio et al.，2015；Vu et al.，2014）和果胶（Sabbadin et al.，2021）等。LPMO 在碳水化合物活性酶数据库中（CAZy）被分为辅助活性（AA）家族 AA9（具有纤维素氧化活性的真菌 LPMO，起初被分为糖基水解酶 GH61）（Levasseur et al.，2013）、AA10（具有纤维素和几丁质氧化活性的细菌 LPMO，起初被归为糖结合结构域家族 CBM33）（Levasseur et al.，2013）、AA11（具有几丁质氧化活性的真菌 LPMO）（Hemsworth et al.，2014）、AA13（具有淀粉氧化活性的真菌 LPMO）（Lo Leggio et al.，2015）、AA14（具有木聚糖氧化活性的真菌 LPMO）（Couturier et al.，2018）、AA15（具有纤维素和几丁质氧化活性的昆虫 LPMO）（Sabbadin et al.，2018）、AA16（存在于真菌和一些卵菌中，参与纤维素降解）（Jagadeeswaran et al.，2020）和 AA17（主要存在于卵菌中，参与果胶的降解）（Sabbadin et al.，2021）。其中，很多家族的 LPMO 具有几丁质催化活性，包括 AA10、AA11 和 AA15 家族，相关总结见表 7.1。

7.2　裂解性多糖单加氧酶的结构特征

第一批结构被解析的 LPMO 是具有几丁质催化活性的 SmLPMO10A（也被称为

表 7.1 具有几丁质氧化活性的 LPMO （PDB 编号与催化结构域的结构对应）

蛋白名称	几丁质结合域家族	PDB 编号	底物	参考文献	家族	物种
ChB, BaAA10A, BaCBM33, Rbam17540, BAMF_1859	—	2YOW, 2YOX, 2YOY, 5IUJU	α-几丁质和 β-几丁质	Hemsworth et al., 2013	AA10	芽孢杆菌（Bacillus amyloliquefaciens）
BcLPMO10A	CBM5, Two fibronectin-type III-like domains	—	α-几丁质和 β-几丁质	Mutahir et al., 2018	AA10	蜡样芽孢杆菌（Bacillus cereus）
BlLPMO10A	—	5LW4	α-几丁质和 β-几丁质	Courtade et al., 2018	AA10	地衣芽孢杆菌（Bacillus licheniformis）
BtLPMO10A	—	5WSZ	几丁质	待发表	AA10	苏云金杆菌（Bacillus thuringiensis）
BpAA10A	—	3UAM	几丁质	待发表	AA10	Burkholderia
CjLPMO10A, CJA_2191	CBM5, CBM73	—	α-几丁质和 β-几丁质	Forsberg et al., 2016	AA10	纤维弧菌（Cellvibrio japonicus）
CmAA10	—	—	α-几丁质	Wang et al., 2018	AA10	混合纤维弧菌（Cellvibrio mixtus）
EfAA10A, EF0362, EfCBM33A, EfaCBM33	—	4A02, 4AIC, 4AIE, 4AIQ, 4ALR, 4ALS, 4ALT	α-几丁质和 β-几丁质	Vaaje-Kolstad et al., 2010	AA10	粪肠球菌（Enterococcus faecalis）
Jden_1381, JdLPMO10A	CBM5, GH18	5AA7, 5VG0, 5VG1	α-几丁质和 β-几丁质, 偏好 β-几丁质	Mekasha et al., 2016	AA10	反硝化琼斯氏菌（Jonesia denitrificans）
LmLPMO10, Lmo2467	Fibronectin-type III-like domain, two CBM5/12	5L2V	几丁质	Paspaliari et al., 2015	AA10	李斯特菌（Listeria）
MaLPMO10B, Micau_1630	CBM2	5OPF	β-几丁质, PASC	Forsberg et al., 2018	AA10	小单孢菌属（Micromonospora）

（续）

蛋白名称	几丁质结合域家族	PDB 编号	底物	参考文献	家族	物种
CBP21, SmAA10A, SmLPMO10A	—	2BEM, 2BEN, 2LHS	α-几丁质和β-几丁质	Vaaje-Kolstad et al., 2005; Aachmann et al., 2012; Vaaje-Kolstad et al., 2010	AA10	黏质沙雷菌 (Serratia marcescens)
SamLPMO10B	—	—	β-几丁质	Vaaje-Kolstad et al., 2005; Aachmann et al., 2012; Vaaje-Kolstad et al., 2010	AA10	链霉菌 (Streptomyces ambofaciens)
ScAA10B, ScLPMO10B, SCO0643, SCF91.03c	—	4OY6, 4OY8	β-几丁质, PASC, 微晶纤维素	Forsberg et al., 2016	AA10	天蓝色链霉菌 (Streptomyces coelicolor)
SgLPMO10F, SGR_6855	—	—	α-几丁质和β-几丁质	Nakagawa et al., 2015	AA10	灰色链霉菌 (Streptomyces griseus)
SlAA10E, SliLPMO10E, SLI_3182	—	5FTZ	β-几丁质	Chaplin et al., 2016	AA10	链霉菌 (Streptomyces lividans)
TfAA10A, TfLPMO10A, E7, Tfu_1268	—	4GBO	β-几丁质, PASC, 微晶纤维素	Kruer-Zerhusen et al., 2017	AA10	褐色喜热裂孢菌 (Thermofibida fusca)
Fusolin	—	4YN1, 4YN2, 4OW5, 4X27, 4X29	虾壳几丁质	Chiu et al., 2015	AA10	昆虫痘病毒 (Entomopoxviruses)
VcAA10B, VcAo811, VcGbpAD1, GbpAD1	GbpAD2, GbpAD3, GbpAD4, CBM73	2XWX	几丁寡糖, 几丁质	Wong et al., 2012	AA10	霍乱弧菌 (Vibrio cholera)
AoAA11, AoLPMO11, AO090102000501	X278	4MAH, 4MAI	β-几丁质	Hemsworth et al., 2014	AA10	米曲霉 (Aspergillus oryzae)
FfAA11	X278	—	α-几丁质和β-几丁质, 龙虾壳	Wang et al., 2018	AA10	水稻恶苗病菌 (Fusarium)
TdAA15A, TdLPMO15A	—	5MSZ	β-几丁质	Sabbadin et al., 2018	AA10	斑衣鱼 (Thermobia)
TdAA15B, TdLPMO15B	CBM14	—	α-几丁质和β-几丁质	Sabbadin et al., 2018	AA10	斑衣鱼 (Thermobia)

CBP21）（Vaaje-Kolstad et al.，2005）和具有纤维素催化活性的 HjLPMO9A（也被称为 Cel61B）（Karkehabadi et al.，2008）。这两个 LPMO 分别属于 AA10 和 AA9 家族，它们之间仅有 16.5％的序列一致性。但是，从它们以及后来发现的 LPMO 的蛋白质三维结构能够清晰的发现，不同种类的 LPMO 具有相似的保守结构组成，包括一个共同的组氨酸钳活性中心（Quinlan et al.，2011）和一个保守的参与底物结合的表面（Frandsen et al.，2016）。

总体上，LPMO 的催化结构域由 150～250 个氨基酸构成。在蛋白质翻译过程中，表达的 LPMO 的 N 端具有一个 15～30 个氨基酸的信号肽分子，它在蛋白质转移到细胞外的时候被切割掉（Vaaje-Kolstad et al.，2010）。成熟的 LPMO 具有一个 N 端的组氨酸，这个氨基酸在蛋白质中的位置取决于信号肽的长度，例如 SmLPMO10A 具有 1 个 27 个氨基酸长的信号肽，因此成熟的 SmLPMO10A 酶分子的 N 端组氨酸为 His28。N 端组氨酸侧链以及远端一个组氨酸的侧链组成了 LPMO 的活性中心"组氨酸钳"（Quinlan et al.，2011）。这个活性位点还由一个酪氨酸（对于 AA9、AA10、AA11、AA13 和 AA14 家族）或者苯丙氨酸（AA10 和 AA15 家族）组成（彩图 7.2b），并且与铜离子共同组成了 II 型铜结合位点（彩图 7.2b）。这个活性位点还能够结合其他的金属离子，例如二价锌离子，但是亲和力比较低且产生的酶没有活性（Aachmann et al.，2012）。在丝状真菌中，LPMO 的 N 端组氨酸 τ 位氮原子上存在甲基化修饰（Quinlan et al.，2011）。

LPMO 主要由 β-折叠构成，它们的核心结构是一个 β-三明治结构，含有两个 β-折叠，一共包括 8～9 个 β-折叠股。这些结构由一些疏水氨基酸以及 1～2 个二硫键稳定。β-三明治核心周围还有一些环状和螺旋结构，尤其是在前 60～70 个氨基酸上。LPMO 整体构成一个锥形结构，锥形的底部构成了底物结合表面（彩图 7.2c），具有介导与底物相互作用的极性氨基酸和关键的芳香族氨基酸（例如 SmLPMO10A 中的 Tyr54），其确定了 LPMO 与晶态多糖底物的结合方向。铜离子结合位点位于这个底物结合表面的中心（彩图 7.2a），当 LPMO 与底物结合时，这个活性位点位于糖苷键附近（Frandsen et al.，2016）。

通过氢/氘 NMR 光谱的比较（Aachmann et al.，2012）、定点突变分析（Vaaje-Kolstad et al.，2005）和分子动力学分析（Bissaro et al.，2018）已经得出参与几丁质结合的重要氨基酸。这些研究表明，位于铜离子结合位点表面的极性氨基酸参与底物结合，而芳香族氨基酸（例如 SmLPMO10A 中的 Tyr54）对于 LPMO 与底物结合的定向十分重要，可能通过 π 键与 GlcNAc 中的吡喃糖环的 C—H 键发生相互作用。

7.3　裂解性多糖单加氧酶的催化机制

虽然起初人们认为 LPMO 没有催化活性（Vaaje‐Kolstad et al.，2005），但 2010 年研究发现 LPMO 处理的几丁质产物中，含有糖苷键断裂后的 C1 位的氧化产物。进一步研究发现，对于纤维素底物，LPMO 能够在 C1 位、C4 位或者同时进行氧化。但是对于几丁质底物而言，目前发现 LPMO 只能进行 C1 位氧化（Vaaje‐Kolstad et al.，2010；Beeson et al.，2012）。然而，尽管目前对于整个催化过程的认知是一致的（图 7.1），但对于催化机制具体的过程还没有达成共识，例如参与反应的氧的种类（Bissaro et al.，2017）。LPMO 的催化过程包括多个步骤，首先电子供体将催化位点的二价铜（Ⅱ）还原为一价铜（Ⅰ），该电子供体可以来自于另外一个氧化还原酶，例如纤维二糖还原酶（CDH）（Tan et al.，2015）、葡萄糖‐甲醇‐胆碱氧化酶（GMC）（Kracher et al.，2016）或者一种有机分子，例如抗坏血酸或五倍子酸（Vaaje‐Kolstad et al.，2010；Quinlan et al.，2011）。然后，LPMO‐Cu（Ⅰ）结合氧分子（或者过氧化氢）并将其活化，形成铜‐氧复合物并从断裂位置的碳上获得一个氢原子。紧接着，被激活的底物通过类似"回弹"机制进行羟基化反应，这导致形成了一个内酯（H1 位氢被夺去）或者酮（H4 位氢被夺去）。然后产生的内酯在水相环境中进一步转化为醛糖酸（GlcA）。通过 LPMO 氧化几丁质产生的可溶产物主要含有偶数个糖。这表明 LPMO 连续作用底物时会间隔一个糖苷键（Vaaje‐Kolstad et al.，2010）。

最近，研究发现 LPMO 的共底物可以是过氧化氢而不是氧分子。在以过氧化氢为共底物的催化机制中，二价铜（Ⅱ）首先被还原为一价铜（Ⅰ），一价铜（Ⅰ）结合过氧化氢并形成铜‐氧复合物，然后吸取 1 位的 H 原子（H1）。过氧化氢不但能够在没有氧分子的条件下启动 LPMO 的催化反应，而且能够提高催化速率以及氧化物的产率。并且，产物生成率与过氧化氢呈化学计量比，与还原剂呈超化学计量比（Bissaro et al.，2017）。而在基于氧分子的反应机制中，每个循环需要还原剂提供两个电子（图 7.1）。

起初，LPMO 的活性测定是通过每隔一段时间取样并通过色谱方法测定产物量（Vaaje‐Kolstad et al.，2010）来实现的，如果仅仅是为了测定是否具有 LPMO 活性，这种方法十分耗时。Breslmayr 等开发出了一种基于其超氧化物酶活性的测定

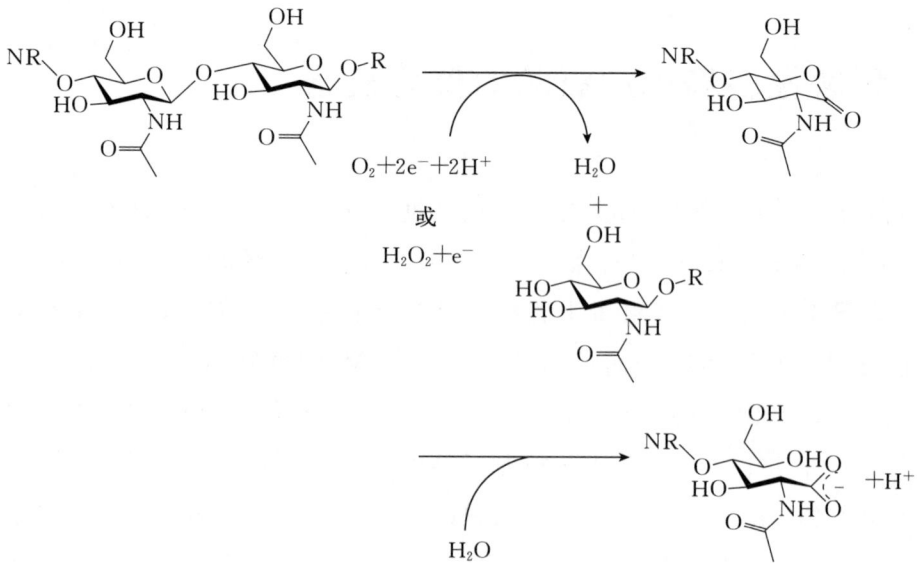

图 7.1　LPMO 氧化几丁质

注：反应包括两步，第一步由 LPMO 催化完成，需要额外的电子、氧气或者过氧化氢，C1
位碳被氧化（H1 离去）形成内酯。第二步是内酯的自发水解，产生终产物醛糖酸。

LPMO 活性的方法（Breslmayr et al.，2018）。在这个方法中，含有 LPMO 的样品
（细胞抽提物或培养物）可以氧化一种生色底物（2,6 - DMP：2,6 -二甲氧基苯酚或
氢芥子酮）而显色，其活性可以直接通过测定产物在 469 nm 的吸光度来完成。当然，
这种方法的效率对于不同的 LPMO 可能存在差别。

7.4　多结构域裂解性多糖单加氧酶

很多 LPMO 仅以一个催化结构域的形式存在，然而人们发现还有一些 LPMO 的
催化结构域通过一个多肽（具有多种长度和组成）连接有一个碳水化合物结合模块
（CBM）。与 LPMO 的催化结构域及其他碳水化合物活性酶类似，CBM 也可以根据其
氨基酸序列的相似性被分为不同的家族。目前，已经发现有 83 个不同的 CBM 家族，
并且这些 CBM 在底物特异性上具有显著差别。CBM 的结合特性使其具有两个主要
的功能，能够使它们邻近的催化结构域结合到正确的底物上（McLean et al.，2002），
并且使催化结构域和底物互相接近。具有几丁质催化活性的 LPMO 中的 CBM，包括
AA10 中的 CBM2、CBM5 和 CBM73 家族以及 AA15 中的 CBM14 家族见表 7.2。

表 7.2 具有几丁质氧化活性 LPMO 相关的 CBM（数据来源于 www. cazy. org）

几丁质结合域家族	折叠类型	序列大约长度（氨基酸数量）	代表性的 LPMO	LPMO 底物
2	β - sandwich	100	SgLPMO10F	
5	Ski boot	60	CjLPMO10A	α-几丁质和 β-几丁质
14	Hevein - like	50	TdLPMO15B	
73	未知	65	CjLPMO10A	

　　CBM14 可以结合不可溶几丁质和几丁质寡糖，而 CBM2、CBM5（Boraston et al.，2004）和 CBM73（Forsberg et al.，2016）能够特异性地结合不可溶晶态底物，例如几丁质。比较不同 CBM 结合底物的表面可以发现（彩图 7.3），它们的结合界面具有两个显著特征，即表面平整而且含有大量的芳香族氨基酸（A 型，Boraston et al.，2004）。这些芳香族氨基酸能够通过 π 键与碳水化合物中的 C—H 键发生相互作用，有利于底物的结合（Hudson et al.，2015）。

　　对于 LPMO 来说，CBM 的存在能够显著增加 LPMO 结合底物的能力，并且与只含 LPMO 催化域的酶相比能够产生更多的氧化产物（Forsberg et al.，2016）。但是，为什么一些 LPMO 含有 CBM 结构域（有些时候含有多于一个，例如 CjLPMO10A 和 BcLPMO10A）（Forsberg et al.，2016；Mutahir et al.，2018），而其他一些 LPMO 只含有催化域还有待研究。尽管 CBM 的存在能够提高 LPMO 的催化活性（Crouch et al.，2016），但是 CBM 如何发挥作用，以及 CBM 与连接域、催化结构域之间的相互作用尚未完全阐明。CBM 一种可能的作用是使 LPMO 保持接近其底物，以阻止还原态的 LPMO 与它的共底物之间发生无产物反应，这种无产物反应会使酶失活（Bissaro et al.，2017；Forsberg et al.，2018；Mutahir et al.，2018）。近期研究发现，CBM2 "锚定" 到底物上能够使 LPMO 在底物上发生多次局部氧化反应（Courtade et al.，2018）。

7.5　裂解性多糖单加氧酶的生物学功能

　　起初人们研究发现，在多数微生物中，LPMO 的主要作用是参与降解多糖为机体提供营养碳源，因而其在生物质降解过程中得到了广泛的应用和关注。例如上述提到的黏质沙雷菌中的 LPMO（SmCBP21）能够有效促进几丁质的降解。近年来，人们发现 LPMO 具有多种生物学功能，其在致病细菌、卵菌和真菌中发挥毒力因子的作用，或者参与昆虫的变态发育过程。MoAa91 是在稻瘟病菌（*Magnaporthe oryzae*）的质外体中发现的一种 AA9LPMO，在人工表面上可以诱导附着体的形成。研究证明 *MoAa91* 基因的缺失会导致稻瘟病菌附着细胞延迟（Li et al.，2020）。PxLPMO1 是在白粉菌（*Podosphaera xanthii*）中发现的新型 LPMO，它具有 LPMO 的一般结构特征，但与其他 LPMO 的序列相似性较低。该蛋白已经被证明可以催化几丁质和壳聚糖的氧化裂解，抑制几丁质诱发的植物免疫应答（Polonio et al.，2021）。油菜茎基溃疡病菌（*Leptospheeria maculans*）中发现一种分泌蛋白质 LmCBP1，该蛋白具有 AA10LPMO 结构域。其在病菌感染油菜过程中被高水平分泌，作为重要的毒力因子在感染过程中发挥作用（Liu et al.，2020）。2021 年，Sabbadin 等报道了小龙虾病原体 *Aphanomyces astaci* 中 AA15 的作用。通过转录组学数据的分析发现，*A. astaci* 中的 *AaAA15A* 基因在产孢阶段和菌丝生长阶段的表达存在差异。该酶具有几丁质降解活性。然而，其在体内如何发挥功能仍有待更深一步的研究。Tma12 是在蕨类植物中发现的属于 AA10 家族的 LPMO，是目前发现的唯一一个植物来源的 LPMO，其对几丁质的降解活性有待进一步考证（Yadav et al.，2019）。研究发现 Tma12 在转基因棉花中克隆和表达后，对粉虱表现出 99% 的抗性。在昆虫中，研究发现 AA15 家族的 LPMO 参与昆虫的表皮及中肠中几丁质的代谢过程。在赤拟谷盗（*Tribolium castaneum*）和东亚飞蝗（*Locusta migratoria*）中，通过 RNA 干扰 *TcLPMO15-1* 和 *LmLPMO15-1* 能够分别导致昆虫在蜕皮的过程中死亡，且通过微观结构观察发现昆虫旧表皮并没有得到有效降解（Qu et al.，2022）。说明这些基因对于昆虫蜕皮时期旧表皮的降解非常重要。在东亚飞蝗中，RNA 干扰中肠特异性的 LPMO 基因 *LmLPMO15-3* 同样能够导致昆虫在蜕皮过程中死亡，其中肠围食膜结构并没有得到有效降解（Qu et al.，2022）。这些都说明 LPMO 基因对于昆虫体内几丁质正常的代谢过程至关重要。除此之外，在小灶衣鱼（*Thermobia domestica*）的肠道中发现有多种 LPMO 表达，其中 TdAA15A 对纤维素和几丁质均具有催化活性，表明其可能参与肠道中食物的降解（Sabbadin et al.，2018）。

7.6 裂解性多糖单加氧酶产物的化学—酶法修饰

LPMO 的活性通常通过质谱（MS）或高效液相色谱（HPLC）测定释放的氧化

可溶几丁寡糖来实现（Vaaje‐Kolstad et al.，2010）。这种方法低估了 LPMO 的全部
活性，因为并没有检测到那些不能够产生可溶寡糖的氧化过程。Vuong 等（2017）
通过将一种水溶的荧光基团共价连接到纤维素的氧化位点上，开发了一种针对具有纤
维素 C1‐氧化活性的 LPMO 的活性测定方法。这个偶联的反应（图 7.2）可以分为
两步，在第一步中，LPMO 催化反应在 C1 位产生的醛糖酸 ［1］通过碳二亚胺偶联
试剂（EDC：1‐ethyl‐3‐［3‐(dimethylamino) propyl］carbodiimide）被碳二亚胺
激活，形成一个活跃的酯中间态（［2］：O‐acylisourea intermediate）；在第二步中，
通过一个含有伯胺的化合物（ANDA：fluorophore primary amine，7‐amino‐1,3‐
naphthalenedisulfonic acid）进行还原胺化反应。这两步反应导致了一个亲核取代反
应，使得在 C1 位的羰基和化合物 ［3］之间形成了一个酰胺键。

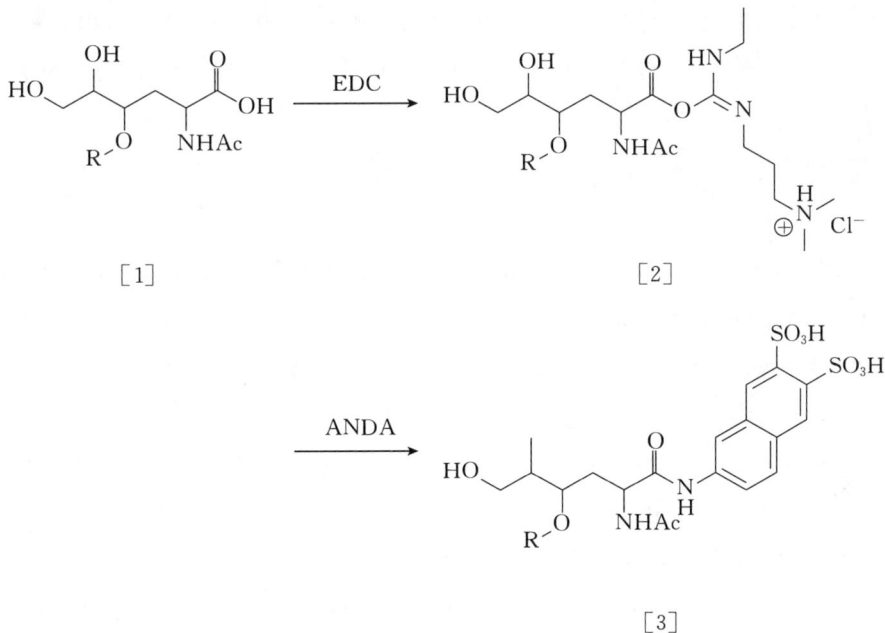

图 7.2　LPMO 产物的标记策略

注：C1 位形成的醛糖酸与水溶性的 EDC（1‐ethyl‐3‐［3‐(dimethylamino) propyl］carbodiimide）反应
产生一个活性酯中间产物（O‐acylisourea intermediate），这使得具有伯胺基团的荧光标记物 ANDA（7‐amino‐
1,3‐naphthalenedisulfonic acid）能够反应形成酰胺键，最终形成一个荧光标记的产物。

　　Wang 等（2018）首先提出利用 LPMO 催化反应产生的醛糖酸，通过化学-酶法
修饰几丁质表面的可能性。由于 LPMO 对几丁质的催化选择性发生在 C1 位，这使得
还原端被氧化，其可以被进一步修饰，类似于 TEMPO‐氧化修饰多糖的过程（Wang
et al.，2018）。类似于上述纤维素标记中的第一步 EDC 的活化，一个活性的酯中间

态也能够通过一种氧化苦参碱衍生的铀盐〔COMU：（1－cyano－2－ethoxy－2－oxoethylidenaminooxy)〕产生。这个激活过程产生了一个很好的离去基团，以用于后续含伯胺化合物的取代反应，并进一步产生一个稳定的酰胺键。通过这种方法，可以利用具有几丁质氧化活性的 LPMO 在几丁质表面嫁接荧光探针、肽段和纳米金等（Wang et al.，2018）。这种化学-酶法提供了一种简单的环境友好的方法用于开发基于几丁质的绿色功能生物材料。

　　LPMO 是一种对于工业应用和科学研究都十分重要的酶，它依然是目前酶研究的热点领域。研究热点包括但不局限于酶功能的多样性、结构、底物特异性、催化域与附属糖结合模块的相互作用、催化机制等。

　　基于它们独特的氧化机制，LPMO 在降解多糖（如几丁质）方面具有重要的作用。这种作用可以被开发用于产生几丁寡糖或者化学—酶法修饰几丁质底物。由此而论，具有几丁质氧化活性的 LPMO 将来可能被用于制备新型的功能纳米材料。

参考文献

Aachmann F L，Sørlie M，Skjåk－Bræk G，et al.，2012. NMR structure of a lytic polysaccharide monooxygenase provides insight into copper binding, protein dynamics，and substrate interactions. Proceedings of the National Academy of Sciences of the United States of America，109（46）：18779－18784.

Agger J W，Isaksen T，Várnai A，et al.，2014. Discovery of LPMO activity on hemicelluloses shows the importance of oxidative processes in plant cell wall degradation. Proceedings of the National Academy of Sciences of the United States of America，111（17）：6287－6292.

Beeson W T，Phillips C M，Cate J H，et al.，2012. Oxidative cleavage of cellulose by fungal copper－dependent polysaccharide monooxygenases. Journal of the American Chemical Society，134（2）：890－892.

Bissaro B，Isaksen I，Vaaje－Kolstad G，et al.，2018. How a lytic polysaccharide monooxygenase binds crystalline chitin. Biochemistry，57（12）：1893－1906.

Bissaro B，Røhr Å K，Müller G，et al.，2017. Oxidative cleavage of polysaccharides by monocopper enzymes depends on H_2O_2. Nature Chemical Biology，13（10）：1123－1128.

Boraston A B，Bolam D N，Gilbert H J，et al.，2004. Carbohydrate－binding modules：fine－tuning polysaccharide recognition. Biochemical Journal，382：769－781.

Breslmayr E，Hanžek M，Hanrahan A，et al.，2018. A fast and sensitive activity assay for lytic polysaccharide monooxygenase. Biotechnology for Biofuels，11（1）：1－3.

Brun E，Moriaud F，Gans P，et al.，1997. Solution structure of the cellulose－binding domain of the endoglucanase Z secreted by *Erwinia chrysanthemi*. Biochemistry，36（51）：16074－16086.

Chaplin A K，Wilson M T，Hough M A，et al.，2016. Heterogeneity in the Histidine－brace Copper Coordination Sphere in Auxiliary Activity Family 10（AA10）Lytic Polysaccharide Monooxygenases. Journal of Biological Chemistry，291（24）：12838－12850.

Chiu E，Hijnen M，Bunker R D，et al.，2015. Structural basis for the enhancement of virulence by viral spindles and their in vivo crystallization. Proceedings of the National Academy of Sciences of the United States of America，112（13）：201418798.

Courtade G，Forsberg Z，Heggset E B，et al.，2018. The carbohydrate－binding module and linker of a modular lytic polysaccharide monooxygenase promote localized cellulose oxidation. Journal of Biological Chemistry，293（34）：13006－13015.

Couturier M，Ladeveze S，Sulzenbacher G，et al.，2018. Lytic xylan oxidases from wood－decay fungi unlock biomass degradation. Nature Chemical Biology，14：306－310.

Crouch L I，Labourel A，Walton P H，et al.，2016. The contribution of non－catalytic carbohydrate binding modules to the activity lytic polysaccharide monooxygenases. Journal of Biological Chemistry，291（14）：7439－7449.

Fadel F，Zhao Y，Cousido－Siah A，et al.，2016. X－Ray crystal structure of the full length human chitotriosidase（CHIT1）reveals features of its chitin binding domain. PLoS One，11（4）：1－15.

Forsberg Z，Nelson C E，Dalhus B，et al.，2016. Structural and functional analysis of a lytic polysaccharide monooxygenase important for efficient utilization of chitin in *Cellvibrio japonicus*. Journal of Biological Chemistry，291（14）：7300－7312.

Forsberg Z，Bissaro B，Gullesen J，et al.，2018. Structural determinants of bacterial lytic polysaccharide monooxygenase functionality. Journal of Biological Chemistry，293（4）：1397－1412.

Frandsen K E，Simmons T J，Dupree P，et al.，2016. The molecular basis of polysaccharide cleavage by lytic polysaccharide monooxygenases. Nature Chemical Biology，12：298－303.

Frommhagen M，Sforza S，Westphal A H，et al.，2015. Discovery of the combined oxidative cleavage of plant xylan and cellulose by a new fungal polysaccharide monooxygenase. Biotechnology for Biofuels，8（101）：101－113.

Hemsworth G R，Henrissat B，Davies G J，et al.，2014. Discovery and characterization of a new family of lytic polysaccharide monooxygenases. Nature Chemical Biology，10（2）：122 – 126.

Hemsworth G R，Taylor E J，Kim R Q，et al.，2013. The copper active site of CBM33 polysaccharide oxygenases. Journal of the American Chemical Society，135（16）：6069 – 6077.

Hudson K L，Bartlett G J，Diehl R C，et al.，2015. Carbohydrate – aromatic interactions in proteins. Journal of the American Chemical Society，137：15152 – 15160.

Igarashi K，Uchihashi T，Uchiyama T，et al.，2014. Two – way traffic of glycoside hydrolase family 18 processive chitinases on crystalline chitin. Nature Communications，5：1 – 7.

Jagadeeswaran G，Veale L，Mort A J，2020. Do lytic polysaccharide monooxygenases aid in plant pathogenesis and herbivory. Trends Plant Science，26：142 – 155.

Karkehabadi S，Hansson H，Kim S，et al.，2008. The first structure of a glycoside hydrolase family 61 member，Cel61B from *Hypocrea jecorina*，at 1. 6Å resolution. Journal of Molecular Biology，383（1）：144 – 154.

Kracher D，Scheiblbrandner S，Felice A K，et al.，2016. Extracellular electron transfer systems fuel cellulose oxidative degradation. Science，352（6289）：1098 – 1101.

Kruer – Zerhusen N，Alahuhta M，Lunin V V，et al.，2017. Structure of a *Thermobifida fusca* lytic polysaccharide monooxygenase and mutagenesis of key residues. Biotechnology for Biofuels，10（1）：1 – 12.

Levasseur A，Drula E，Lombard V，et al.，2013. Expansion of the enzymatic repertoire of the CAZy database to integrate auxiliary redox enzymes. Biotechnology for Biofuels，6：41 – 64.

Li Y，Liu X，Liu M，et al.，2020. *Magnaporthe oryzae* auxiliary activity protein MoAa91 functions as chitin binding protein to induce appressorium formation on artificial inductive surfaces and suppress plant immunity. Mbio，11：e03304 – e03319.

Liu F，Selin C，Zou Z，et al.，2021. LmCBP1，a secreted chitin – binding protein，is required for the pathogenicity of *Leptosphaeria maculans* on *Brassica napus*. Fungal Genetics and Biology，136：103320.

Lo Leggio L，Simmons T J，Poulsen J C，et al.，2015. Structure and boosting activity of a starch – degrading lytic polysaccharide monooxygenase. Nature Communications，6：5961 – 5969.

McLean B W，Boraston A B，Brouwer D，et al.，2002. Carbohydrate – binding modules recognize fine substructures of cellulose. Journal of Biological Chemistry，277（52）：50245 – 50254.

Mekasha S，Forsberg Z，Dalhus B，et al. ，2016. Structural and functional characterization of a small chitin – active lytic polysaccharide monooxygenase domain of a multi – modular chitinase from *Jonesia denitrificans*. FEBS Letter，590（1）：34 – 42.

Mutahir Z，Mekasha S，Loose J S，et al. ，2018. ，Characterization and synergistic action of a tetra – modular lytic polysaccharide monooxygenase from *Bacillus cereus*. FEBS Letter，592（15）：2562 – 2571.

Nakagawa Y S，Kudo M，Loose J S，et al. ，2015. A small lytic polysaccharide monooxygenase from *Streptomyces griseus* targeting α – and β – chitin. FEBS Journal，282（6）：1065 – 1079.

Paspaliari D K，Loose J S，Larsen M H，et al. ，2015. Listeria monocytogenes has a functional chitinolytic system and an active lytic polysaccharide monooxygenase. FEBS Journal，282（5）：921 – 936.

Polonio Á，Fernández – Ortuño D，de Vicente A，et al. ，2021. A haustorial – expressed lytic polysaccharide monooxygenase from the cucurbit powdery mildew pathogen *Podosphaera xanthii* contributes to the suppression of chitin – triggered immunity. Molecular Plant Pathology，22：580 – 601.

Qu M，Guo X，Tian S，et al. ，2022. AA15 lytic polysaccharide monooxygenase is required for efficient chitinous cuticle turnover during insect molting. Communications Biology，5：518.

Qu M，Guo X，Deng X，et al. ，2022. A midgut – specific lytic polysaccharide monooxygenase of *Locusta migratoria* is indispensable for the deconstruction of the peritrophic matrix. Insect Science，29（5）：1287 – 1298.

Quinlan R J，Sweeney M D，Lo Leggio L，et al. ，2011. Insights into the oxidative degradation of cellulose by a copper metalloenzyme that exploits biomass components. Proceedings of the National Academy of Sciences of the United States of America，108（37）：15079 – 15084.

Sabbadin F，Hemsworth G R，Ciano L，et al. ，2018. An ancient family of lytic polysaccharide monooxygenases with roles in arthropod development and biomass digestion. Nature Communications，9（756）：756 – 767.

Sabbadin F，Urresti S，Henrissat B，et al. ，2021. Secreted pectin monooxygenases drive plant infection by pathogenic oomycetes. Science，373：774 – 779.

Tan T C，Kracher D，Gandini R，et al. ，2015. Structural basis for cellobiose dehydrogenase action during oxidative cellulose degradation. Nature Communications，6：7542 – 7552.

Vaaje – Kolstad G, Westereng B, Horn S J, et al. , 2010. An oxidative enzyme boosting the enzymatic conversion of recalcitrant polysaccharides. Science, 330 (6001): 219 – 222.

Vaaje – Kolstad G, Houston D R, Riemen A H, et al. , 2005. Crystal structure and binding properties of the *Serratia marcescens* chitin – binding protein CBP21. Journal of Biological Chemistry, 280 (12): 11313 – 11319.

Vaaje – Kolstad G, Horn S J, Sørlie M, et al. , 2013. The chitinolytic machinery of *Serratia marcescens*—a model system for enzymatic degradation of recalcitrant polysaccharides. FEBS Journal, 280 (13): 3028 – 3049.

Vermaas J V, Crowley M F, Beckham G T, et al. , 2015. Effects of lytic polysaccharide monooxygenase oxidation on cellulose structure and binding of oxidized cellulose oligomers to cellulases. The Journal of Physical Chemistry B, 119 (20): 6129 – 6143.

Vu V V, Beeson W T, Span E A, et al. , 2014. A family of starch – active polysaccharide monooxygenases. Proceedings of the National Academy of Sciences of the United States of America, 111 (38): 13822 – 13827.

Wang D, Li J, Salazar – Alvarez G, et al. , 2018. Production of functionalised chitins assisted by fungal lytic polysaccharide monooxygenase. Green Chem, 20 (9): 2091 – 2100.

Xu G, Ong E, Gilkes N R, et al. , 1995. Solution structure of a cellulose – binding domain from *Cellulomonas fimi* by nuclear magnetic resonance spectroscopy. Biochemistry, 34 (21): 6993 – 7009.

Yadav S K, Archana, Singh R, et al. , 2019. Insecticidal fern protein Tma12 is possibly a lytic polysaccharide monooxygenase. Planta, 249: 1987 – 1996.

图书在版编目（CIP）数据

靶向几丁质 / 杨青主编. -- 北京：中国农业出版
社，2025.5. -- ISBN 978 - 7 - 109 - 32542 - 5

Ⅰ. Q539

中国国家版本馆 CIP 数据核字第 2024BM6205 号

靶向几丁质
BAXIANG JIDINGZHI

中国农业出版社出版

地址：北京市朝阳区麦子店街 18 号楼

邮编：100125

责任编辑：阎莎莎　杨彦君

版式设计：杨　婧　　责任校对：吴丽婷

印刷：北京中科印刷有限公司

版次：2025 年 5 月第 1 版

印次：2025 年 5 月北京第 1 次印刷

发行：新华书店北京发行所

开本：787mm×1092mm　1/16

印张：13.5　　插页：4

字数：250 千字

定价：198.00 元

版权所有·侵权必究

凡购买本社图书，如有印装质量问题，我社负责调换。

服务电话：010 - 59195115　010 - 59194918

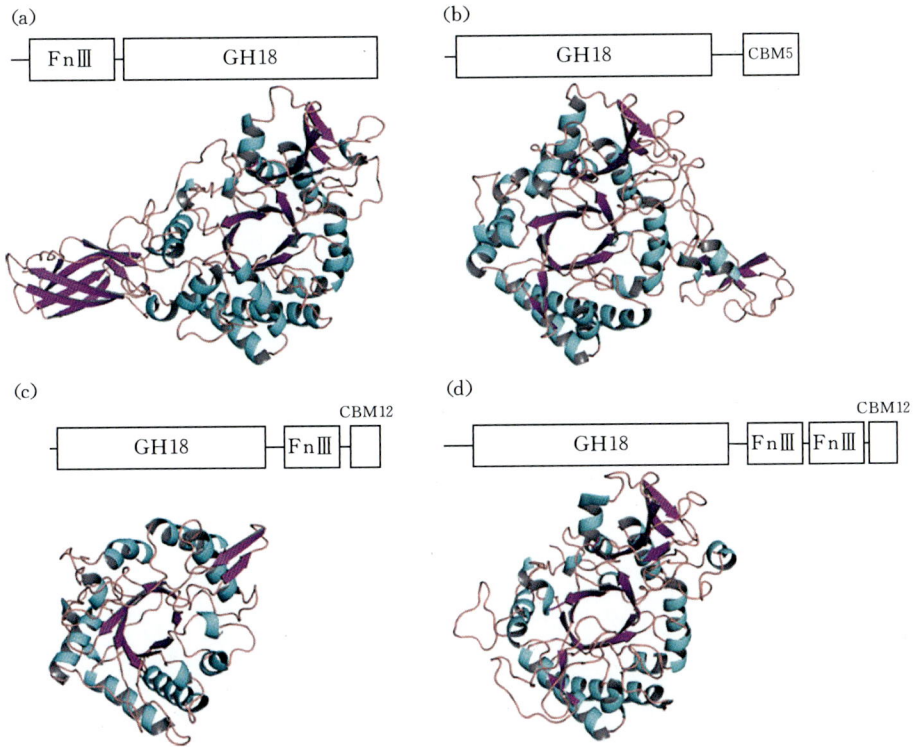

彩图 2.1　细菌 GH18 家族几丁质酶的三维结构

（a）SmChiA 的结构　（b）SmChiB 的结构　（c）SmChiC 的结构　（d）BcChiA1 的结构

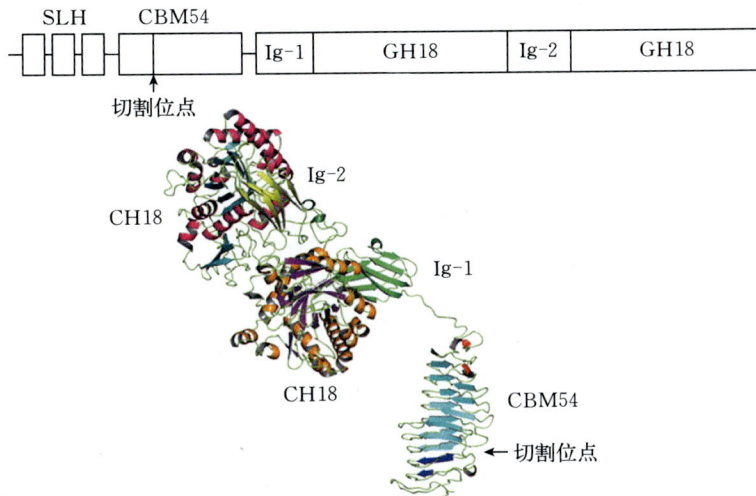

彩图 2.2　类芽孢杆菌 FPU‑7 ChiW 的整体结构

注：这是一个多模块结构，包括 CBM54 结构域和催化区域（Ig‑1、Ig‑2 和两个 GH18 结构域）。ChiW 会在 CBM54 结构域的 Asn282 和 Ser283 之间发生特异性的自发切割，人们认为这一位置是切割位点。晶体结构中不存在 SLH 结构域。

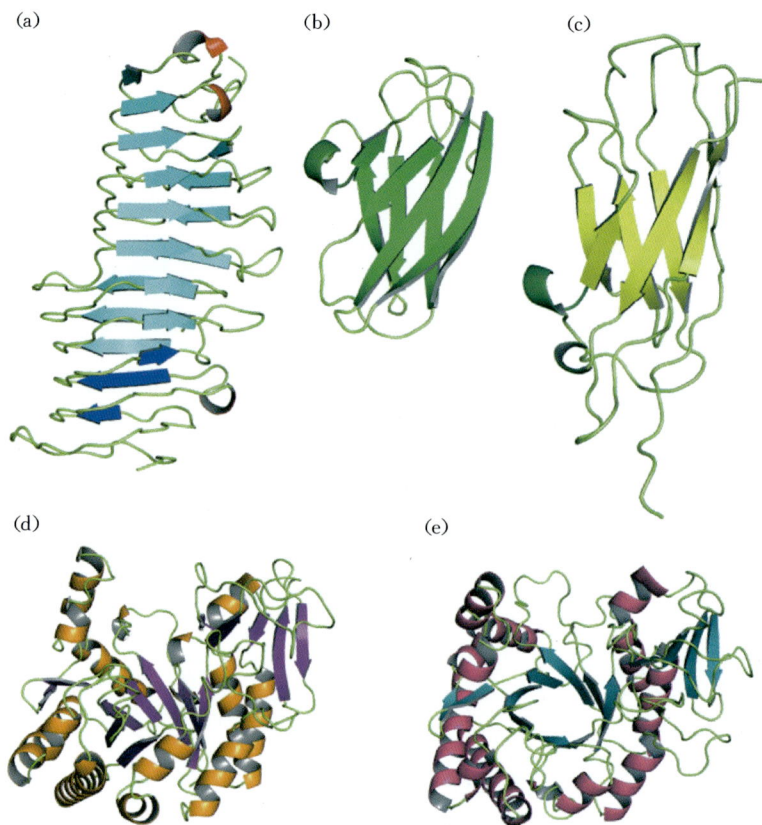

彩图 2.3　ChiW 各个结构域的特写视图

(a) CBM54 结构域（有一个含有 12 个卷曲的右旋平行的 β-折叠）　(b) Ig-1 结构域（由两个四链反平行 β-折叠组成的八链 β-三明治结构）　(c) Ig-2 结构域（由三链和四链反平行 β-折叠组成的七链 β-三明治结构）　(d)、(e) 两个 GH18 催化域结构（二者结构相似；中心 TIM 桶外是两个子结构域——CID 及插入结构域 2，二者从桶中突出，并形成裂隙壁）

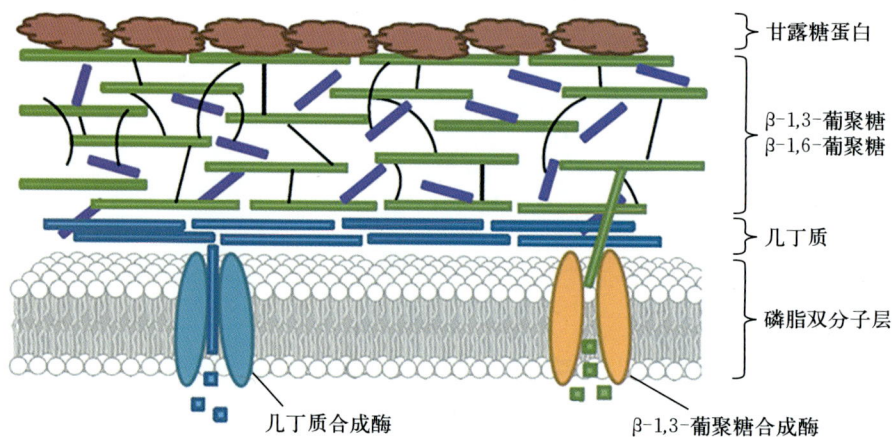

彩图 3.1　酵母细胞壁的结构

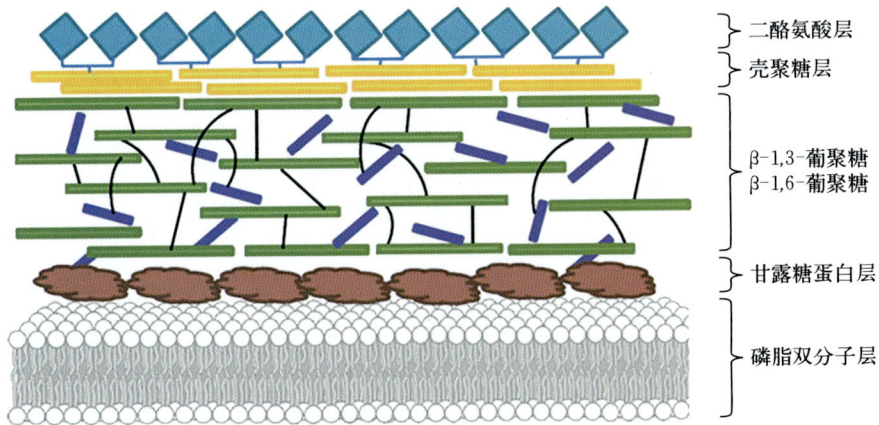

彩图 3.2 酿酒酵母孢子细胞壁的结构

二酪氨酸层
壳聚糖层
β-1,3-葡聚糖
β-1,6-葡聚糖
甘露糖蛋白层
磷脂双分子层

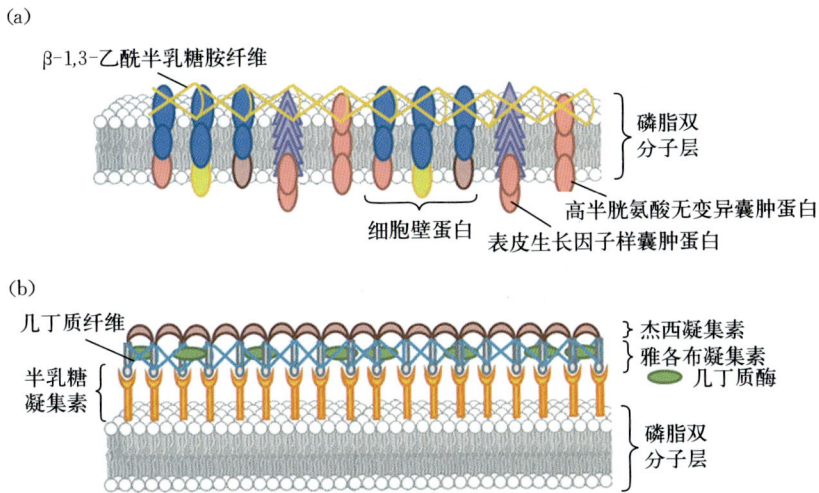

(a)

β-1,3-乙酰半乳糖胺纤维
磷脂双分子层
细胞壁蛋白
高半胱氨酸无变异囊肿蛋白
表皮生长因子样囊肿蛋白

(b)

几丁质纤维
半乳糖凝集素
杰西凝集素
雅各布凝集素
几丁质酶
磷脂双分子层

彩图 4.1 贾第鞭毛虫 (a) 和内变形虫 (b) 的囊壁结构

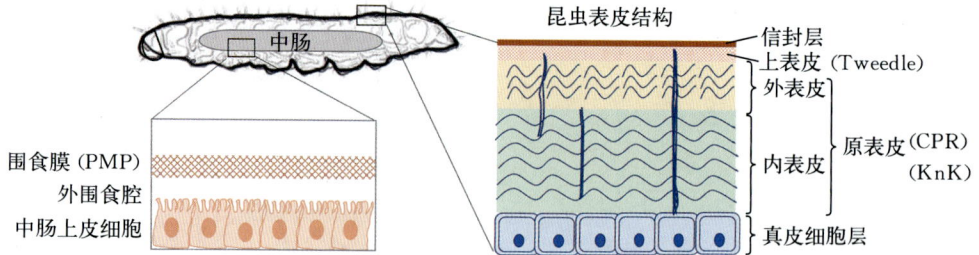

彩图 5.1 昆虫表皮及围食膜结构

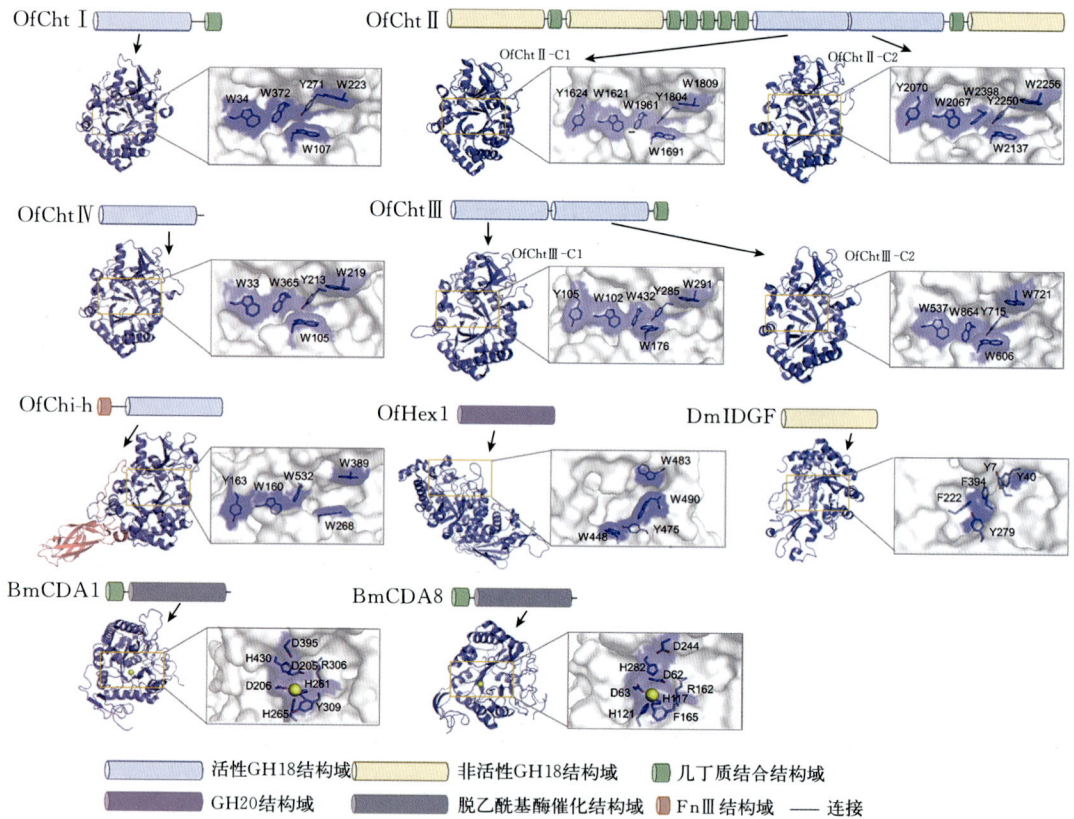

活性GH18结构域 非活性GH18结构域 几丁质结合结构域
GH20结构域 脱乙酰基酶催化结构域 FnⅢ结构域 ——连接

彩图 5.2 昆虫几丁质代谢相关酶/蛋白的晶体结构

注：图中为来自亚洲玉米螟的 OfCht Ⅰ（PDBID：3W4R）、OfCht Ⅱ-C1（PDBID：5Y2B）、OfCht Ⅱ-C2（PDBID：5Y2A）、OfCht Ⅲ-C1（PDBID：5WUP）、OfCht Ⅲ-C2（PDBID：5WUS）、OfCht Ⅳ（PDBID：6JM7）、OfChi-h（PDBID：5GQB）、OfHex1（PDBID：5Y0V）的晶体结构，以及来自果蝇的 DmIDGF（PDBID：1JND）、家蚕的 BmCDA1（PDBID：5ZNT）和 BmCDA8（PDBID：5Z34）晶体结构。

天然产物

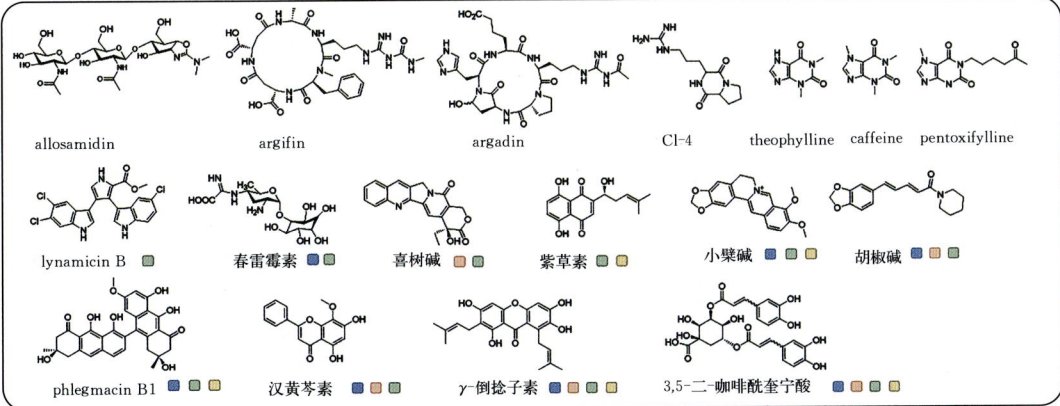

allosamidin　argifin　argadin　Cl-4　theophylline　caffeine　pentoxifylline

lynamicin B　春雷霉素　喜树碱　紫草素　小檗碱　胡椒碱

phlegmacin B1　汉黄芩素　γ-倒捻子素　3,5-二-咖啡酰奎宁酸

合成化合物

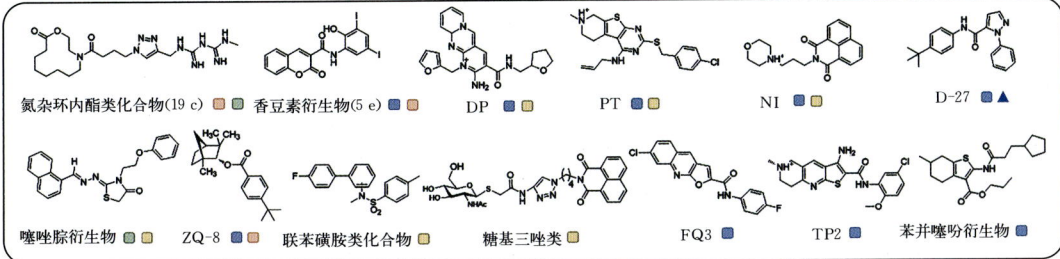

氮杂环内酯类化合物(19 c)　香豆素衍生物(5 e)　DP　PT　NI　D-27

噻唑腙衍生物　ZQ-8　联苯磺胺类化合物　糖基三唑类　FQ3　TP2　苯并噻吩衍生物

彩图 5.3　几丁质水解酶抑制剂结构

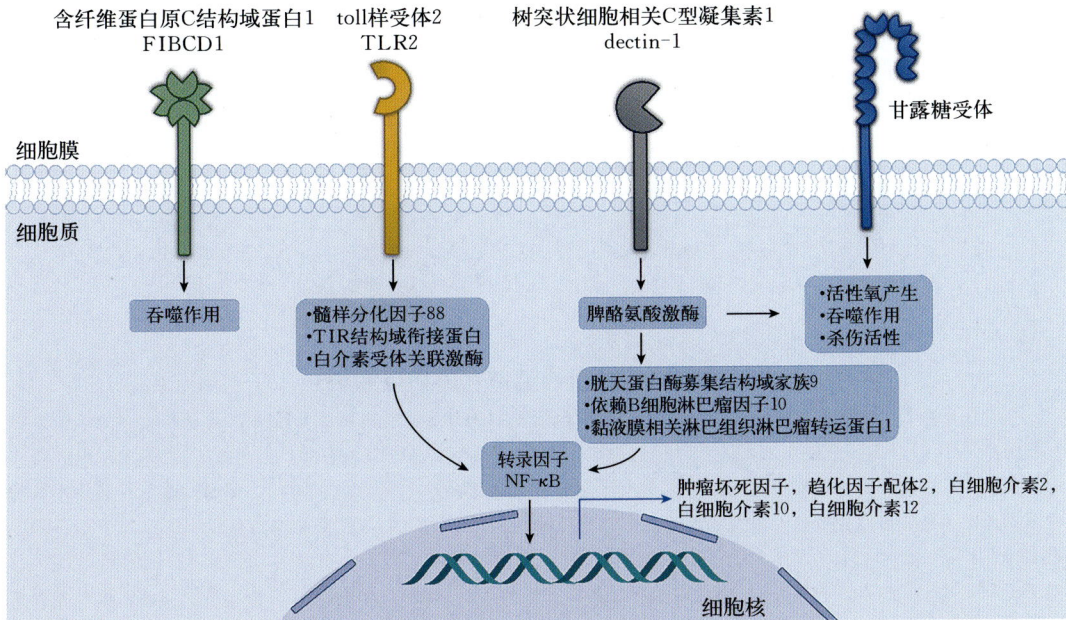

含纤维蛋白原C结构域蛋白1 FIBCD1　toll样受体2 TLR2　树突状细胞相关C型凝集素1 dectin-1　甘露糖受体

细胞膜

细胞质

吞噬作用

・髓样分化因子88
・TIR结构域衔接蛋白
・白介素受体关联激酶

脾酪氨酸激酶

・活性氧产生
・吞噬作用
・杀伤活性

・胱天蛋白酶募集结构域家族9
・依赖B细胞淋巴瘤因子10
・黏液膜相关淋巴组织淋巴瘤转运蛋白1

转录因子 NF-κB

肿瘤坏死因子，趋化因子配体2，白细胞介素2，白细胞介素10，白细胞介素12

细胞核

彩图 6.1　来自多个超家族的几丁质结合受体（通过不同途径感知几丁质片段并激活信号传导）

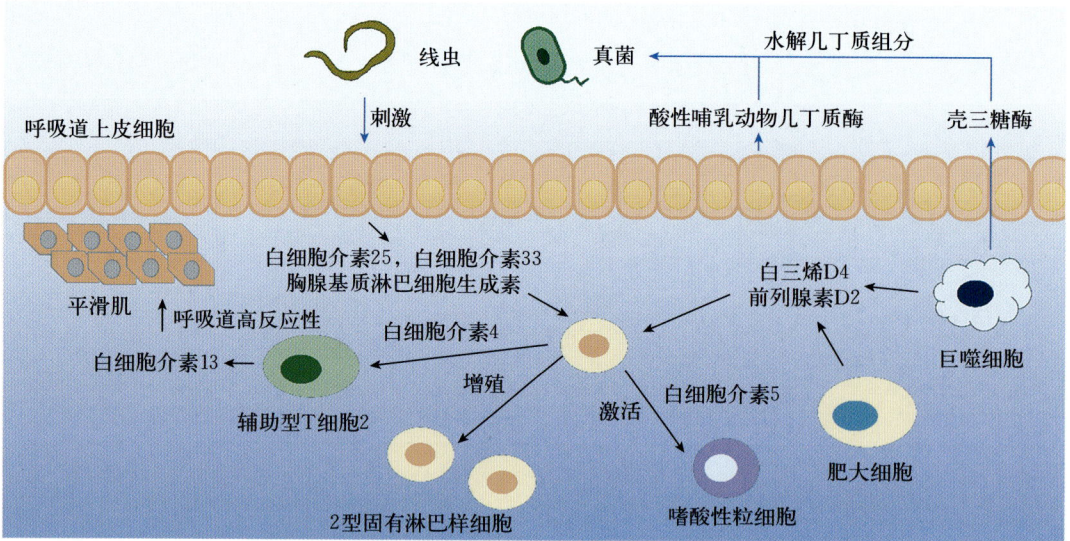

彩图6.2 哺乳动物应对含有几丁质的线虫和真菌感染的免疫反应

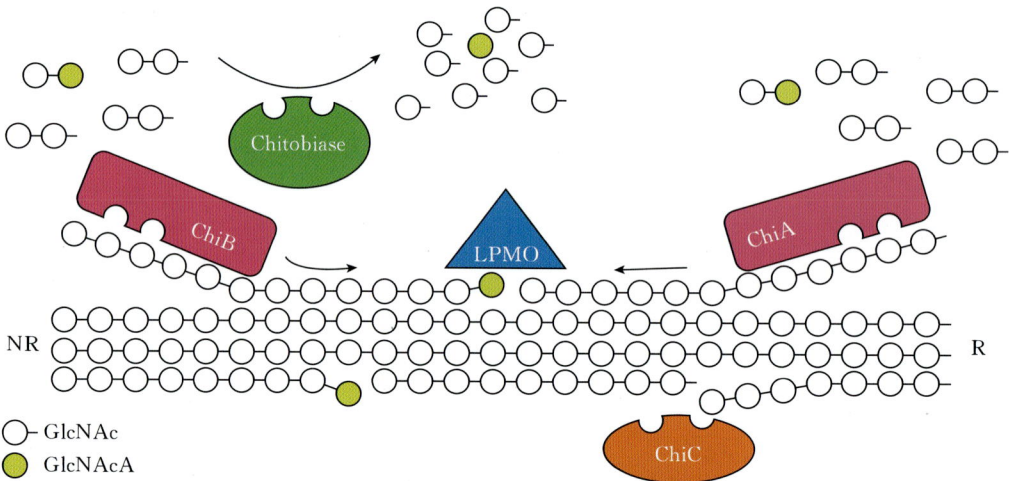

彩图7.1 黏质沙雷菌几丁质降解酶

注：几丁质通过 N–乙酰葡萄糖胺（白色圈）的长链表示。ChiB（粉色）属于 GH18 家族糖基解酶，能够在几丁质链的非还原端（NR）降解几丁质链，ChiA（粉色）属于 GH18 家族糖基水解酶，能够在几丁质链的还原端（R）降解几丁质链，这两种酶都具有持续性，且主要产物是几丁二糖（Igarashi et al.，2014）。ChiC（橙色）属于 GH18 家族糖基水解酶，能够在几丁质的无定型区域随机水解糖苷键，为 ChiA 和 ChiB 提供起始位点。LPMO（SmLPMO10A，也被称为 CBP21）能够在几丁质的结晶区域通过氧化的方式断裂糖苷键，产生糖醛酸（GlcNAcA，黄色圈），通过这种方式 SmLPMO10A 为 ChiA 和 ChiB 提供新的水解起始位点。几丁二糖酶 Chitobiase（绿色）属于 GH20 家族糖基水解酶，能够将几丁二糖及其他短的几丁寡糖转化为 GlcNAc 单体。图片仿自 Vaaje–Kolstad et al.，2013。

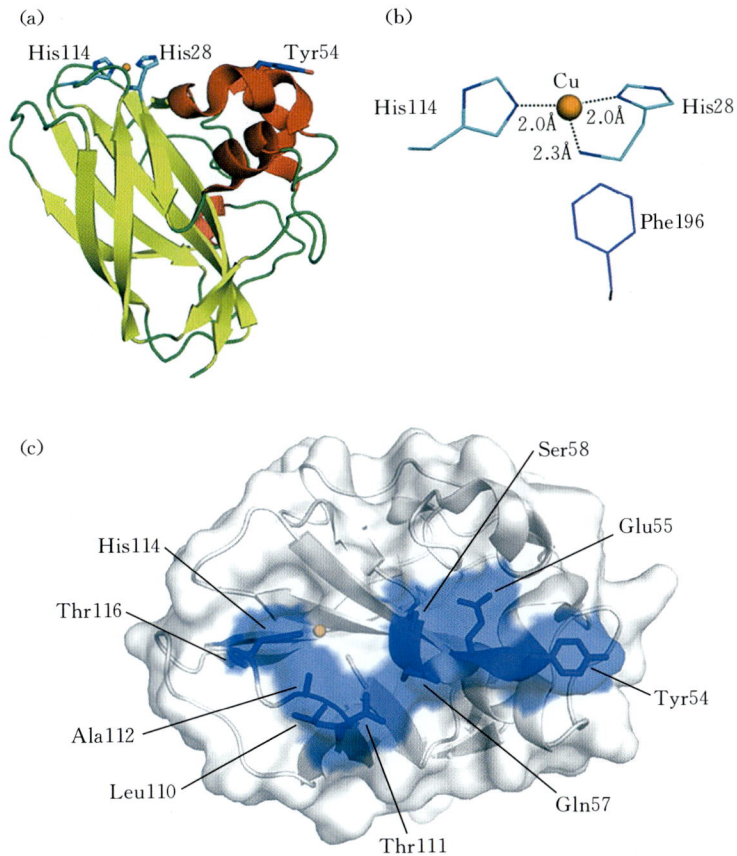

彩图 7.2　LPMO 的晶体结构特征

（a）SmLPMO10A 的整体结构，包括 β-折叠（黄色）、螺旋（红色）、铰链（绿色）、铜结合位点（青色）、铜离子（橘黄色）和介导底物结合的 Tyr54　（b）SmLPMO10A 结构中的组氨酸钳，包括两个协作的组氨酸（His28 和 His114）以及一个位于垂直方向的 Phe196　（c）SmLPMO10A 的底物结合表面，包括一个结合的铜离子（橘黄色），用蓝色标记的通过氢/氘 NMR 光谱比较得出的参与几丁质结合的重要氨基酸（Aachmann et al.，2012），包括 Tyr54、Glu55、Gln57、Ser58、Leu110、Thr111、Ala112、His114 和 Thr116

注：这些结构通过软件 PyMol 制作，PDB 编号：2BEM。铜离子的信息来自 PDB，编号：2YOX。

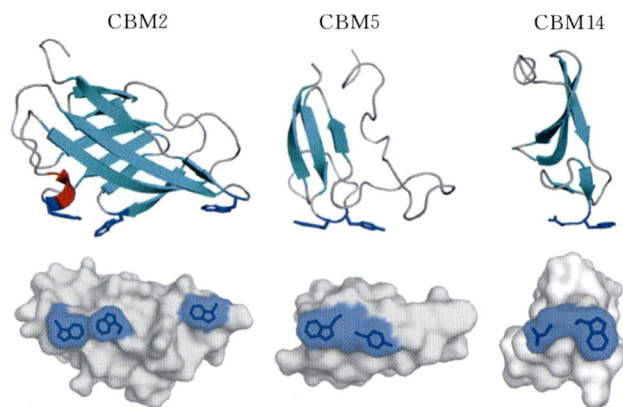

彩图 7.3 CBM 整体结构及底物结合表面的结构比较

注：图中结构包括 CBM2（PDB 编号：1EXG，Xu et al.，1995）、CBM5（PDB 编号：1AIW，Brun et al.，1997）和 CBM14（PDB 编号：5HBF，Fadel et al.，2016）。第一行表示整体结构（β-折叠：青色，α-螺旋：红色，环：灰色），潜在的底物结合氨基酸用蓝色棍表示。第二行表示蛋白质的底物结合表面，潜在的底物结合氨基酸突出显示。这些 CBM 来自于其他种类的碳水化合物酶（CAZymes，不包括 LPMO），在这里仅用于展示结构。